# 高级游戏治疗

[美]迪伊·C.雷 _ 著

雷秀雅 李璐 _ 译

鹿鸣心理

重庆大学出版社

# 序

对正在经历情绪、行为和发展性问题的儿童进行干预，游戏治疗是一项首选并且非常合适的干预手段。1947 年，弗吉尼亚·亚瑟兰（Virginia Axline）撰写了备受好评的《游戏治疗》（*Play Therapy*）一书，她在书中讲述了游戏治疗的原理、概念和治疗技术后，儿童中心游戏疗法（Child-Centered Play Therapy，CCPT）开始兴起。从 1947 年到 1991 年，关于儿童中心游戏疗法或称为非指导性游戏治疗（在此期间，大部分人如此命名）的研究和讨论，在众多著名的期刊上发表。1991 年，加利·兰德雷斯博士出版了《游戏治疗》（*Play Therapy: The Art of the Relationship*）（重庆大学出版社 2013 年出版），书中详细地描述了 CCPT，包括对 CCPT 方法的具体描述。CCPT 是目前专业游戏治疗师运用最多的方法，丰富的经验性研究历史验证了该疗法的应用价值。

1995 年以前，我还从未听说过游戏治疗。虽然我在此之前已经获得了咨询领域的硕士学位，并且作为一名专业咨询师，有着青少年和成人咨询的经验，但是从未对年幼的儿童开展过任何咨询。早在读研究生的时候，我学习的相关知识是儿童会对行为技术有反应，而年幼群体对存在主义或人本主义的干预方法不会有良好回应。从我自身早期为青少年群体教学的经验，我发现行为主义在帮助他们应对慢性病和严重的情绪挑战时的不足。为此我决定，在研究生学习结束之前，我不会做与儿童相关的工作。我不相信行为主义，也没有想到去探究与其相关的其他干预方法。

后来我重新回到学校去攻读咨询方向的博士学位，研究方向是青少年心理咨询。机缘巧合，我选择了北得克萨斯大学，因为它在咨询领域有着很好的声誉，也就是这个时期，我接触到了游戏治疗。开始我并不知道北得克萨斯大学是游戏治疗的发源地，而且是世界上最大的游戏治疗训练中心，也从未听说过加利·兰德雷斯，这位游戏治疗界大名鼎鼎的学者，并且他还是游戏治疗中心的创始人。在这里，当我看到同学们实施游戏治疗过程中儿童来访者的反应时，我对这种干预技术产生质疑。在整个治疗过程中，它不仅没有运用行为主义，还否认了对儿童使用行为强化的必要性。为此，我成为了游戏治疗最大的批评者，批评治疗师缺乏对儿童的指导，批评治疗师没有强调儿童口头表达情绪的需求，批评治疗师放任儿童自我主导游戏和言语表达，允许儿童作出决定，等等。期间，这样的思考不断，如：儿童会从中获得哪些好处呢？对于父母描述的儿童的众多问题，如何进行修复呢？难道这个疗法不知道儿童需要成人的指导吗？因此，那时我尽可能远离游戏治疗和加利·兰德雷斯。

当我决定远离游戏治疗而专注于青少年和成年人治疗训练的时候，我遇见了我的临床督导师和指导教师苏·布拉顿（Sue Bratton）博士，她是游戏治疗中心的时任管理者。我最初对心理咨询的理解，是从对人本主义原则浅薄的认识开始，后来逐步形成了自己相对完整成熟的体系。对青少年和成年人来访者运用人本主义的方法，成为了我咨询的固有方式。一直以来，我认为治疗者首先作为一个人存在于与来访者的治疗关系中，进而作用于他们的成长和改变。虽然咨询是以帮助来访者朝着积极的自我指导前进，但我作为一个个体成为咨询中帮助来访者更快成长最有效的工具。这时，苏开始鼓励我接受一些游戏治疗的课程，被我拒绝了，但她一再坚持。加之那时候，我已经体会到加利·兰德雷斯的声誉，同时也感受到自己不能再对这样久负盛名的疗法横加指责，于是我提出以苏作为我的指导教师为条件，同意接受游戏治疗的课程学习。她接受了我的请求，这成为我学习游戏疗法强有力的动力。另外，当时我的第一个孩子已经出生。作为母亲，孩子的成长和育儿的需要也是我对该疗法产生兴趣的原因之一。

就这样，我上了第一堂游戏治疗课程，直言不讳，我当时就被吸引了。亚瑟兰和兰德雷斯的书中，完美阐述了人本主义的概念如何应用到儿童的咨询中。苏以自己的能力较好地诠释了相关方法的使用，使得那些原理不再是空泛的解释，并且恰到好处地回答了各种各样的问题和疑惑，而且所有知识都与我观察到自己的孩子在最开始一年的成长特点相符合。当我开始真正与来访者使用 CCPT 的时候，我对它的实际效果感到非常惊讶。之后的 15 年，我一直把游戏治疗看作是一种魔术。游戏治疗最令人惊讶的事情是它有着无限的魅力，它每一天都会给我带来不一样的惊喜与收获。

游戏治疗不是魔术，要熟练地驾驭它，需要深厚的理论知识、训练、督导、咨询、意识、个人投入、技能和对孩子的信任等。从我开始使用游戏治疗，就把它用在了学校和临床机构的临床实践中。如今，游戏治疗使得我能够更好地、更广泛地与儿童、儿童团体以及各种各样的父母展开咨询，同时，游戏治疗也在跨越种族及多元文化人群的心理咨询中起到了较好的作用。对于我这样愤世嫉俗的人来说，偶尔会期待游戏治疗出现一些小失误，但至今确实还没有出现。

现在，毫无疑问我是兰德雷斯游戏治疗方法的忠实粉丝，并且我会在各种场合问我自己，是否需要写一本书来补充《游戏治疗》。正是基于这种想法，在完成我的初级游戏治疗的课程后，我鼓起勇气与兰德雷斯一起开设了高级游戏治疗的课程，并且由他担任了我的督导师。在他的监督和关注下，我不断地体验着他在工作中讨论的各类人际关系因素，在对 CCPT 的理解和运用中得到了成长。兰德雷斯是一个真正的导师，相信读者会在阅读本书的过程中体会到他对我的影响。

本书的初衷是希望与《游戏治疗》一书保持一个系列。在《游戏治疗》中兰德雷斯对 CCPT 的阐述已经非常详尽，因此，本书只是对他的工作进行概括性的介绍。相信读者已经在兰德雷斯（2002）的书中读到 CCPT 基本内容的完整介绍，本书则立足于当前心理健康领域，聚焦于 CCPT 使用时需要的更高层知识和技能，旨在满足如今市场对学习CCPT的原理（whys）和操作（hows）的需求。本书是我多年从事临床指导和学校咨询督导师的经验汇总，我在书中制作了一份游戏治疗师在接受训练及正式步入这个领域后将会面临的各类挑战的清单，本书致力于解决这些挑战。

第一个挑战就是知识。游戏治疗建立在三大领域知识的基础上，即心理学／治疗，游戏和儿童发展知识体系。由于大多数游戏治疗师具有心理健康领域的硕士学位，所以他们非常了解心理学的历史和治疗的功能，而对游戏的历史和功能及儿童发展知识的匮乏却是一个较为常见的问题。这两个领域知识的缺少，导致了在治疗情绪障碍儿童时限制了游戏治疗师解释游戏治疗重要性的能力。为了填补这部分的空白，本书在相关章节内容中，有对包括游戏功能、儿童发展和游戏治疗理论的相应描述。尽管游戏和儿童发展的知识在理解儿童来访者的情绪问题上还存在争议，但是本书还是力争在知识的整合上确保知识的实用性，使得治疗师能够明白游戏治疗如何与孩子整体连接，能够为父母或者其他游戏治疗决策者作出解释。

第二个挑战是对游戏疗法任务的局部性把控。游戏治疗任务经常被划分为不同部分，但现有相关成果却对这些局部性任务缺乏明确的界定。本书将会在这个方面作出努力，特别是在对父母运用游戏治疗时，力求对这一治疗过程进行良好的把控。本书还有对局部任务每一项的详尽说明，并且为游戏治疗师们能够立即使用这些任务提供了操作性较强的步骤划分。本书这些方法均得到了上千名儿童咨询和督导的实践检验，这部分内容是本书的主体内容，通过与儿童来访者工作来扩展方法是本书的期待。

第三个主要的挑战是责任。首先，责任存在于游戏治疗的每个环节，如游戏治疗师们对儿童父母负责，并且这个责任是可以评估的；再有，游戏治疗师还要对资金来源方负责，强调资金的有效使用；其次，游戏治疗师要对第三方付款人负责，要详细列出资金的使用途径；最后，他们还要对管理者负责，证明他们的工作效率并获得继续受聘。本书通过呈现测量变化、收集数据、运用训练计划方法来表明治疗师的责任，这些通过游戏治疗的实验研究提供的证据将会集中体现在本书的最后一章。最后，为了满足注重实证研究的读者学习，我在附录里面放置了《CCPT 治疗手册》，读者可以以其为准绳指导 CCPT 的使用，也便于专业人士查看，但更主要的还是满足相关研究的使用。

本书的另外一个特点是通俗易懂。本着以人为本的理念，本书从实际的会谈中摘录了大量与治疗概念相关的具体表现，通过这些资料，使读者能在现实生活中理解这些方法。同时，本书也提及了一些目前与游戏治疗相关的特殊问题，例如，与攻击性儿童进行游戏治疗时需要克服的困难，因为他们在儿童来访者中占有相当比例；再如，如何与学校和社区机构中的批评者进行沟通也是其中一个棘手问题。诸如此类问题是本书所强调的游戏治疗中最难应对的问题。那些不愿参与游戏治疗的儿童和父母，那些惧怕困难和挑战的儿童，那些善于批评的管理者以及游戏治疗师还可能遇到的其他一般性挑战等问题，都是高级游戏治疗师必须要面对的问题。为此，本书针对督导的相关内容专门写了一章，希望能给新的专业人士提供建设性帮助。

本书不仅适用于那些正处于游戏疗法技能训练阶段的初学者，而且对于有一定实战经验的资深治疗师也有一定阅读意义。对于那些刚刚起步的游戏治疗师，本书详细讲解了 CCPT 的原理和操作。和以往书籍中已经讲述过的游戏治疗的操作部分不同的是，本书以我自己的咨询经验为支撑，侧重于回答那些游戏治疗师们通常会遇到的"如果……"问题，例如，如果孩子不遵守限制呢？如果家长不关心呢？如果孩子在我的办公室里面又喊又跑呢？如果孩子看起来没有进步呢？如果我对一个孩子感到挫败呢？等诸如此类期待督导的问题。希望本书会成为游戏治疗师们的一种资源，使学习者在实施 CCPT 的过程中，能借助本书解决实际中遇到的困难。对于经验丰富的游戏治疗师，本书致力于提供更多的知识以利于他们继续在实践和专业上成长。例如，对于高级游戏治疗师而言，坚持的真正含义是什么？如何通过职业训练在治疗领域不断提高自己？如何一直保持自己在游戏治疗领域优越的地位等。不断学习是良好途径，也是确保高效率工作的前提。

作为一个游戏治疗师，我发现自己正面临着内、外双重压力。心理健康领域中，理解孩子，与孩子保持良好的咨询模式正在逐步前行，作为咨询师，我们面临着知识、技能和责任这些外部挑战。更重要的是，我们同时还要面对人类本身每时每刻都处在变化之中这一客观存在的挑战。我们每个人不可避免地要处在与同事、学生、孩子、家庭和朋友等形成的社交网中，这一丰富的人际关系不仅能够增强我们应对各种挑战的能力，使得我们的人际关系得以不断提升，更是释放我们自我实现的全部潜力的源泉。

# 前　言

　　游戏治疗的概念是否已经成熟，至今还是一个有争议的问题。因为，心理健康领域对于什么是游戏治疗，游戏治疗的结构等问题依然困惑，始终没能达成共识。本书的作者迪伊·雷（Dee Ray）博士在游戏治疗实践中，以儿童为中心，以理论与实践相结合的原则，对上述问题进行了具体的、明确的和有针对性的探究，提出了一系列有效的方法。

　　这不只是一本单纯涉及治疗技能的书籍，而是关于治疗师如何与儿童相处，如何将儿童中心游戏疗法置于儿童生活的过程，是一本关于儿童、治疗师，以及那些与儿童成长因素相关的游戏治疗技巧的书。在书中，迪伊对每个技巧都进行了描述，并且通过例子展示这些技巧如何使用，以及治疗与儿童之间的相互作用，使读者能够在儿童的真实世界里，自然地使用这些技巧。本书的目标就是清晰地将儿童中心游戏疗法的原则、概念和技巧的连续性表述出来。作者期待本书达到这样一种效果，即读者在阅读之后会有这样的反应："哦，现在我不仅仅知道了与儿童做游戏如何起作用，我还了解了它为什么会起作用。"

　　这是其他游戏治疗书籍鲜有的一个特征。

　　通过阅读本书，读者会了解迪伊是如何成为一名儿童中心游戏疗法师的，了解她从否定概念到接纳整个游戏治疗过程中所进行的开放性探索。正是这种个人的而又专业的分享才更加耐人寻味。对于游戏治疗师来说，在儿童游戏治疗中，清楚什么是该相信的，为什么相信这些，什么是最重要的等问题，是确保治疗取得良好效果的有力条件。

在游戏室中，儿童的活动是一种能释放其固有的、内倾的、目标性及自我修复等能力的有效方式，通过游戏治疗的方式使儿童在不自觉中成为他们自己，这就是迪伊的游戏治疗理念。本书中，迪伊用她多年与儿童进行游戏治疗的经验，带领读者进入深层的、能感知的游戏治疗世界。其中，她分享了她与儿童的互动，使读者在掌握儿童中心游戏疗法原则的同时，得以间接地训练方法。相信本书所描述的问题、原则和训练方法会被一些读者自然而然地整合成他们个体游戏治疗的原理。

迪伊为我们撰写了一本较为全面地探索儿童中心游戏疗法原理的书籍。本书可为家长咨询、团体游戏治疗、学校或社区机构及私人训练中的游戏治疗，以及游戏治疗中的督导提供参考。本书清晰的描述方式使得读者愿意多次阅读和使用，从而有利于读者对游戏治疗重要性的思考，加强对游戏治疗应用价值的认识。

加利·兰德雷斯

讲席教授

咨询与高等教育系

北得克萨斯大学

# 致　谢

如果说我在游戏治疗上取得了一些成就，那首先得益于在游戏治疗实践和知识获取中给予我无限帮助的人们。我的职业生涯是作为范德堡大学一个年轻的研究生而开始的，所以我非常感激在范德堡大学时遇到了罗杰·奥布里（Roger Aubrey）博士、我咨询方向的导师里查德·珀西（Richard Percy）博士、朱利叶斯·塞曼（Julius Seeman）博士和佩吉·怀延（Peggy Whiting）博士。在他们的指导下，我在研究生学习阶段学习到如何调节自我意识，发展人际关系，并且了解到发展是贯穿一生等观念。作为北得克萨斯大学（UNT）博士生，我非常荣幸能与罗伯特·柏格（Robert Berg）博士、加利·兰德雷斯博士、苏·布拉顿博士和贾尼斯·霍尔登（Janice Holden）博士建立督导关系。通过他们的指导和对个人成长的认可，我在建立咨询关系等方面的能力不断提高。

非常感谢多方面的专业合作伙伴，是你们教会我太多的专业学习意义。在此特别感谢理查德·兰普（Richard Lampe）博士、杰里·特拉斯蒂（Jerry Trusty）博士、露丝·安·怀特（Ruth Ann White）博士，感谢你们在咨询教育方面给予了我早期的指导。同样感谢史帝夫·阿姆斯特朗（Steve Armstrong）博士，您的支持和言论使我受益匪浅。我要特别感谢丹尼·恩格斯（Denny Engels）博士，您在如何与来访者建立关系上是我的典范。感谢在北得克萨斯大学的同事们，能够与你们一起工作我感到非常幸运，是你们为我营造了一个充满挑战的、成长的、分享理念的环境。感谢你们，卡洛琳·克恩（Carolyn Kern）博士，辛西娅·钱德勒（Cynthia Chandler）博士，凯西巴里奥·明顿（Casey Barrio Minton）博士，迪里尼·费尔南多（Delini Fernando）博士，娜塔莉娅·爱德华（Natalya Edward）博士，克丽·芬内兰（Kerrie Fineran）博士，马丁·娅达（Martin Gieda）博士，莱斯利·琼斯（Leslie Jones）博士，贾尼斯·霍尔登（Janice Holden）博士，苏·布拉顿（Sue Bratton）博士，加利·兰德雷斯博士，和丹尼·恩格斯（Denny Engels）博士。更要感谢来自卡西·麦克法兰（Cathie McFarland）的大力支持，感谢她允许我能够自由地致力于游戏治疗。

非常感谢那些与我一起工作的北得克萨斯大学咨询方向谦逊的学生们，你们的成长和进步一直激励着我，这本书就是从无数次与学生们讨论、督导会谈和每天的交往中收获的成果。特别感谢赖安·福斯特（Ryan Foster）博士和凯丝·李（Kasie Lee），你们是北得克萨斯大学学生的代表，为本书的准备工作贡献突出。作为北得克萨斯大学的一个团队，我们一起经历了寻找游戏治疗的意义和最佳训练方法的历程。

我希望本书能被推广到全世界，给予那些没有快乐童年的孩子们帮助。在此要感谢我独立、坚强的母亲玛里琳（Marilyn），和我有领导能力的、不断汲取知识的父亲杰里（Jerry）。感谢我的兄弟詹姆斯（James），他让我在心理健康的世界里有了第一次经验，并且是我致力于成为专业人士的动力。同样感谢爱我、照顾我的姐姐帕姆（Pam），她教给我太多太多的事情。我爱你们，感谢我的童年经历使我能够理解别人。

最重要的是感谢我的丈夫拉斯和我的两个儿子以利亚和诺亚。你们为了我的事业牺牲了很多。是你们教会我很多关于人际关系的事情，包括游戏治疗中的人际关系。拉斯给了我很多的支持和爱，即使当我失败的时候我也能感受这份爱和支持。诺亚每天都在提醒我独立和自主的重要性。以利亚让我体会到无条件的爱，并且让我把这种爱带给这个世界。

感谢上帝，因为上帝第一个提出无条件的爱。凭借上帝赋予的力量，我能够适应任何状况。最后，我感谢每一个参与游戏治疗的孩子，与孩子们一对一的沟通时光已经成为我生命中重要的部分。每一次游戏会谈都是进入他（她）的世界的机会，也是我的世界里出现另一种新的理解的机会。正是因为有孩子们的接纳，我才能够完成本书的写作。

致以利亚和诺亚，

他们知识渊博，富有爱心，是我在游戏治疗上的老师。


致拉斯，

他使我第一次体验了无条件人本主义的关系。

CONTENTS

# 目录

# 第一章 游戏治疗的历史、基本原理和目的

　　游戏治疗是根据儿童最有效的沟通方式——游戏，来为儿童设计的疗法。游戏治疗师们使用多种言论描述游戏的价值，例如"游戏是儿童沟通的基本形式"，"游戏将具体经验和抽象理论相连接"，"游戏是内在动机"等。实际上，因为这些言论使用频繁，已经难以查找到出处。当然，瑞士的生物学家、哲学家让·皮亚杰（Jean Piaget，1962）在解释游戏在治疗中的作用上，是最杰出的贡献者。他认为游戏是适应环境的一种形式，在治疗中，关于一个孩子发展进程的发现和解释，是理解孩子进行游戏的基础。众多的观察和讨论不断丰富游戏的历史、研究及理论。皮亚杰和其他人的方法仅仅是游戏问诊（inquiry）中的一方面。游戏已经发展为一种文化现象、本能驱动器（instinctual drive）、教育模式、经济影响、宗教内涵，同时它与心理学和儿童发展之间有着明显的相关性——所有这些内容在游戏治疗训练中都有意义。

## 游戏的历史

　　对游戏的描述和讨论贯穿整个世界史，大多数人强调它与童年经验息息相关。古时西方世界的早期观点认为孩子是无助的、无能的，并且有特殊需要的，例如游戏的需要（Hughes，2010）。柏拉图（Plato）强调游戏能培养技能，但是要防止成人的过多指导（Hughes，2010；Smith，2010）。基督教的兴起使人们相信每个孩子都被上帝赋予了一个独特的灵魂。然而，随着孩子"性本恶"观点的出现，人们对于孩子个体价值的不同态

度逐渐兴起，因此育儿观点认为儿童游戏需要成人的指导和监督。成人的角色是使儿童的游戏成为有意义并且充实的活动。

17 到 18 世纪，基督教使英国新教兴起。这个时期人们采用了一套非常严格的游戏方法，这时候游戏被视为是无用的（idle），并且还会产生内在消极动机。英国的约翰·洛克（John Locke）（1632—1704）号召人们广泛接受这样的学说——孩子天生是一块白板，父母需要完全控制环境以使孩子朝着正确的方向发展。曾描述美国游戏历史的丘达科夫（Chudacoff）（2007）通过早期清教徒的生活方式描述了洛克影响：

> 洛克并不是现代化的人；他的目标是运用儿童行为中的自我控制、拒绝和秩序，他最喜欢的游戏是那种在老师细心的监督下进行的游戏。对他而言，非结构化的游戏是不恰当的。（p.27）

因此，在 18 世纪的中后期，游戏实质上被压制了。

当新教中关于儿童的观点对英国和美国产生深刻影响的时候，法国哲学家让·雅克·卢梭（Jean-Jacques Rousseau）出版了小说《埃米尔》（*Emile/On Education*）（1762），讲述了儿童的积极本性。卢梭相信儿童本性是朝着美德和善良发展的。儿童需要被感激、被照顾，并允许成人在塑造其本性之时进行些许指导。这种关于儿童观点的结果是游戏作为儿童的本性而被成人理解并欣然接受。卢梭的学说推陈出新，儿童对浪漫的感受很快被人接纳，甚至传遍了整个欧洲，最后到了美国。德国的弗里德里希·福禄尔培（Friedrich Froebel）（1782—1852）主张把游戏作为一种学习的方法，从而建立幼儿园体系。而意大利的玛丽亚·蒙特梭利（Maria Montessori）（1870—1952）将游戏融入教育，将其作为一种生活学习的方式（Smith，2010）。

在美国，关于游戏的观点却出现了分歧。相比于来自人类权力的自由观点的、强大的并且不断增加的独立意识需要，早期定居者在服从上帝这个基本的信念上产生冲突。实际上，早期的美国是一个农业社会，需要大量的劳动力。因此，儿童被视为是独立的、值得欣赏的，但是需要在成人的指导下才能成为一个组织里有生产力的成员，除非他们先天有缺陷。成人对游戏的反应就是这种矛盾的具体表现。只有在不浪费时间的前提下，游戏才是被允许的，并且要引导儿童宗教伦理和工作伦理观念的发展。这段时期，成人和儿童游戏经常是没有区别的。儿童和成人经常在一起游戏，都玩同样的玩具和材料。直到 18 世纪中期，人们才开始生产玩具，才将玩具视为儿童特有的物品（Chudacoff，2007）。

19 世纪早期标志着童年期作为发展的独立体而被接纳的开始。在这些接纳中，因为儿童天真俏皮的浪漫主义特点，所以鼓励家长少一些成人的干预。即使在工业化快速发展，工厂和车间有很多童工的美国，依然应该看到这样的浪漫主义。童年期的边界被限制到非常小的年龄。然而，到1850 年，社会才意识到儿童的本性是俏皮的而不是糟糕的，而且不仅仅要容忍而且要接纳儿童游戏（Chudacoff，2007）。19 世纪下半叶，人们对游戏的专业兴趣逐渐提升。儿童学习专家出版了关于儿童智力和道德提高的育儿和儿童发展手册，并且主张对游戏要有一套指导方法。而学者们仍在争论游戏的目的和用途。一位持有发展观点的英国学者赫伯特·斯宾塞（Herbert Spencer）（1820—1903），把游戏描述为是从过剩的能量中获得的，它在进化水平更高的种类（被高度发展的神经系统刺激）中发展，这被称为"精力过剩学说"（Smith，2010）。德国的学者和作家卡尔·格罗斯（Karl Groos）（1861—1946）指出，游戏具有功能上的意义，是为了练习生存需要的技能（Hughes，2010；Smith，2010）。对儿童发展最早感兴趣的美国学者之一，G. 斯坦利·霍尔（G. Stanley Hall）（1844—1924）认为格罗斯的游戏观点过于简单，霍尔从人类历史中提到的自然本能出发，观察到游戏是自然本能，并且将其与人类进化过程相联系，被称为行为"复演学说"（Hughes，2010；Smith，2010）。在美国，人们更加关注游戏，将行为转化为搭建游乐场、玩具加工厂，而成人则关注儿童游戏的启发和指导。尽管这些成人努力鼓励儿童游戏，但是丘达科夫（2007）引用 T.R. 克罗斯韦尔（T.R. Crosswell）在 1896 年的心理学研究，克罗斯韦尔在研究中召集了 2000 名学校的儿童作为被试，得出这样的结论：脱离工作、学校、成人指导的，以及自由的、非结构化的游戏才是儿童休闲时间最有益处的工具。

随着 20 世纪的到来，儿童游戏快速发展。心理学家们将他们的兴趣转到心理、智力方面和本质的发展教育细节上。游戏的使用与个体发展原因密切相关，20 世纪时期的作者看到了这个关系。西格蒙德·弗洛伊德（Sigmund Freud）看到儿童性阶段发展的过程，每个阶段都需要成功解决。在各发展的阶段，儿童能够利用游戏减少焦虑，管理内在消极动机。约翰·杜威（John Dewey）提出使用教育的发展观点指导教育，他认为应该接受儿童的自然阶段，不断欣赏儿童的本能、活动和兴趣。20 世纪是一个以儿童为中心的时代，这个时期的人们认为童年期是一个独立的和特有的人类发展阶段。这个以儿童为中心的时代（不要与儿童中心游戏疗法或以人为中心的游戏疗法相混淆）的特点是童年结构越来越有价值，希望学习儿童经历的独特性，需要将儿童经验概括为连贯发展的解释。在所有游戏治疗理论和训练发展的范围内，持续的困惑超过游戏的作用和目的。

20 世纪是以儿童为中心的时代，还被史密斯（Smith，2010）称为"游戏思潮"（playethos）（p.27）。史密斯指出，在 20 世纪 20 年代以前，游戏重要性这一总体观点似乎影响了教育思想。他指出游戏思潮如同"一个强大且无限制的关于游戏的功能重要性的主张，这意味着它对充分的（人类的）发展非常有必要……"（p.28）。他进一步质疑接纳游戏思潮是因为正确的假设，但是缺少实证支持。

在游戏的历史研究中，有两种值得关注的争论。第一种是关于儿童本性的争论，这在所有文献中描述得最为明显。如果认为孩子生性是积极的，生来就继承了人类好的本性，然后本能地认为游戏会促进儿童健康成长，并且相信游戏是童年期自发的机制。然而，如果认为一个孩子生来是一块白板，或者有走向堕落的倾向，游戏将会在儿童缺乏什么是好的知识时，成为一种练习，或是对坏行为的训练，因此就需要成人的关注、监督和指导。第二种关于游戏的争论是丘达科夫（2007）进行历史回顾时的核心主题。尽管成人具备游戏的观点、行为、焦点、指导、启蒙和督导，但是儿童会有远离成人世界独立的需要，这将在他们的游戏中充分表达。丘达科夫（2007）总结了 1850—1900 年这段时期，"……成人限制的突破口象征着儿童游戏的重要维度"（p.93）。此后，他观察到，"长期以来，脱离家长的控制一直是儿童成长中的一部分，但是在 20 世纪上半叶，对独立的反抗和探索以前所未有的方式蓬勃发展……大概到了 20 世纪 50 年代中期，非结构化游戏的本质、它发生的地方以及童年的同伴效应促使了一种行为的产生，这种行为在不同程度上代表儿童行为的自由"（p.151）。他观察了 1950 年至今这一时期，建议"儿童使用并且继续使用玩具的方式，而不是成人想如何使用玩具，保留了儿童独立游戏最重要的品质……儿童为了他们自己的目的使用物品创造了游戏的真正价值"（pp.197-198）。丘达科夫在总结美国游戏的历史时最后写道，"虽然儿童仍然希望以他们自己的方式生活，但他们同样愿意服从成人的命令，而且他们也在自我设计游戏的文化中生活并独立。因此儿童游戏的两个主线是对独立性和创造性的探索"（p.219）。

## 游戏的性质和分类

### 游戏的性质

由于对游戏有各种不同的分类和定义，游戏的定义并没有确定。虽然对于游戏的定义不止一个，但是学者们却一直在强调有很多因素能够帮助我们将游戏从其他活动中区分出来。加维（Garvey，1977）描述了游戏的 5 个性质，分别是游戏必须是快乐的／享受的，没有外在目标，是自发、自愿的，参与者积极参与以及受人信任 5 个要素。虽然这种对游戏的描述经常在文献中出现，但是在正确理解游戏治疗的含义方面依然存在局限性。布朗（Brown，2009）赞同加维，但同时他也提出了关于游戏的不同因素。他说游戏似乎是漫无目的的、自愿的、愉快的、时间充分自由的、自我意识减弱的，是即兴的潜力和延续的渴望。这些游戏的表现构成了一种游戏的观点，即认为游戏是游戏者认可的几乎无目的性并且有趣的活动。

经验丰富的游戏治疗师或许会问在游戏治疗中观察到的游戏是否都会让儿童觉得快乐，或者游戏是否都是自发、自愿的。当他们对一些场景感到疲惫时，很多孩子会出现愤怒、悲伤和困惑，有时候他们会表现出好像他们是被强制带到游戏场景中的，这对他们来说很痛苦，然而他们仍然会继续游戏，可能会寻找到自己意识之外的一些部分。游戏治疗中这些活动的种类导致更多关于游戏治疗中某些行为在游戏中的分类问题，或者关于游戏的不同定义的建议。具体地，当一个孩子为了一个洋娃娃打翻了一个玩具灯，在游戏室中对着洋娃娃愤怒地不停大叫时，这是儿童游戏吗？或者这些行为是否应该被认为是特殊的？维果斯基（Vygotsky，1966）称游戏是以给予儿童愉快感觉为基础的定义是错误的，原因有 2 个：①与游戏相比，还有很多能给儿童带来快乐的行为（例如婴儿的吮吸）；②儿童参与某些比赛和游戏行为时不会感到快乐（例如输了一场棒球比赛）。考虑到此前确定的因素和维果斯基的贡献，游戏治疗中最能描述游戏的因素或许是在游戏中，儿童脱离了成人的指导，积极参与，呈现很少的自我意识，并且从想象进入现实。

## 游戏的分类

正如对于游戏的定义和性质没有达成共识一样，关于游戏的分类也有很多种说法。著名的儿童心理学家大卫·艾尔金德（David Elkind，2007）确定了游戏的 4 种类型，分别是探索性游戏、创新性游戏、关系性游戏和治疗性游戏。探索性游戏意味着探索和重复。儿童是目标导向的，并且针对一个特定的技能活动。只有当儿童已经掌握了这个技能，才有机会将这个技能进行扩大和运用。皮亚杰认为只有儿童掌握了某种技能后才会出现游戏（Kohlberg & Fein，1987）。语言和机械技能的掌握使得创新性游戏出现。创新性游戏是非语言和言语类游戏的发展。关系性游戏因更多儿童之间有了相互关系才出现，它通常表现为自发性游戏。治疗性游戏帮助儿童应对压力、冲动或创伤等，为儿童提供一个对事件表达厌烦反应的出口。艾尔金德认为所有儿童都会把治疗性游戏作为一种应对压力的方式。

史密斯（2010）试图将游戏分为6类，分别是：偶然性行为、感觉运动（练习性游戏）、有具体对象的游戏、言语游戏、竞赛游戏、象征性游戏。偶然性游戏是建立在参与者与他人相互作用基础上的游戏。感觉运动主要出现在婴儿期，包括以感官特征为基础的活动对象。一般情况下，儿童开始有具体对象的游戏是在感觉运动期之后，儿童开始和具体物体进行活动。言语游戏包含文字游戏和概念的语言表达。竞赛游戏包括那些需要运动技能的游戏。象征性游戏或假装游戏是使用物品、行为、言语表达的游戏，从现实主义中释放出来，允许象征性的表达。游戏治疗接纳艾尔金德和史密斯两个人关于游戏的分类，特别是游戏治疗允许儿童自我指导。

## 游戏的发展

游戏的发展理论通常会测量4岁儿童的游戏行为，因为这个年龄的儿童已经掌握了游戏结构的过程和沟通。尽管游戏治疗中大部分来访者都已经超过了4岁，但是对游戏发展顺序的理解，使游戏治疗师可以了解儿童来访者的发展史，并且把游戏的掌握作为一个发展的标记。让·皮亚杰（1962）首次将儿童游戏与发展联系到一起。为了理解皮亚杰认知理论中的游戏，我们必须掌握他提出的两个主要概念：同化和顺应。同化是从外界提取新的刺激，并把它整合到儿童已经建立的思维结构中，使它能够与思维结构相适应。顺应是改变儿童原有的认知结构来处理新的环境。皮亚杰指出在同化主导的游戏中，儿童"……能够拆除已经建立的结构行为序列，并且对它们重新整合"（Kohlberg & Fein, 1987, p.396）。在游戏治疗中拓展这种对游戏的理解，很容易看到同化和顺应共同引起的变化。在游戏治疗中，儿童使用同化过程，以此完全控制她的世界，使游戏室外的任何物品匹配她在游戏室内的思维方式。当儿童体验到自我掌握、安全感和来自治疗师的共情时，顺应的过程就出现了。儿童能够通过在游戏室内的练习来改变结构模式，之后可以在现实生活中实践，从而改变自己来适应环境的需要。

理解了同化和顺应，皮亚杰开始解释游戏发展的 4 个阶段。皮亚杰描述游戏的第一个阶段是感觉运动游戏，也是练习性游戏，开始于婴儿期。这是艾尔金德（2007）对于游戏掌握进行讨论的基础，该阶段的儿童努力掌握基本运动技能。在 1~2 岁，象征性游戏出现，儿童开始假装游戏。象征性游戏允许儿童使用一个空杯子假装喝水，根据简短的故事情境用一个水瓶或虚拟的食物喂养一个洋娃娃。象征性游戏期是个体独自游戏的阶段。在儿童发展的第二年到第三年时，社会化游戏（sociodramatic play）出现，在这个阶段，儿童邀请他人或者虚拟的他人成为游戏的一部分。这个阶段的儿童可以假扮成其他人，角色扮演成为游戏的一部分。直到 6 岁以后，儿童才会按照内、外规则进行游戏，而且这种游戏经常会取代象征性游戏（Smith, 2010）。每一个阶段都是随着言语的使用和发展而出现的。

荷西 - 帕塞克（Hirsh-Pasek）和格林科夫（Golinkoff, 2003）归纳了游戏发展的不同特点，但是依然与皮亚杰保持一致。婴儿在 3~6 个月时学习抓握物体，这时候开始有了游戏。到 6~9 个月，婴儿开始强烈地探索物品，经常是一次只能用一个物品，并且只使用这个物体的特定用法。2 岁的孩子在游戏上有了 3 个变化：单次同时使用多个物品；合理使用物品；假装物品是真实存在的能力（象征性）。促进象征性的提升是学习言语、阅读和解决问题。假装游戏在儿童 4 岁时显著增加，儿童成为精心设计的游戏场景的导演。荷西 - 帕塞克和格林科夫（2003）总结道，"……假装游戏使儿童不局限于他们看到的东西。假装游戏允许儿童考虑其他创造性的答案。假装游戏允许我们的孩子考虑其他的世界"（p.219）。

最后一个著名的游戏发展理论涉及儿童之间游戏的进展，米尔德里德·帕腾（Mildred Parten）在 1932 年观察到社会参与的类别，并被史密斯（2010）描述出来。社会参与发展理论认为在游戏环境中，儿童的行为具有社会互动作用。第一个阶段，儿童是空白的（unoccupied），不会参加任何活动。第二个阶段，儿童是旁观者（onlooker），仅仅观察其他人的活动但是不参与其中。第三个阶段，儿童开始独自游戏（solitary），远离其他人，自己玩游戏。第四个阶段，儿童开始平行游戏（parallel），这个阶段的儿童开始接近那些使用相同材料的同伴，但是没有任何交流。第五阶段，共同游戏（associative），活动中儿童与他人相互作用，做相同的事情。最后一个阶段，儿童进入合作游戏（cooperative），儿童之间以补充的方式进行交往。社会参与发展理论的意义在于其应用到儿童来访者的社会交往中。随着社会参与的不断发展，儿童的情绪障碍或行为障碍会随处可见，这可能是青少年人际关系的挑战。然而，史密斯（2010）指出，独立游戏行为不是预测不成熟行为的必要指标，因为有些孩子更喜欢单独游戏。

## 维果斯基和游戏的三个功能

目前，有助于理解游戏的两个主要的影响性发展理论家是让·皮亚杰和利奥·维果斯基。皮亚杰（1980）毕生大部分时间在日内瓦大学让·雅克·卢梭研究所担任负责人。在日内瓦进步的环境中，他的思想得以被探索和发表。由于他周围的环境、他的高寿以及他对儿童细致观察的方法，皮亚杰的成果成为 20 世纪中期最为广泛知晓和接受的理论。他的重点在儿童的认知发展，这限制了儿童游戏作为纯粹认知特征的讨论，并且这的确被教育者和机构使用。皮亚杰的观点不断扩大，维果斯基开始在多种不同的环境中对儿童展开细致的研究。20 世纪 20 年代，在压抑的俄罗斯政治的大环境中，维果斯基在研究上却硕果累累，并且在他很多著作中都有理论思考。然而，维果斯基在 38 岁时却死于肺结核，在他死后一年，发展心理学这门课程被取消了，因此维果斯基的大部分成果被隐匿起来，并且多年以来他的成果都没有被翻译和传播。20 世纪 60 年代末期，维果斯基成果的英文出版物才开始出现，与皮亚杰的认知理论互补。对于游戏治疗师而言，维果斯基的理论充满活力，因为除了认知过程，他还提出了游戏作为情感过程的观点。他认为游戏是学龄前儿童发展的主要来源。

提到认知过程，维果斯基认为游戏把儿童从现实的约束中解放出来，并且允许他们有理想的世界，这都需要认知的发展。情感上，维果斯基认为当儿童能不再使现实与欲望或倾向相契合时，儿童就会发展出游戏，这个阶段是在 3 岁左右。他强调，"……为什么儿童戏剧经常被解释为假想，这是对不能实现的愿望的幻想"（pp.7-8）。维果斯基认为游戏有 3 种功能，分别是促进儿童最近发展区的出现，帮助儿童区分思维和行为，以及促进自律的发展（Hirsh-Pasek & Golinkoff, 2003）。维果斯基认为"最近发展区"的概念是动态的，它出现在当孩子的表现超过他的平均年龄水平，或者没有现实限制能够达到的最高水平。当儿童能够在假想的情况下活动，从外部的限制中解放出来，进而允许了思维和行为的分离，游戏的第二种功能就此出现。自律通过 2 个过程出现：练习服从规则和个人语言旁白（narration of private speech）。维果斯基（1966）声明了一个游戏的悖论，即儿童"学会遵循最大的阻力原则，为了使他们自己遵守规则，孩子们放弃他们想要的，因为服从规则和放弃自发的冲动行为是构成游戏中最大乐趣的部分"（pp.13-14）。在维果斯基的理论中，个人语言是一个特殊的概念，他把它看成是孩子定义他们想做什么和应该怎么做的方式。以个人语言需要为基础，荷西 - 帕塞克和格林科夫（2003）提示孩子们要在能够让他们用言语进行表达的环境中进行游戏。维果斯基最后一个有意义的概念是，随着孩子年龄的增长，他们的游戏从内部过程转到内部言语和抽象思维。皮亚杰认为具体的思维使自我中心的言语消失，而维果斯基则相信个人语言和游戏仍会在大龄儿童和成人的内在思维和想象中出现。

在游戏治疗的训练中，维果斯基对理解游戏的贡献或许比皮亚杰更大。根据他的理论，游戏治疗有多种含义。第一种是承认游戏并非生而为了快乐的，当儿童面对现实世界，需要资源来应对不断增长的内在需要时，他的无力感带来困难，而游戏就是为了解决这些困难而出现的。就游戏治疗而言，第一种含义合理地说明了游戏治疗在环境压力下对儿童很重要的原因。对于问题儿童，正常发展带来越来越多的欲望，但是现实能够提供的资源很少，父母或其他成人也停止提供支持，从而他们增加了游戏的需要。从实际上来说，维果斯基理论的一种含义是游戏治疗对 3 岁以上能够使用游戏来应对环境压力的孩子是最有效的。游戏治疗对 3 岁以下的孩子也会有作用，但是其作用的原因却是建立人际关系和依恋关系。最近发展区为游戏治疗的优点提供了合理的解释，儿童能够在每天的生活之外依然感受他们的能力，提升自信心和自律。第二种是，言语表达的问题成为游戏治疗的一个焦点。由于游戏治疗的非指导性形式，言语表达不是治疗工作中的必需品。然而，根据维果斯基的观点，言语表达可能是为了能够理解儿童讲述她的游戏的标志。对于年幼的儿童来说，这是可以观察到儿童内部运作的过程。就算一个儿童看起来没有任何互动，经验丰富的游戏治疗师肯定能够观察到儿童在游戏中的变化（play-by-play commentary）。一些游戏治疗师将这种行为解释为非依赖的或非连接的。现实中，这些言语表达演示了在儿童内部正在进行的叙事和儿童对世界的感知。对于年龄大一点的儿童而言，个人语言的概念指出儿童仍然在建构叙事，而游戏治疗师可能没有看到。在这种情况下，如果游戏治疗师们仍然通过儿童开放的言语表达和游戏行为理解儿童内在世界，就会被限制住。

# 游戏治疗的兴起和发展

在漫长的关于儿童游戏各种不同观点的历史中，承认童年作为一段从成年期独立出来的生命阶段，研究儿童发展和游戏过程，以及提升对于心理学、人类动机和苦难的兴趣，出现了游戏治疗理论。整个 20 世纪，医疗和心理机构都试图找出儿童运用游戏的特点。就像大部分心理干预是真实的，而游戏治疗又是从西格蒙德·弗洛伊德（1909/1955）开始的，他虽然从未直接咨询过儿童，但是他描述了"小汉斯（Little Hans）"的例子，"小汉斯"是一个患有恐惧症的孩子，因为害怕马而拒绝离开家。西格蒙德·弗洛伊德指导汉斯的父亲观察并向弗洛伊德报告汉斯的游戏行为，弗洛伊德通过这种沟通分析这个孩子。西格蒙德·弗洛伊德总结道，这个例子进一步明确了他关于性发展阶段的理论，之后心理分析师使用游戏来分析儿童。赫米内·哈戈 - 海尔穆斯（Hermine Hug-Hellmuth，1921）被认为是使用游戏作为分析方法的首位儿童心理分析师，她也是一名著名的作家，出版了很多描述她与儿童相关的书籍。她在行为心理分析中指出了游戏的重要性，但是并未提出治疗的结构框架。来自维也纳的梅兰妮·克莱因（Melanie Klein，1975/1932）和安娜·弗洛伊德（Anna Freud，1946）把游戏作为心理分析的方法，经过她们的探索、著作和介绍促进了游戏治疗的扩大。在皮亚杰和维果斯基著作出版以前，克莱因（1975/1932）认识到游戏在治疗中的价值，当她描述"在儿童分析中我们能够回到经验和固定（fixations），在成人的分析中只是经常被重建，而儿童却对大家表现出当下的反应"（p.9）。克莱因相信游戏是儿童自由联想的形式，并且将游戏中的做法解释为最低等的象征性功能，她也提出，儿童具有识别他们行为意义的所必需的洞察力。不同于克莱因，安娜·弗洛伊德（1946）认为如果不把关系转化成分析，对儿童游戏的解释就没有意义。她提到儿童需要一段分析的准备期，在此期间治疗师们能够转化关系。安娜·弗洛伊德写道，"……我付出很多艰辛与儿童建立良好的依恋关系，并且将它带入真正依赖我的关系中"（p.31）。尽管方法不尽相同，这两种分析实践了游戏治疗的非指导性方法，这种方法允许孩子与玩具自由玩耍。于是，心理分析的游戏治疗提出了第一套结构化的游戏治疗方法，它提供理论基础和训练方法。心理分析的游戏治疗是 20 世纪早期游戏治疗的主要形式，直到 20 世纪 40 年代儿童中心游戏疗法（CCPT）出现。

作为对克莱因和弗洛伊德非结构化的游戏方法的回应，20 世纪 30 年代出现了一系列的游戏治疗，包括引导游戏重演的目标导向练习。结构化的游戏治疗仍然使用儿童心理分析的理念，但是相信通过治疗师规定的结构，目标更容易实现。在大卫·莱维（David Levy，1938）的《放松治疗》（*Release Therapy*）中，他使用玩具与创伤的儿童进行咨询，他相信这会使与创伤相关的部分通过游戏进行宣泄，从而增加分析内容。戈夫·汉布里奇（Gove Hambridge，1955）促进了放松治疗的发展，他的方法被称为结构化的游戏治疗，即首先直接使儿童将他们生活中的压力事件表演出来，之后允许他们自由玩耍。

应该说是最有影响的游戏治疗的推广得益于卡尔·罗杰斯（Carl Rogers）的人本主义方法。罗杰斯（1902—1987）是美国历史上最有影响力的咨询师和心理分析师（Kirschenbaum，2004）。罗杰斯的学生和同事弗吉尼亚·亚瑟兰（1947）把以人为中心的理论的哲学和概念在自己的咨询中全面践行。亚瑟兰在她与儿童的咨询工作中以发展的方式使用人本主义理论，她为与儿童进行自然沟通提供有利的环境。这个环境包括一个有特定玩具的游戏室，能够使儿童在游戏中表达他们的内在自我。游戏室的环境能为儿童提供安全感，促进在游戏室内儿童关系的发展，在这样的环境中儿童能够通过非言语或言语的方式表达他们自己。亚瑟兰的理论之所以能如此具有影响力有以下几点原因。第一，她是第一位游戏治疗师，她进行了大量游戏治疗方法的研究调查，从而提供了游戏治疗有效性的证据。第二，她为理论提供了一个框架，并且出版书籍《游戏治疗》（Axline，1947）。第三，这个原因或许是这个方法流行起来最可能的基础，就是她的出版物《就要那个：寻找自我》（*Dibs：In Searoh of Self*）（Axline，1964）。《就要那个：寻找自我》作为游戏治疗必备读物，在游戏治疗领域家喻户晓，其中亚瑟兰描写了一个经过一年的游戏治疗的自闭症男孩的案例。当描述游戏治疗的原理和结构时，亚瑟兰使读者进入一个男孩最终获胜的感人故事中。亚瑟兰认为她的游戏治疗方法是非指导性的，强调无条件积极关注、共情、一致性的人本主义治疗情景。通过葛露易（Guerney）（2001）和兰德雷斯（2002）对人本主义非指导性方法的后续介绍，现在游戏治疗的这种方法被认为是儿童中心游戏疗法（CCPT）。这本书的第三、四、五章中对 CCPT 的理论和训练进行了详细的阐述。

尽管 CCPT 已作为游戏治疗确定的方法出现，但是相关的游戏治疗基础为它的定义和训练作出了很多贡献。克拉克·莫斯提卡斯（Clark Moustakas，1959）为游戏治疗关系提出必需的条件，包括尊重每一个孩子的独特性，关注目前的生活经验，共情和接纳有问题的孩子，以及让孩子自由表达。海姆·吉诺特（Haim Ginott，1959）也为游戏治疗的关系重点作出了贡献，提倡在治疗／儿童关系中放任儿童表达所有情感的言语和象征的内容。

20 世纪末期，游戏治疗形式被很多心理学理论方法支持。关于使用理论的原则，儿童治疗师使用那些被确定的游戏治疗的形式，他们在阿德勒、荣格、格式塔、心理剧、认知行为和依恋理论的框架内工作。这些方法在本书的第三章有详细的描述。游戏治疗的发展指出游戏在治疗性愈合中作为沟通的主要方式已经被专业人士接纳。

## 游戏治疗的结论和含义

本章试图涵盖游戏的大量信息，包括游戏的历史，游戏的性质和类型，游戏的目的，游戏的发展理论和游戏治疗的历史作用。尽管这些信息很宽泛，但是综合起来讲，游戏的知识为游戏治疗的训练作了铺垫。在回顾游戏的知识时，关于游戏治疗中游戏的作用，高级游戏治疗师们有了疑问。这里有几点需要考虑。我并不试图回答这些问题，我仅仅列出它们，提供几点讨论的内容。

1. 如果"愉快的"被确定为游戏的必要因素，那么儿童在游戏治疗中做什么才被视为是游戏？

2. 游戏治疗中儿童真的是自由的吗？以维果斯基的观点为基础，儿童总是被游戏的潜规则限制。如何通过这些内在的规则限制他们？他们体验了多少自由呢？

3. 游戏总是自愿的，没有目标指向的吗？如果这是正确的，参与这个场景的是一个焦躁、消极，并且没有内在目标的孩子吗？作为一个游戏治疗师，我会质疑在进行带来痛苦的创伤重演时，孩子的自愿性和没有目标指向的本性，即使到最后孩子能够在创伤情景中玩耍。再者，这是游戏还是其他东西呢？

4. 在现代美国文化中，难道游戏治疗需要为更多的孩子提供任何其他场景都无法提供的环境，难道自由游戏已经消失到这种程度了吗？游戏治疗是正常发育过程中所需要的吗？

5. 在进行游戏时，治疗师的作用是什么？根据历史的观点，治疗师是起到成人指导的作用，还是提供便利条件的非指导性的作用呢？治疗师们对这个问题的回答与其对于人类的观点是如何联系起来的呢？

尽管问题很多，但是高级游戏治疗师们知道头脑中不同的思想所具有的意义，以及对这个领域讨论的丰富性的意义。但是本章中，以积累知识为基础，出现了一些明确的关于在治疗中使用游戏的目的的影响。通过对游戏的历史和理论进行回顾，我列了一张游戏治疗中游戏功能的清单。游戏治疗中游戏被用作：

1. 娱乐：游戏治疗中使用游戏，无论是对于儿童还是对于治疗师和儿童，都提供了娱乐机会。尽管它对儿童而言并不总是愉快的，特别是在治疗中，但是它往往是很有趣的。治疗环境中增加乐趣会降低儿童对治疗关系的防御，并且为经历很多环境冲突的儿童提供之前从未有过的经历。

2. *象征性表达*：游戏治疗中的游戏允许思维和感受的象征性表达。正如皮亚杰和维果斯基双方的表述，儿童使用象征来获得语言，表达情感和认知。游戏治疗中游戏的象征性表达，使得游戏治疗师进入儿童的世界。儿童不再被现实困扰，并且需要假装，为情感的表达或应对技巧的建立创造情景。

3. *情绪宣泄*：游戏治疗中的游戏允许从那些给儿童带来最严重后果的问题着手进行工作。非指导性的游戏提供了一种能让孩子选择努力方向的环境。

4. *社会化发展*：游戏不仅允许儿童对自己的世界进行表达，也促进儿童和治疗师之间的沟通——或者在团体游戏治疗的例子中，促进儿童与同伴之间的交流。游戏中促进关系的建立和保持，加强了儿童的社会动机和技能。

5. *控制*：游戏治疗中，游戏被儿童用来控制他的世界。他有能力成为任何人，也有能力做任何事情。他不再被现实世界的界限限制。儿童在游戏治疗中使用游戏，促进了自身对环境的控制感和胜任感。

6. *释放能量*：尽管使用游戏来释放能量可能看起来并不像是治疗，但是儿童很可能会使用游戏治疗作为自由表达未使用或会受限制的能量的场所。花费时间试图在建构的环境中"与他们在一起"的儿童，经常需要一个能量释放的安全环境，治疗师才能进行有针对性的治疗工作。

# 第二章　儿童发展的基本概念

　　游戏治疗中，游戏是治疗师与独特的儿童个体之间发展人际关系的形式。在此有3个部分值得我们关注：游戏、儿童和关系。第一章讨论了游戏在儿童的生活、文化和治疗中的作用。第三章讨论儿童与游戏治疗师之间关系的治疗性本质。本章主要介绍多个发展模型的主要内容，这些模型能够帮助治疗师了解一个儿童不同于其他儿童的地方。在儿童发展阶段模型中，还掺杂着一些其他的因素，包括真实地传达个体水平上发展的能力，那些被读者误以为不符合群体标准的儿童就会被标记为非常态，并且据儿童现在所处的阶段，推断他们在竞争中达到更高的水平。本章的目的是以目前统计汇总的西方文化中的儿童为依据，介绍那些"平均水平"的儿童发展的相关信息。尽管很多发展理论学家指出了跨文化研究，并把他们的模型应用到多个社会文化中，但是本章中提到的大多数模型对人类的发展仅仅是一种个体化的方法，没有必要应用到其他的文化中，或者仅仅在整个西方社会文化中也是不可行的。本章提到的发展知识为我们提供了一个框架，以这个框架为基础可理解游戏治疗中儿童来访者的独特性。另外，这些知识并没有提供训练上的命令或者治疗中的目标。

# 对发展模型的误解

## 发展适用于所有人

当发展模型以阶段、年龄和描述被提出时，咨询师就会出现将模型应用到所有孩子身上的倾向。很明显，是咨询师们自己提出的模型结构，他们当然会认为模型对所有人都是适合的。然而，在每个背景中，在对每个孩子进行概括时，游戏治疗师应注意适用范围的限制。游戏治疗师最先关心的是儿童的独特性及其生活环境。发展模型只是一个将这些独特性概念化的工具。无论这些发展模型的重点是在认知发展、人格发展、情感发展或行为过程发展上，它们在解释所有儿童发展的能力上都有各自的不足之处。伯曼（2008）写道，"正常的儿童，是从对各阶段年龄人群的对比得分中获得的理想类型，因此这是虚构的。没有任何一个个体或真正的儿童是在这样的基础上"（p.22）。

## 使用发展的平均水平进行病理化推断

发展模型看似提供了一张预测一般儿童的路线图，有时候它会假设那些不在相同发展轨道上的儿童一定是异常的。如前面所述，发展模型不能解释所有儿童的成长。有些儿童能够掌控他们自己的个人发展轨迹，虽然不同于一般平均水平，但并非是临床病理化的。这些儿童按照他们自己的速度发展，使用他们自己不同于其他儿童对经历的解释。作为一名游戏治疗师，我或许会问："一个12岁的孩子穿了一件披肩在房间里面飞来飞去，这是一个临床性问题吗？""一个8岁的孩子整个学期都在吮吸婴儿的奶瓶，这是可以诊断的疾病吗？"或许不是。尽管这些行为在他们这个年龄阶段并不恰当，但是在此后的生命中，这些可能是使儿童达到功能完全正常状态的个性发展过程的象征。

　　我在一所大学的心理健康诊所担任指导者，这里每周大概会接待 70 个儿童。我们诊所会使用合理、有效、可靠的方法来治疗儿童，结果显示，45%~50% 的儿童来访者的父母没有报告儿童具有临床水平的问题（Ray，2008）。尽管父母、学校或一些其他机构已经指出儿童因为担心环境或行为而寻求治疗服务，但是儿童并没有表现出会被认为是心理健康问题的行为。这些所举的例子或许象征着一个孩子正经历着发展中的"小过失"，为此一个孩子或父母可能需要更多的治疗性支持，而不是对这种发展过程进行病理化推断。

## 力争上游

　　发展模型的阶段结构也导致了各阶段对运动的误解。一种普遍的解释是发展的阶段越高越好，越高的阶段越有价值，这样的归因削弱了每个阶段价值发展模型的基础。伯曼（2008）提醒，"发展因此成为一场障碍赛，跳过一组跨栏，给予最高的奖品，如果过程滞后，就会出现真实的或想象的惩罚，或者羞辱"（p.79）。发展理论强调每个阶段的重要性，包括在每个阶段中获得的与个体不同的含义。每个阶段对每个儿童都是有意义的。从心理健康的角度看，这里没有力争上游，因为更高的水平并不意味着更好的功能以及更多的归属感或更加积极的情绪状态。

　　全面理解发展的方法是直接观察儿童个体和群体。在我的经验中，我发现因为游戏治疗师们对转诊治疗的儿童经验有限，所以他们容易被发展的观点所限制。这经常歪曲了对问题儿童的专业看法，虽然这些儿童按照一般的正常水平发展，但是却被完美主义的或焦虑的监护人认为是有问题的，或者与同伴中正常儿童的发展是不协调的。教师、学校咨询师和其他学校工作人员在识别发展模式时具有优势，因为他们每天都能接触到很多儿童。在一个由 20 名儿童构成的团体里面，有 5 名左右的儿童可能会表现出明显不同的发展轨迹，1 名儿童可能会出现令人不安的发展轨迹，而其他

15 名儿童将可能按照一般发展的任务和阶段进行。实际的观察和接触儿童是识别正常发展、异常发展和问题发展的首选测评工具。

## 发展模型的历史和结构

回到柏拉图的发展观点，他提出了意识等级说，即每个级别建立在前一个等级的基础上。柏拉图描述了意识的四个阶段，以及它们是如何与发展相联系的（Ivey，2000），意识开始于想象，描述了感觉运动操作和奇妙的思维。第二个阶段是信念，它是建立在观察的基础上的具体知识。第三个阶段是思维，它标志着抽象推理的开始。第四个也是最后一个阶段是知识，强调前提和假设的检验。因为意识的每个等级能与认知功能进行匹配，所以柏拉图被称为第一位认知发展学家。

几百年后，皮亚杰（1932）在他的《儿童的道德判断》（*The Moral Judgment of the Child*）一书中详细描述了儿童的认知发展。皮亚杰的认知阶段包括感觉运算阶段、前运算阶段、具体运算阶段和形式运算阶段，从经验性感觉到抽象思维建构了儿童的认知。洛文杰（Loevinger，1976）认为皮亚杰之所以在发展理论方面极具影响力，不仅因为他提出的认知模型，也是因为他在认知阶段学说上支持了构造主义。皮亚杰为之后的众多发展模型创造了契机。几个有影响力的发展模型包括西格蒙德·弗洛伊德（1949）的本能人生阶段，埃里克森（1963）的心理社会发展阶段，科尔伯格（Kohlberg，1981）的道德发展，休珀（Super，1963）的职业发展，福勒（Fowler，1981）的信仰发展，吉利根（1982）的女性发展，洛文杰（1976）的自我发展，格赛尔（见 Ilg，Ames & Baker，1981）的成熟发展，以及格林斯潘（Greenspan，1997）的情绪发展，仅仅列举这几个。每一个模型关注人类发展的不同方面。以上提及的模型的共同点是认为人格的形成贯穿整个生命过程。

杨 - 艾森德斯（Young-Eisendrath，1988）将发展模型分为三类。第一类是时间顺序的年龄模型，着重点在于改变年龄的生物学和社会生物学因素，例如当前的大脑发展理论。第二类是生命阶段模型，它综合了生物学、社会文化和人际交往的影响，概括了生命中每个阶段所具有的一般性发展的特征，如埃里克森（1963）的模型。第三类是结构模型，个人发展模式适应成熟阶段的和社会文化的变化，例如科尔伯格（1981）和洛文杰（1976）的模型。

发展模型中的一个关键概念是阶段的概念。就像海耶斯（Hayes）和奥布里（Aubrey，1988）所说：

> 人类发展被看作是有秩序的，在整个生命周期里遵循一系列的阶段或里程碑。这些阶段以不变的顺序出现并且分等级，随着发展过程的持续越来越复杂。每一个阶段都具有与其他阶段不同的性质，从而形成一个整体结构。它并非是一种对特定时间点上的环境需求进行简单回应的方式；而是一种感知和理解环境的方法（p.4）。

此外，杨 - 艾森德斯（1988）指出阶段是意义建构的参照系，既不完全依赖也不完全脱离顺序，这取决于前一个阶段、心理操作、习惯性假设的获得，并且将阶段当作发展的常用模式。阶段是发展理论的结构性基础，因此，它对于发展的理解是非常必要的。在本章前面即介绍了海耶斯和奥布里（1988）以及杨 - 艾森德斯（1988）提出的明确且清晰的发展阶段。尽管发展学家们可能认为他们已经掌握了人类发展中成长和运动的本质，但这其中仍存在一些疑问，即如此普遍性的任务却被以往的和当前的研究和理论方法所限制。阶段结构的重要性是概念化理解，在个体的意义建构观点和环境需求影响下的生命周期中，阶段变得日益复杂。

艾维（Ivey，2000）通过记录发现发展是周期性的，发展的早期阶段并不会随着童年逝去而消失，而是继续在人类活动进程中作为新的发展任务和阶段出现。根据这个假设，人类一直处在重新定义他们自己和环境的亘古不变的过程中。洛文杰（1976）进一步探讨更多的细节，认为人格发展始于个人冲动，通过遵循惯例和社会压力，获得连续的自由。进而提出人格是通过人与环境的关系而发展出来的观点，下一章会讨论人本主义理论的概念。

在发展的重要性上，维果斯基（1966）写道：

> 从一个年龄阶段到另外一个阶段，每次进步都与动机和行为激励中巨大的变化息息相关。对婴儿来说最有趣的事物，到蹒跚学步的幼儿可能已经没了兴趣。当然，新的需要和行为动机的成熟是主导因素，特别是在游戏中儿童对特定的需要和激励感到满意这个可能被忽略的事实，并且没有理解这些激励的具体特点，我们无法想象我们称为游戏的这个行为类型的独特性（p.7）。

从上述观点中，游戏治疗师们能够学到如何使用游戏来理解一个孩子的发展水平和阶段。

## 游戏治疗中应用的发展模型

游戏治疗师们认为可能会有利于概念学习和训练操作的发展模型有很多种。同时，我发现很难仅仅使用现有模型中的几个。然而，为了对游戏治疗中的发展知识进行整合，有必要确定几个重要的模型进行解释。因此这部分内容的目标就是列出每个模型的主要特征，特别是那些对游戏治疗有影响的概念，这将有利于游戏治疗师进行训练，并且提高他们学习发展知识的诉求。

## 成熟阶段理论

成熟阶段理论简单地认为个体如果寿命足够长，就会经历每个发展阶段。这是有时间基础的，认为到达每个阶段取决于个体的寿命长短，而不是人的知觉领域或认知能力。成熟理论假设前一阶段决定当前阶段是否能够顺利度过。

**埃里克森的心理社会发展阶段理论**：埃里克森模型（Erikson，1963）或许是最受欢迎的发展模型。很多心理健康专家在学习和训练时都会清楚地记住每个阶段的内容。但是一旦考试结束了，他们就会很快忘记这些内容，而且这些似乎并没有与游戏治疗的训练相联系。然而，埃里克森提供的这个模型是能够跨越世代的，它既适应当今社会，也适应50年前的时代。埃里克森将生命分为8个阶段，4个阶段出现在青春期之前。每个阶段都有人们必须解决的独特的心理社会危机。每个阶段的完成取决于现阶段危机是否得到解决。当每个阶段出现，危机被解决的时候，新的意义则被分配给所有更低的阶段，接下来的阶段也是如此。此外，未解决的任务则会导致未来同样有未解决的任务，并且发展出一条逐步累积失败的轨道。因此，越早出现的错误，因为错误的积累，越有可能使儿童表现出临床问题。埃里克森指出，当一个人处在每个阶段的心理社会强度中，也会在这个阶段中不断挣扎。对于每个发展的阶段，儿童的游戏可能反映出相应的心理社会危机。接下来介绍一下发生在青春期前的儿童期的4个阶段。

**基本信任对不信任（0~2岁）**：生命的第一个阶段，婴儿开始学习是否能够信任环境，大部分是通过与母亲的关系完成的。如果儿童的基本需要出现时，能够立即获得来自成人的喂养，就会建立起信任关系，从而形成"希望"这一品质。当婴儿在这个阶段取得成功时，他就会对未来和新的发展任务有期待感和希望。而这个阶段的失败则会导致婴儿对环境的基本不信任，在之后的阶段可能表现为回避人际关系和社会。埃里克森关于信任的描述和鲍比（Bowlby，1982）关于依恋的描述之间有着清晰的联系，即婴儿和照顾者之间表现出亲密的情感联结的特点。因为这个阶段出现在婴儿早期，而游戏治疗师很少会遇到这个时期的儿童。但是不幸的是，在这个阶段过去后，游戏治疗师们会接待缺乏信任、缺少希望的儿童，而这个阶段已经过去很久了，现在儿童在与新的发展任务相抗衡。

**自主对害羞和怀疑（2~3岁）**：这个阶段的具体任务是排便训练。在能够自我控制身体和力量之后，儿童会体会到来自照顾者的分离感。如果儿童分离的需求遇到过度控制的父母，或者在排便训练或自主活动中对失败感到羞愧，就会出现羞愧感和自我怀疑。过度控制或责备的父母可能提供了一种环境，使身处其中的儿童感到依赖或叛逆。而成功度过这个阶段会使儿童获得"意志"品质，发展自信。作为游戏治疗师，我发现排便训练中产生的问题是最有利于理解儿童和亲子关系的。父母会清楚地记得排便训练阶段中的诸多细节，并且伴随情感表达。当我问道："请告诉我一些排便训练时的事情吧，这个阶段是如何进行的呢？"我会获得各种各样的并且都透露真情实感的回答：

母亲1：（很骄傲地）"她真的很棒，她从不会出现任何意外。"这个回答可能指出了家长或孩子的完美主义倾向。

母亲2：（生气地）"那太可怕了。他会将小便尿在厕所外面，这使我发疯。而他经常是这样子。"这个回答可能指出了父母与孩子关系中循环往复的问题，家长将儿童恰当的发展行为解释为拒绝的或惩罚性的，于是家长拒绝或惩罚儿童。

母亲3：（冷漠地）"我不清楚。他自己照顾自己。这从来不是一个问题。"这个回答可能指出父母与孩子之间缺少联结，儿童可能意识到所有的任务都需要他自己去完成。

**主动对内疚（3~6岁）**：这个阶段的儿童出现主动探究活动的行为。他们经常模仿成人世界，扮演照顾者或其他人的角色。这个阶段的儿童，如果顺利度过前两个阶段，会有精力去尝试新事物，不会担心受到限制。在这个阶段，儿童只要有一点希望完成的需要，就会去尝试。如果愿望破灭或强化失败，儿童则会形成内疚感。这个阶段会培养"目的"的品质。游戏治疗师可能会接待处在这个阶段的儿童。在此阶段儿童的典型游戏行为是虚拟的行为和经验性服从行为，他们会在整个游戏中尝试新的角色和行为。

这个阶段中需要考虑的另外一个因素就是当今社会对成功的看法已经扩大到儿童期和成年期了。在主动对内疚阶段，儿童的目标就是简单地主动探索新的行为，以此来探索愿望和能力的边界。这个阶段的儿童并不需要对活动精通。然而，现代社会强调做法和成功的重要性，要硕果累累，并且要表现得最好。这是通过招募儿童参加竞赛类的运动和训练中表现出来的。例如，5 岁的女孩被要求参加每周 5 次的体操训练，或者 4 岁的男孩被要求参加每周 4 次的足球训练。尽管这时期的儿童可能会提出参加某项活动的愿望，但是每个训练都要考虑到他们并不具备完全掌控的能力，以及没有必要对他们继续训练达到完美。另外，一个特定领域的训练会限制儿童主动探索新事物、不同事物的能力，因此这是不可取的。换句话说，通过限制孩子的活动，每周进行几个小时的训练来掌握活动任务，不符合发展。自由游戏使儿童能以一种象征的方式做任何事情，更适合这个年龄组的儿童。

**勤奋对自卑（6~12 岁）**：在勤奋对自卑阶段，儿童已经获得了进步，从尝试不同活动的需要转向掌握特定活动的需要。在这个阶段，儿童将他们的愿望和能力进行联系与匹配。与他们不喜欢的活动相比，他们非常擅长喜欢的活动。这个阶段出现的心理品质是"能力"。主动对内疚和勤奋对自卑在实质上不同的例子是，当一群幼儿园的儿童被问到谁能唱歌时，答案是所有的孩子都能（主动）；但是当问一组五年级的儿童谁会唱歌时，只有几个唱歌好的儿童会站出来（勤奋）。

游戏治疗师要在一致性的基础上，才能与处在勤奋对自卑阶段的儿童开展工作。尽管咨询师会提醒儿童他们能够擅长很多事情，但是这个阶段的儿童会觉得这个答案是失望的和虚伪的。因为他们已经知道了有些人会擅长某些事情，而其他人则不会，他们在寻找自己能胜任的领域，而治疗师的作用是提供一种能让儿童体验到优势的环境，从而推动这个过程发展。游戏治疗师也可以与家长开展工作，支持儿童自我对优势的追求，并且寻找优势的活动，而并非关注他们失败的事情。

举一个我与一个 9 岁男孩的父母咨询的例子。这对父母有 3 个孩子，所有孩子的名字都是以"A"字母开头，他们认为这样就能够使孩子在学校里面获得"A"。我的来访者是家里最小的那个孩子。两个大点的孩子在学校里面表现得非常好，一个孩子名列高中的光荣榜，另外一个在精英私立大学读书。而我的来访者被诊断为学习障碍，在学校里面表现很吃力。因为他只能勉强通过考试。由于学业上的失败和他看起来比较抑郁，他的父母将他带来进行游戏治疗。当我让父母说出孩子的优点时，他们停顿了很长时间，很明显他们被这个问题难住了。之后他们讲起了教堂要求孩子朗诵圣经的故事，因为他的朗诵非常糟糕，所以他对这次展示感到很紧张。在朗诵的前三周，我的来访者开始记忆冗长的经文，并且要为每段内容编一段表演。我对这对父母说，尽管他不能在学校里取得很好的成绩，但是他会本能地把精力放在一个能让他感到自信和胜任的活动上。我的经验告诉我，当这个阶段发生在孩子身上时，胜任的领域却没有被父母注意到，因为父母只关心特定的成功了的任务。游戏治疗能够在寻找儿童的动机意识和胜任领域时，给予儿童和家长有意义的支持。

**格赛尔成熟发展理论**：通过对儿童内部和外部的观察，阿诺德·格赛尔提出每个发展阶段和模式中确定的普遍行为（Ilg, Ames & Baker, 1981）。他认为发展有一个循环模式，即平衡的时期之后是不平衡的时期，儿童在此期间得到成长。在这个循环中，平衡阶段的儿童很少遭遇自我或与外在世界的困难；接着是一段分裂（breaking-up）期，儿童被扰乱、被困扰，并且与自我和环境不一致。平衡在打破后被重建，之后出现一段心理内在活动（inwardizing）期，儿童作为观察者参与外部世界。心理内在活动的特征是儿童除了过度透支和悲伤，还会具有较强的灵敏度和敏感性。心理内在活动参与并消化外部世界之后，儿童进入膨胀期，这个阶段的行为是积极的、有活力的并且危险的。膨胀期之后是神经质阶段，这个阶段的儿童会过度焦虑，缺少积极行为。完成这个循环后，平衡再次被重建。表 2.1 对循环中每个年龄段进行了简短介绍。

**表 2.1　格赛尔发展循环模型**

| 年　龄 | | | 阶　段 | 描　述 |
|---|---|---|---|---|
| 2 | 5 | 10 | 平稳的、综合的 | 平衡的，很少与自我或环境有困难 |
| $2^{1/2}$ | $5^{1/2}$—6 | 11 | 分裂的 | 扰乱的、困扰的，与自我和环境不一致 |
| 3 | $6^{1/2}$ | 12 | 全面的、平衡的 | 平衡阶段，很少在自我或外在世界方面有困难 |
| $3^{1/2}$ | 7 | 13 | 内在的 | 描绘外部世界，进行消化，有灵敏度，过度透支 |
| 4 | 8 | 14 | 活力的、膨胀的 | 积极的行为，可能有危险性 |
| $4^{1/2}$ | 9 | 15 | 内在的—外在的、困扰的神经质 | 焦虑，缺少积极性，这个阶段很少被知晓 |
| 5 | 10 | 16 | 平稳的、综合的 | 很少平衡的，在自我或外部世界方面有困难 |

来源：摘自 Ilg, F., Ames, L., & Baker, S. (1981)，（*Child behavior: The classic child care manual from the Gesell Institute of Human Development*）New York: Harper Perennial.

格赛尔模型介绍了每个年龄组更多的具体描述，如下：

• 2 岁：2 岁的孩子处在一个平衡的阶段，在这个阶段，她对运动技能很有信心，能有效使用言语，有较少的需求，以及具备忍受挫折的能力。2 岁的孩子们也需要关爱和照顾。

• 2 岁半：与父母期待的相比较，大部分儿童行为是直接的。这个阶段的儿童是僵硬的、呆板的、专横的、吃力的。在任何时候，这些特点都会与极端情绪和选择性无力感同时出现。

• 3 岁：这个阶段又回到平衡，并且希望进行合作。运动技能提高，语言能力也得到提高。各类社交能力可能接踵而至。

• 3 岁半：这阶段的儿童经历了一段不安全的、不平衡的、不合作的时期。

随着运动和语言问题的出现，3岁半的儿童会面临人际关系的挑战。他们经常哭泣、呜咽，并且怀疑照顾者，这时候他们需要更多的关注。

- 4岁：4岁儿童的关键词是"越界"（Ilg, Ames & Baker, 1981, p.32）。运动技能方面，4岁儿童拍打、踢和破坏事物。他们大声喊叫，发脾气。同样，他们目中无人，并且令人震惊的是他们的言语使用。他们富于想象并且没有限制。

- 4岁半：这个阶段的儿童从不真实的事物中分离出真实的事物。他们喜欢讨论，渴望细节。这是一个智力或运动技能快速成长的阶段。

- 5岁：儿童是依赖的、稳定的、冷静的、友好的且没有过多要求的。他们又一次回到了平衡的阶段。这个时期儿童与父母的关系尤为重要。

- 5.5~6岁：儿童是极其情绪性的、僵硬的、严格的、消极的。他们精力旺盛并且寻找新的经验。他们可能通过偷窃、说谎来得到他们想要的。

- 7岁：这个时期的儿童通常是冷静的、退缩的。他们是情绪化的并且喜欢独处。他们可能感觉这个世界都在反对他们。他们忙于接触、感受和探索外部世界。

- 8岁：这个时期的儿童渴望出去见识世界。他们有过剩的精力，并且很忙碌，经常开始新的活动。他们渴望建立相互的关系，但他们可能是自我批判的和敏感的。

- 9岁：9岁是一个比较安静的年龄，这个年龄的儿童喜欢独立操作，是自我满足的和自我满意的。朋友成为兴趣的最初来源。他们焦虑，有很多的抱怨。

- 10岁：10岁是一个平衡的年龄，这个年龄的儿童是灵活的、满意的。他们想做得好，并且遵守权威。这被描述为"最好的年龄之一"（Ilg, Ames & Baker, 1981, p.45）。

- 11岁：儿童可能是情绪化的、自我吸引的。他们喜欢挑战规则、争论，但是经常在作决定方面有困难。他们使用多种视角看问题的能力不断提高（Wood，2007）。

- 12 岁：这个阶段的儿童能够进行自我意识、内省和移情。他们是热情的，并且感觉安全。成人的人格开始出现，朋友是获得赞同的重要途径。（Wood，2007）。

格赛尔模型描绘每个年龄段应该具备的能力，并将模型与每个儿童进行匹配。然而，游戏治疗师们乐于运用发展循环模型的效用，是因为描述了儿童如何不以自然实证的方式从一个阶段进展到另一个阶段发展，而是循环挑战和平衡阶段。每个阶段有利于掌握下一个阶段的复杂性。儿童内在活动为外部经验和知识的整合留出时间。他们扩大与世界和个人确定边界及能力之间的相互影响。儿童一旦度过混乱和焦虑，就可以一直放松到平衡期停止。应该从个人视角上理解每个阶段与儿童人格间的关联。因此，特别有挑战性的儿童不会在 10 岁的时候突然变成好孩子，但是他们可能在这个平衡的阶段表现出较少的问题行为和特点。对特别安静的儿童而言也同样如此，他们不会在 6 岁的时候突然变成不可控的多动儿童，但是他们可能在分裂阶段产生异常的消极能量。游戏治疗师可以通过这个模型更好地理解儿童，即使是对正常的孩子和父母，成熟的过程也是不愉快的，但是每个阶段发展到下一个阶段时也会给父母带来希望。这里没有动态静止，目前有困难的儿童很快就会出现变化。

**性发展**：在发展的文献中缺少对童年期性欲的研究或许是最不好的空白之一。性欲以一种结构化的方式，遵循发展的轨迹出现，类似认知、自我意识和个性发展。然而，由于成人对童年期性欲发展的焦虑和进行儿童性行为研究的相关伦理，相对而言，性发展领域是未知的（Weis，1998）。而与游戏治疗相关的是提供一种环境，能使身处其中的儿童自由表达他们自己的性。游戏治疗师们一直在为关于性行为的洞察力和性游戏的普遍发展模式奋斗。而在舒瑞普（Schepp，1986）关于生命阶段中性问题的介绍中已经呈现了一个模型：

- 婴儿期（0~3岁）：婴儿喜欢通过触摸发现性器官并发展性感受。性别角色识别过程开始。
- 童年期（3~10岁）：儿童体验自我快乐以及可能与他人进行的性游戏。对生殖很感兴趣，并且丰富性词汇。这个阶段的儿童观察成人的性行为，包括性别角色。他们会存在影片和同伴中出现的性取向问题。
- 青春期（10~14岁）：在这个阶段，儿童有必要了解他们身体正在经历的变化。他们对性体验和手淫充满好奇，会特别关注手淫和射精。他们正在发展一种与全面的自我价值相关的身体形象。

尽管关于性发展阶段的描述不足以指导游戏治疗师开展工作，但是这足以证明儿童是有性欲的，并且会将性欲整合到整个发展过程中。游戏治疗中可以将性游戏作为普遍发展的一部分，并且应该像接受成熟和认知的游戏那样运用性游戏。

## 认知和自我意识发展理论

认知和自我意识发展理论的前提是人与环境之间的相互作用。儿童生来就具有与环境进行互动的本能。这种互动会影响儿童的环境知觉，促进未来互动的质量和数量，使儿童与环境之间持续互动。成熟的理论与认知和自我意识理论之间最主要的区别在于认知和自我意识统一体上的运动能在发展中的任何时间停止或暂停。这些理论的基本假设指出，每个孩子都会以各自的速度发展，并且可能在任何特定的阶段停止进程。

**皮亚杰的认知理论**：皮亚杰（见 Piaget，1932/1935）对现代发展心理学作出了巨大贡献。尽管目前研究方法对他的理论倾向摇摆不定，但是在认知发展的基本原理上仍保持一致。游戏治疗界通常将皮亚杰的理论作为认知干预中的基本原理，重视他对象征性沟通的解释（Landreth，2002）。认知发展理论提出儿童积极构造脱离环境经验的现实，因此要以一种动手学习的方式与环境进行互动。儿童思维在本质上与成人的差异在于，儿童不能以成人的方式思考、推理和评判（Elkind，2007）。认知阶段的进程朝向更成人化的内容和思维结构发展。在完成每个阶段之后，都是不可逆转的，而且大部分儿童都能进入形式运算阶段，从而有了抽象能力。

- 感觉运动阶段（0~2岁）：感觉运动阶段最首要的目标就是形成物体永久性，即当婴儿不再看到物体时，依然认为它们是存在的。因为没有抽象物品意义的能力，婴儿只能通过摸、舔和感觉这些实际操作物体的能力建构世界。将感觉运动阶段与埃里克森的信任阶段和鲍比（1982）的依恋理论相联系，可以将"物体"这个词扩展到主要照顾者。那些具有持续照顾特征的主要情感物品的形成会促进儿童信任和依恋的发展。然而，需要了解的是，即使儿童并不与其他人建立物体永久性，他们也会进入认知发展的下一个阶段，因为物体永久性将会通过先天智力形成。由于这个阶段很早就开始，游戏治疗师们一般只会接触到已经完成和度过这个发展阶段的儿童。

- 前运算阶段（2~6岁）：就像艾尔金德（2007）解释的那样，儿童在这个阶段能够通过象征，特别是通过获得言语，在心理上重建物体。这构成了物体分类的概念。他们给象征赋予意义，并且强烈地维护这些象征。这些象征被赋予的意义解释了为什么儿童会重点鉴别正确名称，或为什么不分享那些属于"我"象征的玩具。同样，这些附加意义也解释了儿童的首选游戏沟通模式。每个象征都有意义，它们允许儿童表达思想和情感，而有限的词汇并不允许他们进行全面的表达。这是儿童最特别的一个阶段，儿童能够在这个环境中运用合适的并且被他们赋予意义的象征进行表达，游戏治疗师们认为这个阶段是提供治疗环境的原理。此阶段的儿童最奇妙的特点之一是，儿童会对事件进行因果归因，但是他们经常误解自己在事件中的角色，如果两个事件同时发生，他们会认为是因为这件事导致了另外那件。

这是我督导的一个例子，索菲，一个 7 岁的女孩，参加了学校咨询师组织的离婚学习的小组。她的父母离婚了，因为她爸爸发现自己是一个同性恋，而他也希望能够结束自己的这段婚姻，他和另外一个男人确定了关系。索菲已经参加了两次离婚教育，但是仍然表现出退缩和沮丧。当我询问学校咨询师，索菲有没有可能为离婚而自责时，她强烈地回答索菲不可能这样想，因为这个离婚小组主要为儿童消除离婚的神秘性。我让学校咨询师尝试询问索菲，她的父母为什么离婚。当咨询师询问她的时候，索菲说，爸爸离开家的前一晚，她和她姐姐大声争吵，之后又打了起来，这时候她爸爸跑到她的房间斥责并分开她们。索菲认为是因为这次打架才使她们的父母离婚，如果她能够表现得"好"，她爸爸就会回家了。学校咨询师对索菲的解释感到非常震惊，因为他收集到很多关于离婚和儿童角色的信息，都没有这样的解释。索菲只是一个例子，尽管教育对儿童是非常重要的，但是它对儿童自己有过的经历和对世界奇妙的解释并不是非常充分的。

- 具体运算阶段（6 或 7~11 或 12 岁）：儿童从物体操作转到象征操作。他们需要允许思维操作的心理图像。他们现在可以在没有具体操作时，将数字和词汇的意义形成思维图像。这个阶段，儿童学习规则使合作游戏成为可能。他们也会接受高级逻辑需求中的规则。在具体操作中，逻辑对所有形式都具备基本和概括的特点。如果一个人已经做好了某件事情，那么这个人就是一个好人。如果一个人没有遵守规则，那么这个人就是一个坏人。艾尔金德（2007）描述这个阶段儿童的认知观念特点，"如果儿童看到父母犯了一个错误，他们假设如果父母并不知道这个简单的事实，那么父母就不知道任何事情"（p.129）。这种认知观念的积极方面是儿童渴望独立。

  如果只是回顾皮亚杰的认知发展阶段，游戏治疗师或许会问游戏治疗在具体操作上是否适合儿童。准备阶段、象征性沟通依赖和游戏治疗之间有明显的联系。但是当逻辑理解和具体理解成为主要内容之时，游戏治疗中的象征性表达如何起作用呢？在具体运算中，儿童需要一项思考形象和意义的新技能，他们更多地仍在边做边学。另外，有人认为具体运算关注同伴和亲属表达。游戏治疗允许儿童通过提供具体材料感受世界而创造或消灭一种心理图像，这是具体运算中对儿童最重要的任务。同样，儿童与游戏治疗师之间的关系为儿童提供了一个他们可以独立探索人际关系规则场所。最后，具体运算阶段的儿童可能是有效游戏治疗组中潜在的参与者。

- 形式运算阶段（11 或 12 岁～成年期）：形式运算的特点是开始出现抽象推理、想象思考能力和概念化能力。高水平的推理带来关于复杂情绪的意识和理解。复杂的情绪与关系模式息息相关，例如自责和正在经历的怨恨。艾尔金德（2007）观察到青春期早期出现假想观众，这是因为儿童具备了新的复杂的认知能力，他们能思考别人的想法。然而，儿童这时候会犯一个错误，就是他们认为别人想的和他们关心的是一样的，例如外表、感受和想法，这就是假想观众。青春期早期另一个奇特的想法是个人神话，儿童会认为自己是独一无二的，是与他人不一样的；于是，他们会觉得任何不好的事情都不会发生在自己身上，使得他们感觉自己刀枪不入，结果是他们可能会进行一些冒险的活动。值得注意的是，这种抽象思维不仅是一种能力，也是一种发展的技能。儿童并不会在某一天醒来突然就具有了正确地概念化事件的能力和动机。对治疗师和教师而言，为儿童提供一种抽象技能得以发展的环境，才是对儿童发展具有深远意义的目标。

**洛文杰的自我意识发展**：简·洛文杰（1976）发展理论的核心是自我意识的概念，自我意识是对一个人的经历进行组织和赋予意义的内部结构。自我意识发展是人的全面成长，包括感觉、想法和行为。洛文杰的理论将其他著名理论纳入其中，例如社交发展和道德发展。科什纳（Kirshner，1988）概念化洛文杰的阶段理论，从需要和即时满足到包含接纳他人关于复杂的个体差异和分离的意识。这个理论描述了童年早期阶段典型发展的特点，同时也总结了成人特定阶段应该履行的职责。洛文杰并不确定应该如何根据年龄进行分类从而描绘各个阶段，也担心人们要按照指定速度发展的期待对待个体。然而，很多发展学家已经对年龄进行了分类，并且看似适合婴儿期和童年期的一般发展速度。这里并没有对婴儿期的早期阶段进行描述。洛文杰模型中描述了明显的个人成长的变化，所以应该谨慎回顾每个阶段的年龄范围。

- 冲动的（3~5岁）：童年早期的儿童处在发展的冲动阶段。他们受身体和情感的冲动性控制。他们是以自我为中心的，关注他们自己即刻的需求，很少尊重他人的需求。

- 自我保护的（6~10岁）：儿童在这个阶段学习控制他们的冲动，并且了解规则的作用。他们极其机会主义（投机取巧），把世界看作是必须让他们的需求比别人的先得到满足的地方。通过获得奖赏避免惩罚建构他们的行为。这个阶段的儿童是游戏治疗中的主要来访者，他们接受和服从那些为表现好的行为提供奖励的行为技术。这个阶段与皮亚杰的前运算阶段和具体运算阶段相重合，而儿童能够理解和回应行为主义的逻辑，但是表达仍然建立在象征基础上。自我保护阶段的儿童经常负面地感知外在的动机，这是因为照顾者会告诉他们，如果他们想得到想要的东西，他们必须做一些事情。然而，这个阶段标志着儿童进入了遵守规则和打破规则时期。他们在外部世界的经验中学习行为的结果，之后（下一个阶段）他们会形成在世界中的归属感。

- 墨守成规的（10~15岁）：这个阶段，儿童开始将个人利益与集体相联系。这个阶段的特点是对群体保持一致性和严格遵守集体规则。外在表现上，当务之急是找到所属的群体。儿童倾向于具体思维，很少容忍有歧义的事物。做决定时以对群体有利的方面为基础。与此阶段的儿童进行训练工作时有以下几个要点：第一，团体游戏治疗是这个阶段的首选，因为团体接纳带来的变化更容易影响到这个阶段的儿童。第二，行为主义不再有效，特别是如果群体归属感超过儿童对外部奖励的需求时（这种情况一般会出现在这个阶段）。第三，缺少对差异性表现的敏感性。咨询师对多元文化接纳的影响是有限的。最后，这个阶段的儿童以关系为基础，并且寻找能使他们感到舒适的关系。进入这个阶段但是还未找到确定群体归属感的儿童，可能会出现情绪和社交问题。在自我保护阶段的例子中，重视个人主义和接纳多样性的心理健康专家，却经常对这个阶段另眼相看。然而，在团体背景下对归属和意义的探索，会给儿童带来情绪上的成长，合作性社交技能的发展以及承认个人对他人的影响。这为儿童下一阶段作好了准备，他们感到充足的自信心和稳定性，使得他们能够离开团体探索个体经验。

- 自我意识的（15 岁～成年），谨慎的（成人），个人主义的（成人），自主的（成人）和完整的（成人）：尽管大多数游戏治疗师不会接收较高发展阶段的儿童，但是有必要认识到其实美国大部分成人只是被划分到了自我意识阶段，而这实际上仅仅超过大龄儿童一点点而已。在自我意识阶段，青少年或成人需要意识到个体差异，而这并不能满足团体标准。作为阶段进程，在一个更广泛的群体背景中，出现个性化结构，人们需要在集体需求的背景下平衡自我需求。经验和认知变得更复杂，个体努力掌握多种观点并尊重这些观点，以此来指导自己的行为。再一次需要指出的是，虽然生命发展到更高阶段时会变得更加复杂，却不一定会更充实或更适应。

**格林斯潘情绪发展**：格林斯潘（1993，1997）非常重视埃里克森和皮亚杰的发展理论，却发现儿童的情绪在发展的历史概念化中会在某种程度上被忽略。他致力于对情绪发展的领域进行观察和分类，在这个领域，儿童的身体和认知变化不期而遇。他将其分为 4 个方面（这被认为是里程碑），即所有儿童都会运用的情绪成长的策略：自我调节、人际关系、现实和幻想，沟通（Greenspan，1993）。每个年龄阶段的儿童需要掌握相应阶段应该掌握的具体能力。如果儿童还没有掌握某些能力，治疗性咨询会指导儿童重新掌握这种能力。

- 最开始的 5 年（0~5 岁）：自我调节阶段，儿童能够冷静和调节情绪，控制冲动，并且能够集中注意力。关于人际关系，儿童与他人建立亲密关系，例如父母、个体同伴和群体同伴以及一些新的成年人，如老师。对于现实和幻想，儿童参与并且乐于进行想象游戏，喜欢现实，并且能从现实中区分出假扮者。关于交流，儿童运用动作表达需求、渴望和意图，也会直觉地对他人的动作作出反应。另外，儿童能够一次性组织词汇和观点表达两种或更多种意思。

- 世界是美好的（5~7 岁）：对于自我调节，儿童能够完成自我照顾和自我调节功能，例如冷静下来、集中注意力、穿衣服、洗漱以及其他只需要给予很少支持的任务。对于人际关系，儿童享受并感受亲子关系中的安全感，对父母、同伴和"我"感兴趣。他们能够使父母一方反对另一方从而获得他想要的。他们能够与同伴建立关系，离开父母独自游戏，并且能够与同伴一起维护自己的意志。对这个阶段的儿童来说，即使事情没有以他们自己的方式进行，他们也能够与父母和同伴共同生活。对于现实和幻想，儿童将会体验到满足期望，但是他们学会了对现实中的挫败和失望妥协。对于情绪的思维，害怕、害羞、担忧和冲突与期待共存。他们开始了解现实会受到限制的原因。

- 世界是其他孩子的（8~10 岁）：这个阶段的儿童即使面对困难任务，也能够集中较长的时间，因此儿童形成了自我调节能力。他们在没有帮助的情况下也能够完成大多数的自我照顾行为。在人际关系上，儿童完全融入同伴群体，并且意识到自己在群体中的角色。他们大部分可以做到关心朋友、融入朋友。他们保持与父母之间的照料关系，父母在掌控同伴关系中能够给予指导。他们与兄弟姐妹竞争，也会与他们亲近。对于现实和幻想，儿童能够继续享受想象，也能遵守规则。对于沟通和情绪的思维，儿童将观点融入沟通中，包括那些需要被处理的情绪。他们将情绪进行排序并且对它们进行分类。他们会经历竞争，但没有逃避或自负。他们也会经历失望，但没有退缩或攻击。

- 世界是包含我的（11~12岁）：这个阶段的儿童已经发展出一种新的"内在标尺"（Greenspan，1993，p.306），这允许他们用不断进步的特点替代同伴团体视角，从而肯定自己。他们关于对与错的内在感觉有所提高，并且与集体分离。对于自我调节，他们能够集中足够长的时间独立完成家庭作业，完成自我照顾。在人际关系上，他们有一个或少数几个亲密的朋友，并且较少依赖在群体中的位置。他们对父母或其他成人的角色模型感兴趣，但是他们私下里很享受与父母之间的权力斗争，这是开始独立的一种方式。对于沟通和情绪思维，儿童能够观察和评估个体沟通，理解和共情他人，并且记住和沟通这两种竞争的感觉。对于现实和幻想，儿童喜欢那些能够反映他们自身的白日梦。他们能通过理解背景灵活地使用规则。

格林斯潘提出的这种理论涵盖了儿童关于身体的成熟、认知模式、社交和沟通的相互作用以及情绪的理解。因此这是一个综合了其他所有理论的发展理论，为儿童发展提供一个更全面的观点。此外，格林斯潘提供了一张儿童积极心理健康发展需要的能力清单。

**种族/文化特性发展：** 随着多元文化受到更多的关注，也出现了多种与不同的多元文化人群有关的发展阶段模型。致力于呈现社会边缘群体的全部经验，苏和苏（Sue and Sue，2003）提出了种族/文化特性发展（R/CID）模型，用来描述文化特性中的个人成长模式。R/CID的基础是认为种族/文化特性并非停滞的，而是在个体与环境（特别是压迫的环境）的合作中创造出来的。虽然 R/CID 没有划分年龄阶段，但是在帮助问题儿童整合文化特性与其他发展观点方面，它还是非常重要的。在 R/CID 中有 5 个阶段：

- 一致性：处在这个阶段的个体会认为大多数文化都是好的，会毫不怀疑地认同主导文化的价值。人们在这个阶段开始萌芽自我否认的思维，并且会远离那些鲜有人接纳的群体。因为儿童需要操作其他发展的物体，因此一致性阶段中出现的自我否认的特点能够增强自我概念发展中不可信的部分。

  我督导时遇到一个 6 岁的非洲裔美国男孩的案例，由于生母经常虐待他，社会机构将他从家里接出来，暂时寄养在一个白人家庭。游戏治疗的时候，他会先挑选一个黑人布偶，与它玩耍，他会不断打它，之后再把它埋在沙子里面。继而他会重复这个游戏，温柔地拿起一个白人布偶，拥抱它，喂养它。当他做完一系列事情后，他温柔地将它放在毯子上。在这个例子中，存在着儿童种族中破坏性的自我观点和主导文化中的正统观点，种族和个人危机方面的困惑与迅速发展的自我概念是一致的。

- 不和谐：个体需要面对主导文化的价值和自我观点之间的冲突。这个阶段的特点是怀疑现有经验中的观点和想法。个体可能会对来自主导文化中的他人变得多疑。

- 反抗和洗礼：在这个阶段期间，人们倾向于独自识别小团体，拒绝所有主导文化中的联系。其特点是重视愤怒和羞愧，增加自我表现。

- 内省：出现在这个阶段的自我，是以希望脱离集体从而独立发展的需求为基础的。这个阶段的人们探索与群体观点不同的个体观点。

- 整合的意识：这个阶段的人们发展内在安全感和自主感。个体文化不断被接纳，主导文化也是如此。同时，可能也会包括为了减少无聊而开始的社交行为。

# 脑发展

近几年，探索脑发展已经成为医学研究中的关键点之一，同时研究者们也扩大兴趣开始探索大脑加工过程和儿童发展之间的关系。大部分现有文献中包括了言语获得和智力发展，但是游戏治疗师们却非常好奇这些内容如何促进儿童发展呢？荷西 - 帕赛克和格林科夫（2003）指出当前关于脑发展的教育仍被认为是一种"炒作"，我们还需要消除人们认为成人"塑造儿童的智力和能力"（p.18），或者某个科学研究"提供了一本可以更好构造大脑的手册"（p.19）这样的神话。他们认为，在生命的早期，大脑神经作为儿童大脑内沟通的连接者，每次工作时都会变得更强壮、更稳定，从而影响持续性的大脑回路。然而，研究却发现大脑能产生新的细胞，巩固旧的细胞，清理整个发展过程中没用的细胞。研究中也发现大脑毕生都在不断发展和变化。

针对游戏治疗师们的具体工作，施普林格（Sprenger，2008）提出了两种影响大脑发展的学习类型。第一种是经验期待，假设认为大脑内的环境会影响儿童的学习。"期待在呈现的具体刺激中形成大脑内的神经网络"（p.16），于是，大脑自然而然地开始发展。第二种学习的方式是，当大脑暴露于以环境为基础的具体经验类型时，会产生的经验依赖。基于经验，大脑将会变化，呈现出可塑造的水平。这个学习类型由家庭、学校和其他环境提供。尽管生命开始的前 24 个月内会形成包括人格、气质和情绪反应的情绪脑系统，但是调节情绪的大脑额叶却很晚才开始发展。施普林格总结，基于对大脑的研究发现，情绪发展是贯穿整个童年期和成年期的。

# 训练的含义

回顾本章此前的内容可发现，游戏治疗师可能认为训练儿童的适应性会被信息的广度和深度限制。毕竟，本章试图介绍多种关于人类成长和发展不同方面的理论。其实我真正的意图是希望高级游戏治疗师们能够通过对不同儿童进行概念化，来全面学习以往的和当前的发展理论。这里有几条实践本章内容的建议：

1. 治疗前，请回顾本章中与该儿童年龄相关的各个阶段内容（见表2.2）。在头脑中形成一张关于此年龄阶段的儿童典型特点的图片。例如，一个4岁的儿童开始活动是因为行动（埃里克森），释放过剩能量（格赛尔），感兴趣于自我性乐趣（性的发展），象征性沟通和出现奇妙的思维（皮亚杰），有冲动性行为并且很少顾及其他人（洛文杰），开始想象游戏并且语言习得（格林斯潘），以及如果意识到他身处的文化和种族氛围，他会接纳主导文化的价值系统（苏和苏）。

2. 使用这个表格帮助父母们合理化他们的期待。

3. 使用这个表格进行评估，即在普遍发展群体的背景中，对比个体儿童的独特性。

4. 首次与父母咨询时，与他们共同回顾主要的发展事件。确切来说游戏治疗师必须掌握关于儿童出生、早期气质、行走、说话、排便训练和言语活动的信息。

5. 一旦你开始与儿童建立关系，就要从发展连续性方面评估儿童的特点。什么特点是儿童应该表现出来的，它们是如何按时间顺序与不同的发展理论匹配的？项目1中建议的过程颠倒了这个过程，而且可能把儿童放置在每个理论中的不同阶段。

6. 游戏咨询期间，记录儿童的游戏与预期的发展阶段之间的联系。它们如何匹配，它们如何不同？

7. 使用发展记号以帮助决定游戏治疗中的进程。记录儿童在认知操作、情绪表达和行为上的变化。

**表 2.2　发展理论表**

| 心理社会特性（埃里克森） | 成熟的（格赛尔） | 性的（舒瑞普） | 认知的（皮亚杰） | 自我意识的（洛文杰） | 情感的（格林斯潘） | 年龄（大概） | 种族文化特性（苏和苏） |
|---|---|---|---|---|---|---|---|
| 基本信任/基本不信任 | 平稳的、综合的 | 婴儿期 | 感觉运动 | 共生的 | 最开始的 5 年 | 0~1 | 本栏不匹配年龄 |
|  | 分裂的 |  |  |  |  | 2.5 |  |
| 自主/害羞 | 全面的、平衡的 | 童年期 | 前运算 | 冲动的 |  | 3.5 | 一致性 |
|  | 内在的 |  |  |  |  | 3 |  |
|  | 活力的、扩展的 |  |  |  |  | 4 | 不和谐 |
|  | 内在的—外在的 |  |  |  |  | 4.5 |  |
| 主动/内疚 | 平稳的、综合的 |  | 具体运算 | 自我保护的 | 世界是美好的 | 5 | 阻力和沉浸 |
|  | 分裂的 |  |  |  |  | 5.5 |  |
|  | 全面的、平衡的 |  |  |  |  | 6 | 内省 |
|  | 内在的 |  |  |  |  | 6.5 |  |
|  | 活力的、扩展的 |  |  |  | 世界是其他孩子的 | 7 | 综合的意识 |
| 勤奋/自卑 | 内在的—外在的 | 青春期 | 形式运算 | 墨守成规的 |  | 8 |  |
|  | 平稳的、综合的 |  |  |  | 世界是包含我的 | 9 |  |
|  | 分裂的 |  |  |  |  | 10 |  |
|  | 全面的、平衡的 |  |  |  |  | 11 |  |
|  |  |  |  |  |  | 12 |  |

注：年龄是大概的具体年龄，并非代表表中每个阶段的确定匹配。

# 第三章　与儿童工作的原理——以儿童为中心的方法

　　读者们可能容易直接跳过本章，因为本章关注的是"如何做"，而不是治疗"什么"。心理治疗训练目前的关注重点是倾向机械化的，明确地列出治疗师在治疗中做什么。新治疗师们特别关注技术，因为技术能给他们提供一份在咨询中要起什么作用的指导地图。然而，本章会讲述游戏治疗是如何起作用的，通过讨论确定促进有效变化的必要因素。这些因素并不是言语或技术，而是更抽象、更难以测量的因素，它们可以共同影响儿童和游戏治疗师的动态。本章可能被简单浏览或跳过的第二个原因是，我会用很长的篇幅来解释人本主义发展和变化。因为卡尔·罗杰斯的方法是大部分刚入门的咨询和治疗过程的主要学科，很多读者可能假设以他们现有的学识，本章的知识是没有必要重新学习的。对本章的这些知识，我鼓励大家能够从头到尾详细、全面地阅读。我的目标是提供一种适合儿童咨询和人本主义的新意识。

　　以我的经验，新的甚至一些有经验的游戏治疗师们表示，解释游戏治疗过程中的变化是有困难的。于是，当理解有限的时候，父母和其他决策者对过程失去了信心。另外，如果游戏治疗师们不能抓住咨询中的有效动力，他们的成长是很困难的。在一例父母咨询的督导中，我看到一位游戏治疗师对游戏治疗的解释如下：

　　　　我们在这里进行游戏治疗。在游戏治疗中，当你们的孩子在玩的时候，我会坐在这里观察他，游戏是儿童的一种语言。无论你们的孩子做什么，我会反思他说了什么或做了什么。你们的孩子将学会以各种不同的方式表达他们自己。

当我听到这样的解释时，我为这位游戏治疗师缺少关于治疗师自身角色、儿童角色和彼此关系的作用方面的知识而感到难为情。我也能预感到父母的反应，他们也正如所预期的那样，说："所以，你只是在我的孩子游戏的时候坐在那里，那样是如何起到帮助作用的呢？"这个治疗师对这个意外的反应手足无措，解释说儿童会在充分表达他自己之后感觉更好一点。父母在孩子进入治疗时对治疗效果的渴望与他们的走投无路可以通过他们让他们的孩子再次回来接受治疗来证明。幸运的是，我能够与这位游戏治疗师一起学习游戏治疗的理论基础，所以她能够更好地与父母进行沟通，并且更好地传递了游戏治疗的有效性。

运用与来访者工作的清晰的基本原理为咨询师提供了"……一种关于每个人在他的整个生命中是如何疯狂地被赋予和发展的解释：一个人如何成为今天这个人"（Fall，Holden，& Marquis，2010，p.2）。另外，全面的理论提供了人们面对问题的解释和变化的动态或处境的描述。这些理论的优点也适用于与儿童进行工作。全面的理论提供了一种儿童发展的解释，因此它在与处在发展中的儿童工作中特别有用。罗杰斯在他的1951年的《来访者中心疗法》中介绍了19种命题，他为人类发展提供了工作框架（也包括儿童发展），同时也为人类如何产生对生命问题的反应和变化提供了框架。对于一位游戏治疗师来说，掌握这19种命题的知识以及它们在游戏治疗中的运用是有效的实践所必需的（Rogers，1951，pp.481-533）：

命题1.每个个体都生活在一个持续变化的世界，他们都体验着自己是这个世界的中心。

命题2.有机体对他经历和意识到的领域作出反应。对个体而言，这个知觉的领域是"现实"。

命题3.有机体作为一个有条理的整体对这个现象领域作出反应。

命题 4. 有机体有一个基本的趋势和奋发向上的力量——促进经验过程中有机体的实现、保持和提高。

命题 5. 行为是有机体基本的目标指导的尝试，在感知的领域中，来满足其经验的需求。

命题 6. 情绪伴随并大体利于这样的目标指导行为，包括与目标和目标完成的方面相联系的情绪种类，以及为了有机体的维持和提高而与意识到的行为的重要性相联系的情绪强度。

命题 7. 理解行为最好的优势是来自个体参考的内在构造。

命题 8. 全部知觉领域的一部分逐渐与自我不同。

命题 9. 作为与环境相互作用的结果，特别是与他人可评估的相互作用的结果，自我的结构建立——一个有条理的、流动的，但同时又是连贯的概念：对于"主体我"和"客体我"这两个概念的特点和关系，还有与这些概念相联系的价值。

命题 10. 与经验联系的价值，这些价值是自我结构的一部分，在某种程度上是被有机体直接经验到的价值，某种程度上也是来自他人向内投射或花费的价值，但在歪曲的潮流中知觉，尽管他们是直接经验的。

命题 11. 作为发生在个体生命中的经验，它们（a）象征、知觉和组织成对自我的一些关系，（b）或者被忽略，因为这没有任何对自我结构的知觉关系，（c）或者否认象征或给一个歪曲的象征，因为经验与自我的结构不一致。

命题 12. 有机体应用的大部分行为方式是那些与自我的概念一致的。

命题 13. 在某种程度上，由有机体的经验和需求带来的行为可能没有被符号化。这些行为可能与自我的结构是不一致的，但是在这样的情况下，行为不被个体"拥有"。

命题 14. 当有机体否认重要感觉和内脏经验的意识时，就会存在心理失调，结果就是不能对自我结构的完形进行象征化和条理化。当这种情况出现时，就有一个基本的潜在的心理张力。

命题 15. 当自我的概念是关于有机体的所有感觉和内脏经验时，就会存在心理调节，或者或许在一个象征水平上同化对自我概念的一致性关系。

命题 16. 任何与自我结构或组织不一致的经验，都可能作为威胁被知觉到，并且越多这样的知觉存在，自我结构在维持它自己时就越严格。

命题 17. 在特定的情况下，当自我结构中缺少任何一种威胁时，与这种情形不一致的经验就可能被知觉或检测出来，并且自我的结构会修改为同化或包括这些经验。

命题 18. 当个体知觉到所有感觉和内脏经验，并接受它们为一个一致的完整的系统时，他就更能够将他人作为一个独立的个体去了解接纳。

命题 19. 当个体将他自己更多的经验感知和接纳到他的自我结构中，他会发现他正在替换他现在的价值体系——很大程度上基于向内投射，同时已经被一个持续的有机体的价值过程象征。

在人格发展的基础上，关于有机体现象学特点的信念是必需的。命题 1 和命题 2 强调每个人是知觉经验领域的中心，并且这种经验的知觉对人们而言是现实的。命题 3 和命题 4 强调人类对有机的和整体的反应，但是也朝着并且为提高有机体奋发努力。命题 5、6、7 描述行为和情绪的作用，通过描述行为是对保持有机体的一种尝试，同时伴随着情绪依赖于行为知觉的需求。然而，理解行为唯一的方式是理解个人的现象学世界。命题 8 到 13 描述了自我结构的发展，它虽然独立于现象学领域却深受它的影响。自我通过知觉与发展中重要他人的相互作用得到发展。如果一个人知觉到爱是他人在特定情况下给予的，自我将会在这些情况上建立价值感，并且以这些情况为基础测量自我价值（称为"价值的情况"）。随后的经验会在发展的自我的背景中被知觉到，可能会促进基于经验和对自我结构的关系的功能。于是，行为直接与自我观点一致，无论它是否在个人的意识中。命题 14、15、16 关于发展的适应性调整或不恰当的调整，这基于人们是否有能力将经验融合到自我的结构中。这些并不完整的经验能够作为对自我的威胁而被知觉到。最后，命题 17、

18、19 建议当有一个没有威胁的环境时，提供了一种方法以客观的方式检测经验，使他们在自我结构中完整，这是最终有机体的内在方向，并且提高与他人的关系。最后的 3 条命题指出治疗中环境的促进性本性，尽管同样的程序可能发生在治疗之外。

罗杰斯的人格发展和行为理论已经被描述得很简洁（Wilkins，2010），它被《新版牛津美国字典》确定为"令人愉快地巧妙而简单"。罗杰斯对人类情景的观察、研究和解释的能力是令人印象深刻的，但是这个理论如何被具体应用到儿童身上呢？儿童发展可通过自我结构的发展、价值情景的知觉和与自我结构一致的行为和情绪来解释。考虑以下这个例子：

---

伊桑和迈克尔是一对兄弟，他们一个 5 岁，一个 7 岁。迈克尔从伊桑的房间偷了一辆玩具汽车，因为伊桑在之前打坏了一辆他的汽车。伊桑希望能要回这辆汽车。但是迈克尔却否认偷了它。伊桑大声地质问，之后开始尖叫。迈克尔也尖叫回去，并骂伊桑是个"蠢蛋"。伊桑打了迈克尔，一场混战就这样开始了。妈妈通过挡在他们中间很快阻止了他们之间的争吵。她大叫："别打了。你们是兄弟，你们不应该打架。"他们立即尝试对妈妈讲述刚才发生的事情，每个人都站在自己的角度上大叫。这位妈妈今天过得已经很艰难了，她开始哭泣，并说："你们是兄弟，你们要爱对方，现在就告诉对方。"两个男孩都很生气，拒绝说任何话。妈妈说："迈克尔，现在就告诉你弟弟，你很抱歉并且很爱他。"迈克尔看到妈妈现在很烦躁，就执行了。妈妈又对伊桑说："伊桑，你告诉你哥哥，你很抱歉并且告诉他你爱他。"但是，伊桑拒绝这样做。妈妈感到非常生气，说："告诉你哥哥你爱他，否则这周你就不能玩视频游戏了。"在这种愤怒的声音中，伊桑嘟囔着说："我很抱歉。我爱你。"

---

这个例子每天都会发生在世界的各个角落，并且可能会被看作是以人为中心的发展理论的好的例子；但是走近一看，动态（dynamic）起着作用。两个男孩都经历着有机体对感受委屈的反应：他们都很生气。他

们表现出自我受到侵犯时的行为。当母亲进入这个场景中，两个男孩与他们的有机体的价值体系联系，充分表达对对方的愤怒。他们很快被告知这样的表达是不被允许的。此外，他们对母亲表达的内容，知觉到两种不同的价值情景。迈克尔是遵从的，当他意识到他的妈妈情绪很烦躁的时候。他知觉到他愤怒的表达会引起他母亲的不开心，于是他遵从妈妈的需求，因此他使知觉到的价值情景与"如果我不表达愤怒，妈妈会更爱我，会更开心"相一致。另外一个不同的自我结构，伊桑知觉到如果他表达愤怒，他就不能得到他想要的，因为如果他能够获得另外一个目的，他将否认他的表达。他接受了他妈妈的向内投射的价值，如果他不表达愤怒，他能够获得他想要的事物。没有一个男孩有机会合理地表达他们的愤怒，以至于它以一种方式使自我成为一体，这种方式导致有机体的价值过程的表达，巩固关系。尽管这只是一个小事件，可能并不会导致失调，但是持续的类似的在重要他人之间的这种相互作用，可能会通过否定有机体的表达而干扰自我的发展。

在接下来的一个段落，我会在 19 条命题的背景下呈现两个儿童发展的案例，这将会举例说明理论在日常练习中的使用。

# 伊丽莎白

伊丽莎白是她亲生父母的第二个孩子。她的父母维持了一段长久但是不开心的婚姻。父母双方都在外工作。伊丽莎白的姐姐是一个合群而可爱的女孩，但是她非常任性，经常随意发脾气和提供各种苛求。当伊丽莎白的父母在家的时候（虽然并不经常），他们会强烈地与她的姐姐，以及她姐姐的行为进行斗争。伊丽莎白知觉到，因为她的父母经常由于姐姐的行为而对姐姐生气，他们给予姐姐很少的爱，所以如果她也有这样的行为，他们也会爱她很少。作为反应，从很小的年龄开始，伊丽莎白就是一个爱笑的快乐的孩子，并且很少有行为问题。如果她犯了任何错误或出现任何意外事件，她都会尽快将它们藏起来以免她的父母发现。从上学开始，她表现得超乎想象，并且努力获得学校任何可能提供的外部奖励。伊丽莎白的成绩得到父母的赞美，并且将她与她姐姐作对比。由于姐姐的怨恨，她和姐姐的关系恶化，伊丽莎白带着孤立感长大。到她9岁的时候，伊丽莎白经常暴食并发展成为体重问题。此外，她习惯咬她的指甲直到它们流血，习惯拉扯掉大块的头发。然而，她的父母从来没有注意到这些行为，因为他们一直关注她在学校和其他活动上的成功。

### 理论解释

通过19条命题理解伊丽莎白，伊丽莎白第一次理解她的存在是通过观察她的父母与姐姐之间的相互作用进行知觉，以经验为中心（命题1）和替代性的经验（命题10）的知觉产生。她很快知觉到爱是有条件的，是基于她与父母间能以更友好的方式交流（命题9）。然而，她努力要赏心悦目地表现出来，就像努力成为完美的一样，这样才能获得她渴望的爱，但是她作为一个人，不完美的现实不能够满足条件（命题14），这引起了她强烈的焦虑。她关注成就与成功都是她选择来支持她自我的行为（命题12）。她的暴食、啃咬指甲，以及拔头发的行为，都是在试图减少在她的不一致感受中固有的威胁（命题13），这些是被意识否定的。

## 乔治

乔治的母亲是一位毒品成瘾者，他不知道他的父亲是谁。在婴儿期，他就独自一人或者与陌生人一起。他经常被忽视，并且长期经历着饥饿、肮脏和不被触摸。当他4岁的时候，社会福利机构使他永远离开了他的妈妈。他被寄养在一个家庭里面，两个父母都是慈爱的、照顾的和友好的。但当乔治不能以他的方式行事的时候，他就会大发脾气。在发脾气期间，他经常伤害他自己或者他的养父母中的一个。在他 5 岁的时候，他开始尝试自杀，甚至在他的房间里藏刀子。当他的养父母已经遵循照顾他并与非侵略性的原则保持一致的时候，他们对他破坏行为感到非常困惑。

## 基本原理

通过 19 条命题来理解乔治更具有挑战性，还是因为他的年龄和他的行为作为初级交流模式，但是可以这样解释他的行为。乔治在婴儿早期学习到他的有机体的渴望与他的环境是不匹配的。他的基本生理需求未曾得到满足，因为有机体是整体的，所以结果是他充分体验到生理和心理上的不重要和没有价值（命题 3）。然而，作为一个人，他维持着生存的动力，来发展自我感（命题 4）。在他的知觉世界里，自我发展出不信任关系的背景，在那里他是没有价值的（命题 8 和命题 9）。在他的世界里幸存的唯一的自我是通过任何有必要的手段使他的需求得到满足。他需要的或想得到的东西越多，他可能就需要更多的愤怒（命题 5）或更多的蛮横的行为来使他的需求或渴望得到满足。当给乔治提供一种不同的环境时，他的基本需求在这里能够不通过过分的行为就得到了满足，他不能允许自己在这种经验中成为弱者（命题 14）。他的养父母提供越多的照顾，他就会越多地表现出与他的自我感相一致的行为，不允许这种新的经验的整合（命题 16）。从 19 条命题的角度，与乔治工作的挑战是如何为他提供一种没有威胁的环境，在这种环境中他能够从失调的自我感调整到功能全面的自我感。

在伊丽莎白和乔治的例子中，通过 19 条命题，发展被概念化为最后的 3 条：命题 17、18、19。伊丽莎白和乔治都要处理他们自己与环境之间的不一致。在伊丽莎白的例子中，她的不一致是以自我为中心，只有她是高成就的，才能看到她自己的价值，但是本质上却知道她不能继续获得这样的高成就来维持她父母的爱。在乔治的例子中，他发展出一种硬性的自我感，为了生存必须需要的需求，但是当他面对一种全然不同的环境时，他在他的自我结构和新的照顾环境中体验不一致。在他的例子中，去除父母的威胁是与带着强烈情绪的硬性的自我感紧密联系的，毁灭性的行为是安全的选择，尽管这是脱离他意识的一种选择。以儿童为中心的游戏治疗（CCPT）在命题17指导下操作，命题17提供一种环境，在这个环境中治疗师知觉到的所有的威胁都被去除，儿童体验希望感。在命题18、19指导下，在儿童正视的关系中，儿童通过游戏，将会在行为上表现出自我与理想自我或环境间不一致的情感和思想。在这种自我和一致性的探索中，儿童将开始接受其他人的行为（例如乔治对他的养父母的养育的接受），将会综合自我的自然有机体进入意识，从而发展全面功能（例如伊丽莎白接受无价值的成就）。

## 改变的充分必要条件

　　19条命题为儿童发展概念化和统一结构、行为、情绪提供了路线图。CCPT的训练特别关注于命题17，它假设对自我结构去除所有的威胁，将会允许一个人去探索与自我一致或不一致的经验，以至于它们能被同化为一个综合的修改的自我。去掉威胁是治疗师提供的关键的非指导性的以人为本的概念的基础，用来承认来访者独立的权利和在来访者建设性的本性上的信念（Wilkins，2010）。非指导性没有被定义为一组被动的行为，而是作为一种态度，通过不指导来访者的目标或治疗的内容，来促进来访者的自我满足。对于命题17，罗杰斯（1951）具体使用这些词语，"在特定情境下"（p.532），这是对自我结构去掉威胁的预兆，并且规定了治疗的非指导性本质。根据罗杰斯（1957），特定情况对结构性的人格变化工作是必须的，他的定义如下：

　　　　个体人格结构中的变化，在表层或深层，在一个临床医生会同意的方向上，意味着越好的综合，越少的内在冲突，越多的能量可利用在有效的生活；行为上的变化，远离一般行为被视为不成熟的，朝向一般行为被视为成熟的（p. 95）。

这些话作为治疗的目标到现在对 CCPT 来说仍然是真实的。罗杰斯（1957）在他的介绍中确定了 6 条治疗改变的充分必要条件。它们如下：

1. 两个人有心理上的接触。

2. 第一个人，我们称之为来访者，处在不一致的状态中，是弱势的或焦虑的。

3. 第二个人，我们称之为治疗师，在关系中是一致的或整合的。

4. 治疗师经历着对来访者的无条件积极关注。

5. 治疗师经历着对来访者参考的内在框架的共情理解，并尝试与来访者交流这种经历。

6. 与来访者的交流，治疗师的共情理解和无条件积极关注要在最小的程度上实现。

威尔金斯（Wilkins，2010）指出以人为本的与 6 条充分必要条件联系的两个错误假设。第一个，也是最广泛的错误假设，是通过共情、一致性和无条件积极关注只能区分出 3 种条件，也就是通常所说的核心条件。罗杰斯以及很多人本主义的理论家都非常清楚这 6 种条件必须存在，以便发生变化。第二个，6 种条件存在时，变化会发生，无论是否有理论导向。尽管被需要，这些条件对人本主义治疗师的工作也是不具体的。在对条件的介绍中，罗杰斯指出了一组主要条件，这是在自然界跨理论的，并且能够在任何治疗方法中应用。如果条件都被满足，治疗师的类型不与它们冲突，有效的结果将会是相同的。

第一，在与成人咨询的时候，这些条件被清晰地呈现。应用这些条件与儿童进行工作需要更多的探索。在第一个条件中，治疗师和儿童必须有心理上的接触——或者简单来说，处在一种关系中。在这种关系中，治疗师和儿童必须都在对方的意识内，允许别人进入知觉的领域。对那些有依恋障碍或其他社会挑战的儿童，这种关系类型不能被假设，因为儿童的反应性行为不允许其他人进入知觉的领域。建立联系的第一个条件，经常假设不参加社交活动或心理损害的成人，可能在与儿童工作中是一项更大的挑战。此外，治疗师对联系的评估或许会被儿童限制，因为每个儿童都回避眼神交流、言语表达，并且倾向于进入排除治疗师的激烈游戏。治疗师对非言语的儿童姿势、儿童面部表情和治疗师与儿童之间的相互作用的洞察能力，可能提高联系的精确评估。

第二，儿童必须处在不一致的状态中，这或许表明他们是弱势的或焦虑的。这个条件的评估对游戏治疗师而言是特别严峻的。儿童经常被成人认为是需要帮助的；这些成人中有些可能是重要他者，有些只是儿童行为的观察者。经常用观察儿童的行为和将这些行为解释为问题情绪的表达来识别需要帮助的儿童。对治疗来说，识别需求在儿童和成人咨询中是最显著的不同。大部分成人当他们意识到不一致时才寻求治疗，可能表现为从生活中没有获得他们想要的，或经历他们功能上的障碍。相反地，大部分儿童被带来治疗并不是他们意识到自己需要帮助，甚至有些儿童并不需要帮助，而是被成人错误评估。然而，这个条件依然存在，即来访者或儿童必须处在不一致的状态中。幸运的是，这个条件能够通过儿童存在的问题行为得到一般评估。基于乔治关于发展的最初解释，行为直接与自我结构联系。问题行为通常表明儿童在自我和向内投射的价值之间的不一致，或者儿童自我结构与环境之间的不一致。对大多数儿童而言，问题行为是不一致状态的指示器，但是并非所有都是。在任何治疗中，都会有儿童以不符合社会标准的方式行动，但是他们并没有感受到这些行为任何的冲突感，因为这些行为使需要得到了满足。在这些例子中，第二个条件是不满足的，并且变化也不可能发生。能在乔治使用"脆弱性"一词中看到儿童咨询的优势，"脆弱性"是不一致的一个指示器。因为年龄（或缺少这个）的关系，大量的儿童在关系中体验着脆弱感，因为他们仍然会遇到新的关系。结果是，即使儿童没有识别出焦虑或问题行为，他们经常容易受到一段健康关系的好处影响，因此满足了改变的第二个条件。

接下来的三个条件强调了作为治疗师的这个人，包括治疗师的经验和一致性的交流，无条件积极关注和共情理解。这三个短语在治疗领域很少被探索，并且成为对很多治疗师有一些意义的记忆清单。由于它们在有效的游戏治疗关系中的重要性，并且因为他们在游戏治疗中的使用经常被误解，我会利用第 4 章来探索这些概念，它们是作为有效的游戏治疗师必须具备的特点。说到治疗改变的过程，治疗师不仅仅要去沟通，还要去体验可靠感（genuineness）、接纳感或对儿童的无条件积极关注，以及对儿童的共情理解。

最后一个条件比治疗师更难以控制。不仅治疗师要体验和积极努力交流共情和无条件积极关注，来访者也必须接受这些条件。有些人可能会赞同儿童从治疗师那里接受共情和无条件积极关注的能力会经常受限于治疗师的经验和对这些条件的表达。然而，确实有些儿童不能体验到这些条件，尽管他们与治疗师一起努力。这是任何治疗的现实：有时候儿童没有准备好，这些条件就不能被体验到。于是，改变就不会发生。好消息是：通常在 CCPT 中，当游戏治疗师能够提供共情理解和接纳时，儿童体验到的这些条件就会成为改变的催化剂。

在本质上，这就是 CCPT 如何工作的原理。因为治疗师明白在一个威胁的环境中，一个儿童不能将情绪和行为整合到向前移动的、综合的、有机体的自我结构中，这增强了自我的观点和与他人的关系，CCPT 提供了有 6 个条件的、利于儿童改变的环境。在自我结构中的改变会成为向前移动的行为和情绪，这与新的结构是一致的，并且加强新的结构。回到本章的最初例子，治疗师对治疗改良后的解释可能如下：

如你所描述，你的孩子表现出引起他问题的行为，这个问题存在于学校功能和家庭功能上。我相信这些行为是一种交流的方式，根据他现在如何看待他自己，为了告诉我们他困惑或者不理解如何在他的环境中满足他的需求。在游戏治疗中，我会为他提供一个他能用儿童的游戏言语表达自己的环境，探索如何改变他对自我观点的看法，对他和他的治疗外的环境来说，如何适应才是最好的。我将会通过提供一种环境来促进这个变化，这开启了看到他自己的新方式，并且允许在适当的限制内体验新行为，因此他就能满足他的需求了。我的希望是他会从这次经验中出现新的自我感，通过更好的选择决策，提高他的生活。

对 CCPT 背后理论的深入探索如果不对弗吉尼亚·亚瑟兰（1947）的付出给予相当大的关注，那么这一深入探索将是不完整的。作为卡尔·罗杰斯的学生和之后的同事，她被认为是现代 CCPT 的创始人，她将疗法简称为"非指导性游戏治疗"。她对游戏治疗的贡献是将为成人恰当地描绘人本主义理论的原理实施到一系列为儿童工作的方法中。她第一次介绍非指导性原理时如下所述：

> 通过游戏感觉到这些感受（紧张、挫败、不安全、攻击性、害怕、慌张、困惑），他将它们带到表面上，让它们开放，面对它们，学习控制它们或放弃它们。当他成功获得情绪的放松，他开始意识到他自己的力量，以他的方式成为一个独立个体，为他自己考虑，自己决定，心理上更加成熟，并且通过这些做法意识到个性（Axline, 1947, p.16）。

亚瑟兰关于游戏治疗的描述与罗杰斯的 19 条命题之间的关系清晰可见。不一致的感觉在没有威胁的情况下被探索，以至于倾向于被释放到实现有机体加强自我结构的发展中。

亚瑟兰（1947）为实施罗杰斯描述的原理和治疗条件提供了指南。

这些指南帮助明确 CCPT 的本质及治疗师的作用，并且一直指导今天的训练。它们被简称为 8 项基本原则，它们是：（Axline，1947，pp.73-74）

1. 治疗师尽快与儿童建立温暖的、有爱的关系。

2. 治疗师准确地接纳儿童本来的样子，不希望儿童在某些方面表现不同。

3. 治疗师在关系中建立许可的感觉，这样儿童能够充分表达思想和感受。

4. 治疗师调节儿童的感受，并把这些反映给孩子，以帮助更深入地了解其行为。

5. 治疗师尊重儿童解决问题的能力，给予儿童选择的权利。

6. 治疗师不指导儿童的行为和谈话。治疗师跟随儿童。

7. 治疗师不努力急于治疗，认识到治疗过程的渐进性。

8. 治疗师仅仅设置一些限制，这些限制要将儿童导向现实，或使儿童意识到在关系中的责任。

这些原则强调了环境的规定，这会允许儿童有一个地方来表达和探索目前的自我结构的版本，没有来自治疗师的中断或威胁。作为 CCPT 的指导原则，它们能够促进兰德雷斯（2002）提出的技能，并且在第 5 章会有详细的描述。

## 指导 CCPT 的人本主义原理的概括

作为 CCPT 基础的人本主义原理，它的基础呈现在所有个体对强化成长的自我结构、情绪和行为的先天倾向的信任。另外一个最初的概念是个体的信念，作为一个人，他能以独特概念化的方式体验世界，并且有充分的能力在自我上和在关系上实现改变。人本主义理论被慢慢接受，当一个人处在特定的环境结构时或感知到环境与自我不一致时，行为和情绪将会在自我提升和与他人的健康关系中矛盾运动。这些人本主义的原理以这样的方式建立，通过治疗师自我的使用和环境的结构，鼓励治疗师以一种方式行动，这与那些信念是一致的。当治疗师提供一种没有威胁并且能向来访者传递许可的信息的环境时，来访者将会表现出一种自我提高也能积极影响关系的结构。这些信念无论是对 4 岁的来访者，还是对 40 岁的来访者来说，都是真实的。儿童像成人一样有能力决定治疗改变的方向，有效的 CCPT 治疗师提供自我和环境来促进儿童积极的内在的提升过程。

## 游戏治疗中其他的理论方法

使他人通过咨询而变得更健康的治疗领域的特点是从不同的人类发展视角和导致改变的多种因素出发。游戏治疗是一种来自于各种不同理论导向的形式。迄今为止，CCPT 在英国被认为是最流行的游戏治疗方法（Lambert et al, 2005），并且享有国际声誉（West, 1996; Wilson, Kendrick & Ryan, 1992）。由于它的理论和研究的长期历史，CCPT 为训练提供了有效的证据和清晰的指导。为 CCPT 提供最强支持的是改变的充分必要条件的使用，这是罗杰斯建议的所有治疗改变的有效代表。尽管游戏治疗的很多方法逐渐出现，但是它们受 CCPT 方法的影响深厚。下面几个段落将会简单描述游戏治疗方法中的基本概念，它们被认为是与儿童工作中很有影响力的方法。我的描述不可能是全面的，仅仅是为读者提供一切其他游戏治疗方法也需要的知识。高级游戏治疗师精通大部分对游戏治疗非常重要的方法，并且在此基础上选择应用其中某一种方法。鼓励读者认真地回顾这些方法，注意：对这些方法的全面分析已经超出了本书的范围。

## 认知行为游戏治疗

尽管在游戏治疗师中被认为是第二吸引人的方法（Lambert et al, 2005），认知行为游戏治疗（CBPT）或许是在游戏治疗文献中最少被阐述的。这种方法的声望似乎是从成人的认知行为治疗的绝对支持中诞生的。不计其数的努力都试图将认知行为技术和游戏技术结合起来，但是对于如何构造这样的介入没有任何指导。另外，因为这有很多种认知行为方法，儿童来访者的概念化成为挑战，导致没有统一的方法。在将认知行为技术加入到游戏治疗模式中，最持续的贡献者就是苏珊·内尔（Susan Knell, 1993），她从阿伦·贝克（Aaron Beck, 1976）的认知治疗框架中概念化儿童。

贝克和卫斯哈尔（Weishaar, 2008）描述人格由先天的特点和环境之间的互动塑造，强调在人类反应和适应信息过程的作用。每个人都易受认知缺陷的影响，这导致心理失调。心理痛苦由很多先天的、生物的、发展的和环境的因素引起，但是认知曲解是失调最明显的特征。然而，内尔（2009）指出，由于对精神病理学的关注，在认知行为游戏治疗下没有任何人格理论。

被内尔（2009）概念化的CBPT在儿童与治疗师之间信任关系的背景中，是简要的、结构的、指示性的和问题导向的。由于游戏材料和活动的使用，CBPT被认为是敏感的发展。CBPT的特征包括目标的建立，游戏活动的选择，教育，以及赞美和解释的使用（Knell, 2009）。治疗期待的结果是儿童将会修改他们不合理的想法，从而减少精神病理。

与游戏治疗中其他的方法对比，CBPT是最直接反对CCPT的原理和训练的。二者之间的分歧点太多了，为求简洁，我将缩小到两点。第一点，原理上的不同，这导致二者运用完全不同的方法：CCPT相信每个人都有自我实现的倾向；而CBPT关注于个体易于接受认知的弱点，这导致心理痛苦（Beck & Weishaar, 2008）。这对治疗师在教育儿童关于什么是基本原理或非基本原理上起作用。儿童并不知道什么对她是好的，而是通过行为表明，依靠治疗师的指导走向心理健康。CCPT 可能看到治疗师在儿童干预过程中直接的教育作用，扰乱儿童自己内在朝向健康的动力。一位 CCPT 治疗师可能会问："如何使治疗师真正了解在何种情况下，儿童需要被教育或指导，走向更全面的心理功能？毕竟，很有心理痛苦的儿童实际上拥有改变的信息，但是不利用它。"第二点，重点在人的问题上，是 CCPT 和 CBPT 之间区分的一个主要内容。CCPT 的原理认为为了探索变化，儿童需要被充分理解与接纳。而认知行为方法将每个儿童看为一个问题或问题的设置，这需要被解决，因此对儿童的人格大打折扣。

## 阿德勒（Adlerian）游戏治疗

当回顾各位游戏治疗师的理论时，我们发现阿德勒游戏治疗理论是游戏治疗师使用中第三个最有代表性的理论（Lambert et al，2005）。与罗杰斯类似，阿德勒相信现象的概念，个体经验的知觉对那些人而言是真实的；相信整体论概念，这个观点是心理和身体一起为一个统一的人格工作（Fall，Holden & Marquis，2010）。每个人的发展的中心动机是超越自卑，使得个体发展一种组织经验的生活方式。行为是这种生活方式的表现，是对即刻环境需求的反应（Mosak & Maniacci，2008）。阿德勒理论中一个独特的部分是社会兴趣的概念，福尔等人（Fall et al，2010）将它确定为"以某种方式努力成功的动力，对他人和社会有贡献"（p.106）。社会兴趣的发展作为心理健康的标记。

特里·柯德曼（Terry Kottman）是阿德勒游戏治疗的创始者。尽管阿德勒理论方法对成人咨询时运用广泛，并且阿德勒原理影响儿童指导中心和儿童发展的理论近一个世纪（Mosak & Maniacci，2008），但是柯德曼（2003）是第一位正式将阿德勒原理带入游戏治疗综合方法中的人。柯德曼（2009，p.244）提出阿德勒游戏治疗的 7 个目标，包括帮助来访者（a）获得意识和洞察生活方式，（b）改变不完善的自我防卫机制（self-defeating），从个人逻辑转向一般感觉，（c）走向行为的积极目标，（d）为归属感和意义的获得而用积极策略替代消极策略，（e）增加他/她的社会兴趣，（f）学习应对自卑感新的方法，和（g）优化创造性并开始使用他/她的优点来发展态度、感受和行为方面的自我增强决定。

阿德勒和CCPT方法分享了很多相似的儿童观点，包括他们承认现象世界，和接纳他们的行为是他们如何在他们的世界里感知自己的结果。阿德勒方法与CCPT主要的区分特点是治疗指导性的作用，理论上在罗杰斯假设的自我实现倾向中被信念影响。持有儿童维持争创自我增强的信念，使CCPT治疗师提供条件来意识和避开这种倾向的分裂。阿德勒的信念是儿童持有自卑的错误的信念，并且缺少自我实现倾向的信念，需要阿德勒游戏治疗师有时候直接指导思想和儿童的游戏，来帮助发展洞察力和用应对行为替代破坏性的行为。

## 格式塔游戏治疗

格式塔治疗是由弗烈兹·皮耳氏（Fritz Perls）创建的（尽管他拒绝独自成为他的始创者），是基于整体论和场论的哲学概念（Yontef & Jacobs，2005）。格式塔整体论的理解表明人类是天生的自我调节和成长指向的，场论强调如果没有对人们生活背景的理解，他们就不能被理解。所有行为被有机体的自我调节过程调节，在其中儿童体验着需求，引起不适，使儿童通过与环境相互作用采取行动满足需求（Blom，2006）。需求的满足导致平衡的状态。儿童与环境的相互作用被称为联系，是发展自我的经验的核心，在格式塔理论中是一个关键的概念（Carroll，2009）。维奥莱·奥克兰德（Violet Oaklander，1988）被认为是格式塔游戏治疗的创建者，并且是在它的应用上最多产的作家。

在格式塔游戏治疗中，儿童需要帮助恢复健康的自我调节，意识到内部和外部的经验，并且能够运用环境满足需求（Carroll，2009）。布洛姆（Blom，2006）清楚地表明，"儿童格式塔游戏治疗的目的是使他们意识到自己的过程"（p.51）。带着意识，儿童知觉到多样的选择使行为改变能够满足需求。阿德勒游戏治疗、格式塔游戏治疗和 CCPT 有共同点，例如人类作为进步生物的整体观点，通过意识的操作，他们完全能够作出增强有机体的决定。CCPT 和格式塔游戏治疗间基本的不同是治疗的方法。从格式塔的观点，使用多种方法"带出"儿童的意识是治疗师的职责。根据她与儿童的工作，奥克兰德（1988）写道：

> 所以它是由我提供的方法，使用这些方法我们将会打开门和窗来进入他们的内心世界。我需要为儿童表达他们的情感提供方法，来使他们保持内部的公开化，因此我们能一起处理材料（pp.192-193）。

而在 CCPT 中，信任儿童的意识将是一个由满足改变的 6 个条件得出的结果。单词"意识"的使用也是格式塔游戏治疗和 CCPT 间的质疑。格式塔方法看起来强调儿童世界意识表达的需求，经常是口头的。CCPT 认为有儿童的意识是一个整体上经历的有机的过程，并且可能不是认知理解或儿童口头表达。

## 荣格（Jungian）游戏治疗

在所有现代的治疗中，游戏治疗开始作为一种精神分析技术，但是精神分析游戏治疗没有在形式中保留住它的声望。有趣的是，荣格分析框架作为游戏治疗的主导方法出现。荣格游戏治疗是第一个关注无意识过程的方法，无意识过程发生在儿童治疗过程中。从荣格观点出发，道格拉斯（Douglas）解释人格依赖心理，它由意识和无意识部分组成，与集体无意识有关，"图像、思想、行为和经验的基本模式"（Douglas，2008，pp.103-104）。在健康的人中，艾伦（1998）阐明意识和无意识之间是一种流动的也是固定的联系。荣格理论包括与无意识相关的一些概念的理解，包括个人的和集体的，这对人的指向性和行为有直接影响。

　　约翰·艾伦（John Allan，1988）或许是荣格游戏治疗的介绍和组织中最重要的人物。他在游戏治疗中开创性工作，《儿童世界的构成要素：荣格治疗在学校和诊所中的运用》记录了开展荣格游戏治疗的框架，表明它在学校和私人机构中的有效性。艾伦（1997）指出荣格游戏治疗的目标是个性化程序的激活，他将此确定为"帮助儿童发展他或她独特的身份，克服或与他或她的失败或创伤达成协议，最大程度地接受和适应家庭、学校和社会的健康需求"（p.105）。格林（2009）将治疗师描述成一个分析师的角色，这样他使用直接的技术，例如绘画、话剧或沙盘游戏，从而利于在艺术解释和转换分析中的象征的开发。这些过程允许儿童承认无意识组成部分，将其整合到意识组成中，从而激活能够获得的自我疗愈的机制。CCPT 和荣格游戏治疗最明显的区分是关注集体和个体的无意识，这是完整的荣格理论。对儿童无意识过程的作用的信念鼓励荣格游戏治疗师直接在儿童上做工作，通过介绍行动来质疑和解释儿童象征。CCPT 很少关心需求透露无意识过程。罗杰斯没有否认无意识的存在，但是也没有观察到它是促进治疗性改变的必需部分。这两种方法的相似之处是，在 CCPT 和荣格游戏治疗中识别出儿童大脑处理过程作为治疗性改变的要素的重要性，以及两者都接受更多的情感和攻击表达。

　　我列出了游戏治疗很多种方法中 4 个简单的观点，并且我再次鼓励读者能够回顾这些观点原始的参考来源。然而，所有的方法中，这些是最流行的方法。奥康纳（O'Connor）和布雷弗曼（Braverman，2009）也列出了精神分析的、亲子的、游戏疗法的（theraplay）、生态的（ecosystemic）、指定的（prescriptive）游戏治疗方法，作为游戏治疗主要的理论模型。然而，亲子疗法和游戏疗法主要是父母介入使用游戏治疗。精神分析的、生态的和指定的方法从结构的框架中获利，但是看起来并不像本章之前提到的 4 个理论那样广泛使用。需特别注意的是，游戏治疗的理论方法显得与一般的咨询领域有所不同。迄今为止，CCPT 是最确定的游戏治疗方法，其他的方法落后很多。然而，影响游戏治疗领域深厚的阿德勒、格式塔和荣格方法的承认，对有经验的咨询师来说是有悖常理的，他们看到了认知行为运动的崛起。尽管 CBPT 被认为是第二流行的方法，但是也没有出现支撑性的文献或探索，或同等程度的其他回顾。我会假设确定的理论方法的发展与理论的主要作者 / 教师有很强的关系。在过去的 30 年，CCPT 已经被加利·兰德雷斯在英国的西南部和露易丝·葛露易在英国的东北部广泛探索和研究。阿德勒游戏治疗在过去的 20 年内出现，特里·柯德曼付出了的大量的工作，他仍然在为使它成长为儿童心理健康的主要形式而付出。维奥莱·奥克兰德和约翰·艾伦分别对格式塔游戏治疗和荣格游戏治疗有大量贡献。这 5 位游戏治疗的领导者广泛地旅行和演讲，来帮助提高对游戏治疗的理解和训练，这也影响着他们方法的成长。

# 第四章  游戏治疗师的人员、知识和技能

游戏治疗的训练需要很多种不同的资源，包括一片场地、一些设备和很多玩具。然而，在游戏治疗室内，没有任何资源比游戏治疗师更有必要。游戏治疗师对儿童来说，是环境的重要提供者，同样，对父母和其他照顾者也是如此。游戏治疗师通过使用知识、技能和他本身来促进治疗的过程。以儿童为中心的游戏治疗（CCPT）是基于治疗师与儿童间的关系的，这是改变的因素。治疗师要创建关系并通过管理环境来培养关系。

## 治疗师的条件

回顾第三章，改变的 6 条充分必要条件包括：（a）两个人在心理上的接触；（b）我们称之为来访者的第一个人，处在不一致的状态中，是弱势的或焦虑的；（c）我们称之为治疗师的第二个人，在关系中是一致的或整合的；（d）治疗师对来访者无条件积极关注；（e）治疗师体验对来访者参考的内在框架的共情理解，并尝试与来访者交流这种体验；（f）与来访者的交流，治疗师的共情理解和无条件积极关注要在最小程度上实现（Rogers，1957）。条件（c）、（d）、（e）通常关注的是治疗师所提供的核心条件，准确地称为态度（Bozarth，1998），传统上分别标记为一致性、无条件积极关注或接纳，以及共情。提出这些治疗师应具备的条件的目的是为了提供一种环境以促进包括儿童在内的所有人被理解的倾向实现。

治疗师使用这 3 个态度和它们彼此之间的共同作用来提供促进改变的环境。博扎思（Bozarth，1998）在接下来的模式中概念化了一致性、共情

和无条件积极关注之间的关系。一致性或真诚是治疗师内在准备就绪的状态，允许治疗师通过共情理解来访者，对来访者进行无条件积极关注。共情理解是治疗师的行动状态，这样儿童的世界被接受，就像他或她正在经历的那样，允许来访者体验无条件积极关注。最后，无条件积极关注是主要的改变媒介，在此来访者对于积极关注和积极自我关注的需求得到满足，结果是经验和自我概念间的一致性，以及提高自我实现倾向。每一个条件都以另一个为前提，因此需要治疗师使用这 3 个条件。威尔金斯（2010）提醒说一个条件优于另一个条件是错误的，建议这 3 个条件被概念化为"优秀的条件"（p.44），它们是一致性、无条件积极关注和共情理解。

## 共情理解

罗杰斯（1975）再次回顾了他关于共情的文章，并努力提供一个更全面的定义，希望能涵盖"共情"所有的含义。

它意味着进入他人私密的感知世界，并且在其中感到自在。这包括对于另一个人的内心中发生变化的感知意义（felt meaning）和这个人正在经历的感觉，无论是恐惧、愤怒、脆弱、困惑还是其他感觉，时刻保持敏感。这意味着暂时进入另一个人的生活中，在其中小心地移动而不作任何评价，感受他／她很少察觉到的感受，但却不去揭开这个人完全不曾察觉到的感觉——因为这会变得过于具有侵略性……这意味着需要经常与这个人核对你对他／她的感受正确与否，并从得到的回应中得到引导。你是他／她内心世界的一个自信的朋友。通过指出他／她的经历可能代表的意义，帮助这个人关注于这一有效的指示对象，去更完整地感受这些意义，并且在体验的过程中前进（Rogers，1975，p.4）。

共情理解包括进入来访者的世界，就像它是自己的，同时又不会丧失作为治疗师的自我感。带着纯粹共情的想法进入来访者的世界，对很多游戏治疗师都是具有威胁性的，因为在来访者世界内包含着痛苦的本性。

我的来访者中的一个，因为在学校中的行为问题前来找我，他是一个7岁的男孩，他突然被他的父亲遗留在当地的儿童之家。他的母亲因药物成瘾，在他的童年早期就退出了他的生活。他的父亲再婚，继母并不喜欢成为一位妈妈，并坚持我的来访者必须离开。他的父亲签字放弃了他的法定监护权，并在我的来访者开始游戏治疗两个月前从他的世界里消失了。我们的咨询是在学校里的一间教室内进行的，在那里我建立了一处游戏区域。游戏区域外面是其他项目，例如计算机、放映机、教师桌子和电话。我们第二次咨询（并且重复了很多次咨询），我的来访者离开游戏区域，使用了电话。因为我设置的限制，他找到了一个电话本之后继续在桌子上寻找另一个。我设置了关于电话使用和返回游戏区域的限制。来访者看起来处在另外一个世界，不能听到任何我设定的限制。他自己玩到疯狂的状态，他在电话本上快速地一页一页翻找他父亲的名字。他是一个书写和阅读困难儿童，并且他不知道如何使用电话本，但是他确定他父亲的名字一定在上面。我放弃所有限制设定声明，并且离来访者近一些。我向他询问他寻找父亲的原因。他回答："我要打给他，他在找我，我知道他需要我，他只是不知道我在哪里。"我回应："是的，他真的需要你，并且你真的需要他，你必须要找到他。"来访者看着我，递给我电话本和电话，说："你能够帮忙吗？能请你找到他吗？"察觉到我自己共情的感受（惊慌失措、疯狂的、困惑的）成为完全的体验，我一致性地回应他："你真的需要找到他，但是我不知道他在哪里，并且我也不知道如何能够找到他。"随着我们继续咨询，我来来回回走进他的世界，不断表达我感受到的共情，也混合着设定限制的现实。他继续疯狂地查找，并开始在电话上拨打号码，尝试他父亲可能使用的电话号码。这次咨询中的共情对我而言是极痛苦的。作为一个7岁儿童在这样的处境中，他那种完全的和绝对的无力感和困惑的感受，在我进行共情时是困难的，但是为了了解他每天所处的痛苦类型，这是必须的。体验他的痛苦等级，帮助我与他充分地沟通，并充分了解他的世界，帮助启动他的自我实现倾向，这会通过他的环境允许他的生存和动力。与来访者体验共情的第二个优点是与其他照顾者为他进行辩护的能力。举个例子，当我与他的老师咨询来访者的处境时，大多数情况下我都能够表达来访者所处的状态。我对他的老师说："他看起来特别关心寻找他爸爸，自己消化他爸爸真的想要他这种感受，不能接受事实不是这样的。这对我的意义是他很难集中精力在他的学校功课或遵守规则上，因为他花费了很多精力在应对他处境的困惑上。"尽管很多心理健康专业人士可能发现这是普遍的感受，但他的老师惊讶于听到来访者仍然是关心他爸爸的，因为他从来没有在课堂上说过任何事情。我对他的老师表达了来访者的世界，帮助她更理解（可能共情）他的行为问题。

共情是人本主义的核心概念，这被心理健康机构普遍使用。威尔金斯（2010）和博扎思（2001a）都指出共情是在 6 个条件中被教授、研究和撰写最多的。博扎思进一步描绘了罗杰斯对于共情初始介绍的轨道主干，并且强调对来访者表达共情的需要。由于别人的解读，口头情感和内容反应成为表达共情的重点。从而，共情作为一组从治疗师到来访者的反应运行，失去必要的特点，即来访者是来访者感受的专家，而不是治疗师。仅通过口头反应对共情的操作性定义把治疗师的主动权返回去，这是在 CCPT 中反对的一些事情。反应（reflection）作为进入儿童世界的一种方法，是 CCPT 中一种鼓励的技术，但是它并不是表达共情的唯一方法。博扎思（2001a）描述了几种关于反应及其对共情的关系的关键点，这在 CCPT 的训练中很有帮助。它们包括：

1. 对治疗师而言，反应是一种方式。通过对来访者的检查和交流、理解成为共情。

2. 反应对治疗师是最主要的，而不是对来访者，因为它帮助治疗师进入来访者的世界。

3. 反应不是共情，只是体验更多共情的一种方法。

4. 共情不是反应。共情是进入来访者世界的一个过程，反应仅是一种可能帮助到这个过程的技术。

5. 其他共情的模型没有在人本主义研究中探索，但它们是对来访者表达共情的有价值方式。

共情理解的最后一点是它与无条件积极关注的概念交织的本质。共情可能是表达无条件积极关注的一种方式（Bozarth，2001b）。当一位治疗师进入来访者的世界时，有一种最基本的信息，就是来访者的世界是有价值的世界，治疗师在其中应对来访者的经历和能力抱有最大的尊重。共情理解的态度表达了治疗师对来访者的无条件积极关注。

## 无条件积极关注

罗杰斯把无条件积极关注描述为体验一种对来访者经历的所有方面的温暖的接纳。无条件积极关注也经常被简称为接纳。亚瑟兰（1947）描述，无条件积极关注在 CCPT 的 8 项基本原则中排第二位，通过鼓励治疗师准确地接纳儿童，而不是希望儿童与众不同。如果治疗师预料儿童将会改变，这样的态度将会发送一种不接纳的信息，或回到罗杰斯的 19 条命题，即价值条件的建立。于是，无条件积极关注作为治愈性因素，在罗杰斯病理理论中是一种自然的解药（Bozarth，1998）。治疗师提供给儿童无条件积极关注的接纳，使儿童与自我实现倾向相联系。

在我的经验中，无条件积极关注是我作为治疗师与儿童工作中最大的纠结。在对价值的相对条件的感觉意识中成长，我整个人生都在与积极自我关注作斗争。自我接纳的缺乏是我自己治疗的重点，并且影响到我的训练。自我接纳的缺乏抑制我为来访者提供接纳的能力。例如，如果我感到我缺乏外向性和讨人喜欢的能力，之后我更可能希望我咨询的儿童在他们的关系中经历一些比我更好的事情，并且可能成为我治疗的重点，不论这是否是他们的重点。

另外，来自社会、学校和父母的外在需求对儿童改变有巨大的压力，因此他们会强迫治疗师引出儿童这样的改变。如果希望儿童停止打其他人，学校可能不必将他送到其他的学校。如果希望儿童停止发脾气，父母可能不必责备儿童。如果希望儿童展示正确的社会技能，儿童可能会有更多的好朋友。这个列表可以继续下去。对每个"如果希望"，这个意图源自治疗师的善心的地方。然而，改变儿童的积极尝试否定自我实现倾向的呈现和激活。治疗期的方向是提前假设治疗师的专业知识和权力超过儿童，传递治疗师精通的信息。

我经常在学校案例咨询中经历这样的故事。教师通常指出儿童在学校期间存在行为问题。教师经常要求游戏治疗师指导这样行为的一些方面，例如使儿童更能集中注意力，一直坐着，停止打扰课堂的行为，或很多其他问题。转诊时，儿童可能参加行为计划、课程和与权威人士讨论，并且可能已受到惩罚，却没有任何行为改变的证据。在游戏治疗中，儿童可能表达无数的不同的游戏行为或言语表达，这看起来与教师并没有关系。一个例子是一个被认为大呼小叫和咒骂教师的儿童。当给他提供一套 CCPT 游戏课程时，儿童试图摧毁游戏治疗室，而治疗师提供共情理解，并且设置限制。当儿童出现权力导向的行为时，治疗师假设儿童仅仅会感到被控制或征服感。通过治疗师接纳儿童情感和行为上的合理限制，儿童开始经历源自本质的自我关注感的权力。同时，儿童对教师大呼小叫和咒骂行为不再成为表达的必要。替代告知或指导儿童如何处理他的愤怒或控制问题，治疗师无条件积极关注的表达，通过在游戏治疗中对儿童决策的允许和接纳，释放自我实现的倾向，引领儿童产生更健康的行为。CCPT 并不预测健康的行为，但是游戏治疗师承认它是这个过程的必然结果。

威尔金斯（2010）提出无条件积极关注是对治疗师的个人挑战，同时，在人类本性内还携带着一些避免无条件积极关注的经验的偏见和恐惧。无条件积极关注不是成为一名儿童中心主义游戏治疗师所必需的部分；然而，它是改变的必要条件。于是，如果游戏治疗师能体验和交流无条件积极关注，改变就更可能发生。有效的游戏治疗师经常转换他们的无条件积极关注水平来适应每一个来访者。我们并不预期一位游戏治疗师总是能接纳所有儿童，一位游戏治疗师偶尔需要考虑他们那些正在努力的特定的来访者。如果一位游戏治疗师正在经历缺少对来访者的无条件积极关注，这可能是治疗师需要对自我关注的迹象。

最后一点关于无条件积极关注的表达，是认为无条件积极关注可能被表达为对来访者或为来访者过分积极，这是明显的误解。回去参考前面 7 岁男孩的例子，他正在经历着对父亲强烈的痛苦，我可能会这样反应：解释他的父亲已经离开了，而且他也会很好，因为他很聪明、有能力，或者我可能转移他的注意力让他进行一场棋盘游戏，使他感觉好一点。这两种反应都在努力使来访者脱离痛苦，这是治疗师的需要，但不是来访者的需要。这些营救来访者的努力表明一种提供无条件积极关注的失败（Wilkins，2010），以及需要治疗师更深入的探索。

## 一致性

作为改变的第三个条件，罗杰斯（1957）描述治疗师的一致性，也称为真诚，作为在治疗关系内感受自我自由的能力，能够体验自我经历和意识间的一致性。在之后的文献中，罗杰斯承认一致性为三个核心条件中最重要的，是代表着治疗师对来访者的充分表达（Bozarth，1998）。威尔金斯（2010）提议治疗师必须在与来访者的关系中保持与原来的一致性，如果他们的共情和无条件积极关注被来访者感知为值得信赖的。

一致性经常被称为是鼓励治疗者"只是做你自己"。然而，一致性包含治疗师自我意识、接纳这些意识和意识到来访者适当表达的结合。科尼利厄斯 - 怀特（Cornelius-White，2007）针对治疗师和治疗提出表达一致性的五维模型，强调关系的多面。第一维，真诚，或简单地描述为真实、无掩饰。真实性的前提是治疗师熟练使用共情和无条件积极关注。第二维，象征，表示治疗师体验自我与经验间一致性的能力，允许经验成为意识可用的，并且准确地象征这些自我结构内的经验。第三维，可靠性（anthenticity），描述为经验、自我和交际间的一致性。这个维度通过表达治疗师在关系内的一致性，其工作超过象征维度。第四维，机体整合，扩展个体一致性对系统观点的概念，其中有机体认识到它的关系和与更广泛世界的相互依存。治疗师意识到为最大程度促进世界的目的，扩展一致性的需要，一致性的可操作维度。第五维，标记为维度 0 或流动（flow），这是独特的，因为它描述更多的过程，而不是概念，感觉自我意识的缺少和展示、存在和行为的统一。科尼利厄斯 - 怀特（2007）进一步建议这个维度可能不会独自或同时经历，但是它们能解释彼此，深化"一致性"时期的理解。

即便游戏治疗师在与真实的能力相关的关系内体验一致感，关于这些一致性的表达的问题仍然会产生。这特别质疑治疗师与儿童的工作，因为儿童可能以一种自我为中心的方式解释治疗师一致性的表达，缺乏遵循治疗师逻辑的发展能力。举个例子，儿童在游戏室内打破一项限制，将沙子扔到空中，无意地使沙子进到治疗师的眼睛里。治疗师本能地叫出来"哦，好疼啊"，言语中带着愤怒。为努力达到一致性，治疗师可能进行掩饰，并且解释说："当沙子伤害到我的眼睛时，我很受伤和生气，但是有时候意外就是会发生在这里。"尽管治疗师真诚地表达了他自己，没有任何责怪，但是儿童可能将这解释为治疗师对她很生气。对于治疗师愤怒的恐惧不是通过言语表达，但是在这一个治疗期和进入下一层治疗期时，抑制了儿童的游戏。治疗师可能对这个例子有不同的反应。而一些治疗师可能认为这位治疗师因为如此真诚地表达自己而危害了关系，另外一些可能感觉真诚对保持长期关系最合适。

威尔金斯（2010）建议当治疗师感觉对来访者的经验不能做到共情时，一致性应优先于其他的条件。在上面的例子中，治疗师很多次体验一种感觉或想法，而这种感觉或想法使他或她进入来访者世界的能力受到干扰。霍夫（Haugh，2001）提醒，当一致性反应合适时，会有以下确定的标准：①当治疗师的感觉打断条件的规定时；②当这些感觉是连续的；③当不表达出一致性会使治疗师在关系中成为不真实的；④或当通过在这之前的一些点的评估而认为是合适的。然而，鼓励咨询师的一致性不是允许矛盾，表达治疗师关于来访者的观点或自我暴露材料（Wilkins，2010）。

一致性是在 CCPT 文献中一点点探索出来的概念。兰德雷斯（2002）强调共情和无条件积极关注的操作性表达，但是一致性只是通过治疗师自我接纳解释的暗示，假设自我接纳导致治疗师在游戏室中真诚的能力。对于兰德雷斯，这里出现一种假设，当治疗师是自我接纳的时候，在游戏关系中一致性将会是必然的结果，这种比较合理的结论是基于以人为中心的理论。赖安和考特尼（2009）通过总结大量文献，在一致性方法上，对批判美国与英国的方法作出了贡献。他们认为美国首席 CCPT 专家不会像英国专家那样强调一致性的理论和训练。

尽管一致性不是一项技能，但是它是一项高级训练概念，对于新的游戏治疗师是困难的。一致性与治疗师的自我意识和自我感紧密地联系。自我关注的缺乏使一些游戏治疗师隐藏不恰当的感受，用全面的表面感受代替这些感受。就像已经提到的，自我关注的缺失必然干扰共情和无条件积极关注的表达。威尔金斯（2010）表示，一致性是关于"信任你自己，足够自由地与你自己在一起，当你关注另一项生活的经验时，允许你的经验自由流动"（p.219）。

治疗师促进来访者改变的三个必备条件包括深层的和实质的意识，也包括治疗师对这些意识的反应。他们需要治疗师作为一个人的全部。CCPT让治疗师"成为"某个人，而不仅仅是"做"某件事。这对游戏治疗师来说是一项令人畏缩的任务，并且建议需要得到尽力的支持。或许训练CCPT 治疗师最有效的工具是参与个体咨询。而对长程专业训练最有效的工具也是个体咨询。咨询为游戏治疗师提供一种环境，探索无价值判断的无条件积极关注的感觉，增加自我意识和自我接纳。咨询也为治疗师提供在个人水平上去体验作为一个来访者的条件机会，揭露过程的动力，鼓励持续促进治疗的过程。威尔金斯（2010）提示治疗师职业倦怠包括一致性能力降低，由于治疗师在压力下保护自我结构部分的需求的增长，导致治疗中的问题中心，因为它对治疗师个人资源需求最少。高级游戏治疗师将在专业训练的一生中，重视对个体治疗的支持。

## 知识和技能

游戏治疗师最重要的优点是共情、无条件积极关注和一致性这三个治疗师条件的整合和表达。然而，游戏治疗师需要具体的知识和技能，包括确定学习经验，这将会帮助这些条件的表达。

### 知识

以我的经验来看，游戏治疗师缺乏运用游戏与儿童工作的训练的基础知识。一些经验丰富的游戏治疗师强调限制儿童发展或游戏自身过程的知识。他们在多年以前读过和背过皮亚杰或埃里克森关于发展阶段的知识，并且没有回忆他们以前的知识或阅读现在关于儿童和发展的学术文献。偶尔，当我参加游戏治疗大会时，我会观察那些报告人会提到一到两个资源，这可能或不可能为介绍最新的方法或技术提供概念化框架。这是对列举例题的支持的引用微弱的尝试，并不是一项充分训练的理论或研究框架。尽管这听起来好像是在吹毛求疵，但是我的观察是很多经验丰富的游戏治疗师并不基于学术知识作为训练的指导。这是一个高级游戏治疗师必须进行更正的趋势，他们应积极寻求知识而不断提高有效性。

表4.1是有效游戏治疗训练的知识概念汇总。这个表格是广泛的，并且可能第一次读的时候感到难以应付。然而，CCPT包括多个领域的专

业知识的集合，从对儿童和儿童咨询的一般知识到对现在问题的具体知识。CCPT 需要广泛的知识基础，这超过大多数成人治疗训练的范围。这个表格中所列的知识并不是排他的，游戏治疗师可受益于很多不同领域中更深层的知识。

表 4.1　有效游戏治疗训练的必备知识概念

| 儿童发展理论 | 游戏在儿童发展上的历史和作用 |
| --- | --- |
| 现在的和历史上的咨询和心理治疗的理论 | 支持游戏治疗师的训练方向的哲学和理论 |
| **与儿童相关的药物治疗知识** | **诊断分类的标准** |
| 儿童和成人心理药理学的药物作用和目前使用 | 游戏治疗师遇到的典型问题的起源、症状、预测、历史和目前研究 |
| 目前在当地学校内教育的方法 | 目前文化中流行的教养方式 |
| 目前关于影响儿童和儿童心理健康干预的学术研究 | 批判性的分析文献和研究的知识 |

1. 儿童发展是 CCPT 训练的基础知识。游戏治疗师需要具备正常童年期生理的、情感的、认知的、道德的、性的、社会的和自我认知的发展轨道的理解。发展的一般经验的知识帮助指导游戏治疗师理解儿童来访者的目前处境，并告知父母咨询。

2. 如果一位治疗师选择游戏的模式，这需要具有对游戏发展的历史的广泛理解，和目前游戏的作用，特别是在童年期发展阶段的背景中。

3. 游戏治疗是一种模式，不是一种理论。运用游戏治疗可以从很多理论系统为出发点。游戏治疗师应该具备关于现在和历史的咨询和心理治疗理论的知识，以帮助指导对来访者的理解和训练。

4. 对于治疗师连续性操作和合理的原理，治疗师应该具有广泛的哲学和理论知识，支撑游戏治疗师的训练方向。这样的知识包括在游戏治疗训练中能够轻松获取的、以合理理论为基础的定义和理论。

5. 与儿童相关的普遍医学知识对于理解儿童来访者的生理发展是必须的。医学知识可能包括大脑发展、基因影响和症状、治疗和对普通童年期医学问题的预测。

6. 除了理论方向，游戏治疗师受益于便利的诊断类别。即使游戏治疗师选择在特定的设置中回避进行诊断，但是儿童经常带着已经被标记的诊断进入游戏治疗。诊断类别的知识帮助游戏治疗师与其他专业人士沟通，也提供关于来访者行为的知识。

7. 心理药理学的处方药物正在以令人担忧的速度开给很多儿童。由于明显的副作用和可能的药物治疗的好处，游戏治疗师需要小心目前药物治疗和它们与具体诊断的关系。此外，游戏治疗师需要小心的不仅是儿童的药物治疗，也包括承认的药物治疗，监控它们在特定药物治疗中照顾儿童的能力。

8. 尽管游戏治疗师充分具备解决所有现在呈现的问题的知识是不可能的，但是他们应该努力使他们自己掌握游戏治疗师遇到的典型问题的起源、症状、预测、历史和目前的研究。

9. 与儿童工作必须具备对学校过程和训练的理解，因为儿童可能花费更多的时间在学校里面，而不是在家里。为了教育、规则和发展，游戏治疗师应该与当地学校使用的教育方式同步。

10. 因为父母随时都可以获得信息，他们持续被新的和可疑的育儿技术狂轰乱炸。游戏治疗师需要对当前文化流行的育儿方式保持更新，从而增强与父母和父母咨询的关系。

11. 尽管治疗师要脱离学术设置训练很困难，但是游戏治疗师应该努力与目前关于影响儿童和儿童心理健康干预的学术研究保持同步。会议和专业机构是很好的信息来源，使游戏治疗师保持更新。

12. 为了有效使用文献，游戏治疗师应该保持关于如何批判性分析研究的知识，应该能够辨别哪些研究是与训练有关的，而哪些研究是谬误的。

## 技能

当一位游戏治疗师具备核心条件和拥有广泛的关于训练原理的知识时，是时候获得与人沟通的技能和治疗师能提供给来访者的益处的知识了。关于本章节提到的概念，技能是最不受关注的，因为治疗师能通过条件的规定和以健全的知识为基础的训练在 CCPT 中获得成功。然而，通过条件和知识的操作性表达，提供技能可以帮助 CCPT 治疗师建立自信。

**反应种类**　　第五章提供了一个广泛的反应列表，这些反应是游戏治疗训练的基础。它包括反应的分类，这些反应有效地表达了治疗师提供的使改变发生的充分必要条件。反应根据追踪的行为、内容和情感的反映、有利的决策制定、有利的创造力、尊重的建立、有利的人际关系和界限设定进行分类。这些反应根据具体提供的每个种类的典型的状态来定义。反应表示一种技能设置，这帮助游戏治疗师具体地表达改变的条件。

**沉默**　　沉默是一种游戏治疗师必备的非常基础的技能。沉默可能被认为是一个简单的概念，但是我已经发现治疗师对沉默感到舒适的能力是一种需要学习的技能。在对儿童进行游戏治疗时，儿童有时可能会在游戏治疗中表达对治疗师提供沉默的需要。这个需求可能通过儿童的沉默、儿童游戏强度或儿童需要沉默的言语表现出来。在这些时候，游戏治疗师能提供相关沉默的反应，这时治疗师和儿童能够仍然处在充分连接中，只是以儿童的方式。很多次，我经历过儿童沉默的需要，特别是那些处在混乱中的儿童。这种沉默反应可与尖锐的言语反应同样有效，或者有时比尖锐的言语反应更有效。

舒适的沉默将治疗师接纳的信息传递给儿童："你在这里不需要做任何事情，只要在这里就可以，而且我会在这里陪着你。"

**关注和正念**　　免受背景声音和思想的干扰，使纯粹的联系发生，是一种利于游戏治疗训练的关注或正念技能。因为游戏治疗可能包括躯体运动和缺少言语联系，治疗师将会经常成为从儿童那里分心的和失去连接的。

当一位治疗师能在现在阶段生存，并且充分开放体验，它能为来访者的充分共情体验提供环境。治疗师得益于治疗的准备，通过关注、正念或冥想。一个简单的呼吸技术经常能够加强一位游戏治疗师建立关系和开放自己到未来的关系体验中。

**组织**　因为游戏治疗包括很多种不同的成分，组织技能是有效训练必须的。与儿童工作包括儿童咨询计划阶段、父母咨询阶段、学校咨询和可能与其他照顾者之间的联系。此外，游戏治疗师必须拥有游戏室，以便在每个阶段都可在相同结构内提供材料。最后，在所有治疗中，游戏治疗师需要保持目前关于来访者的记录，这包括知情同意书、外部联系人信息发布、治疗计划、阶段总结、评估和最后治疗总结。

**概念化**　游戏治疗师整合游戏知识、儿童发展和咨询中个体差异和来访者背景的能力的结果是来访者的整体概念化。将所有这些信息融合到来访者的一致的解释和理解中，帮助游戏治疗师以连续的和理论支持的方式获得关系。新的游戏治疗师面临将所有迷惑部分拼成完整的一张图的挑战。然而，高级游戏治疗师经常是自满的，并且不会花费时间透彻地思考来访者，而是仅仅依靠现在成功的经验。概念化帮助游戏治疗师关注于理解目前来访者所处的独特状态背景。这些关注导致更多游戏室内和家长咨询中深思熟虑的反应。

## 促进条件、知识和技能的经验

治疗师发展共情、无条件积极关注、真诚、知识和技能，可通过训练、督导和咨询提供机会。以下是推荐的经验和／或证书的清单，这将有利于初步开始或鼓舞治疗师发展：

1. 与以人为中心或人本主义方向的治疗师进行个体治疗。
2. 一系列教导的课程，强调儿童发展、咨询理论和游戏治疗。
3. 一系列教导的课程，强调医学模型，包括诊断、生理发展、症状缓解和心理药理学。

4. 观察经验丰富的游戏治疗师熟练的游戏治疗阶段。

5. 游戏治疗阶段的录像。

6. 一系列与不同背景和不同问题的来访者进行的，需要熟练掌握游戏治疗阶段的临床课程。

7. 游戏治疗阶段的重要督导，包括即刻反馈及一系列与督导师的阶段录像回顾。

8. 具有心理健康专业的硕士学位。

9. 录像阶段不间断的个人回顾。

10. 与游戏治疗同事不间断的有组织的咨询。

11. 参加持续教育的机会。

12. 成为心理健康专业机构的会员。

13. 对以人为中心的理论和 CCPT 相关材料的持续阅读。

14. 回顾与儿童心理健康和干预相关的当前学术文献。

# 第五章　游戏治疗的基础

游戏治疗师起初需要掌握进行游戏过程的基本技能。这些基本技能包括设立一间游戏室、选择材料和使用有效的非言语或言语方式与儿童相处。本章主要是为初学游戏治疗师进行简短的基本技能回顾。更多关于游戏治疗基础的详细信息，请读者参阅兰德雷斯（2002）和柯德曼（2003）更详细的阐述。游戏治疗师需要与儿童建立关系，为他们提供一个包容、理解的环境，这比不断提出新的理论更为重要。游戏治疗的基础为营造这种环境提供技巧。

## 游戏治疗室

在与儿童见面之前，游戏治疗师需要营造一种孩子适应的环境，这种环境就是游戏室。因为游戏是为了提升孩子的语言能力，所以在游戏室里布置了许多可以帮助孩子更流畅地说话的工具。游戏室的空间既要保证孩子可以在里面自由活动，同时也不能太大，以防止他们没有归属感。兰德雷斯（2002）建议，理想的游戏室的大小应该在 12 英尺 × 15 英尺（即长12 英尺、宽 15 英尺，或者宽 12 英尺、长 15 英尺）。尽管有明确的理想尺寸，但许多治疗师还是受到环境的限制。不过只要能够基本达到使用标准即可，因为游戏治疗在不同尺寸的游戏室里面都可以发挥作用。游戏室里必须有架子来放置玩具，这样可以为孩子提供更大的活动空间，最起码要留出足以自由活动的空间。地板不要铺地毯，最好有取水处，还要有耐用的墙漆

以及双向玻璃以便录像和观察的需要。图 5.1 和图 5.2 是同一间治疗室两个
不同角度的照片，是理想的游戏室类型的例子。

图 5.1　游戏室正面照

图 5.2　游戏室背面照

# 游戏材料

游戏室的游戏材料包括玩具、手工艺材料、绘画颜料、画架、木偶戏、沙箱以及玩具家具。在选择玩具时最基本的标准就是这个玩具在游戏室里所起的作用。对于每一个玩具或者游戏材料，治疗师在选择时都要考虑以下问题：

1. 这个玩具或者游戏材料对于这个房间的主人，即这些孩子们有什么治疗用途。

2. 它怎样帮助孩子表达。

3. 它是否会帮助我和孩子建立良好的关系。

当治疗师是有目的性地进行选择时，那么哪个选项更合适就显而易见了。我曾经接管过一间游戏室，里面有 25 个大大小小的动物毛绒玩具。因为数量实在是太多了，所以它们在房间里面占据相当大的活动空间。而我也发现，这些都是其他人捐赠的。当我问自己上述 3 个问题时，我发现其实只需要 1 个或 2 个动物毛绒玩具，就能够使儿童感到舒适，允许他们表达身体攻击，或激发儿童照顾它们的本性。我不知道应该留下哪一个，于是我认真比对每一个动物毛绒玩具，最终留下了 2 个最有助于表达的玩具。之后，我把其他毛绒玩具捐给了慈善机构。这种细心的选择（不是收集），是兰德雷斯（2002）提出的模式，能够帮助治疗师将注意力集中到对其咨询进程最关键的玩具上。游戏材料如电脑游戏、棋盘游戏、拼图游戏可能会满足以上问题中的一项或者两项，但是很少有能够完全满足以上三个问题中所要求的原则。

初次布置游戏室的时候，如果空间有限，游戏治疗师肯定会因为大量的玩具和游戏材料而焦头烂额。柯德曼（2003）将这些游戏工具分为了 5 类，包括家庭成长类、恐怖类、侵略类、表达类以及虚拟童话类。这种综合的材料分类可能更有助于游戏治疗师初学者。表 5.1 是柯德曼提出的具体材料清单。家庭成长类游戏材料为孩子提供了一个扮演家庭角色的机会，这些游戏材料可能是个成人或者是个孩子，他们或者是在辛勤地拖地洗衣服，抑或是在吃饭穿衣。恐怖类包括那些在传统中通常会令人恐怖的东西，比如蜘蛛人、蛇。恐怖类玩具可以帮助孩子们处理他们自身的恐慌和焦虑。例如，一位来访者在游戏室内看到大蜘蛛的时候，会表现出强烈的害怕。当她看到它的时候，她大声尖叫，并迅速用她的拇指尖捏住它丢进垃圾箱里。之后她用大量纸巾将它掩埋。每次咨询之前，她都会在进入游戏室之前将蜘蛛丢掉，然后再开始其他的游戏。一段时间之后，她掩埋蜘蛛的次数开始变少了，直到最后，她能够不在意蜘蛛而直接进入游戏室。在她进行游戏治疗的全程中，她的母亲说她在每天生活中的焦虑行为越来越少。

**表5.1　玩具分类和实例**

| 玩具分类 | 例　子 | |
|---|---|---|
| 家庭成长类 | 房屋 | 温暖而柔软的毯子 |
| | 婴儿 | 壶、锅、盘子、银器 |
| | 摇篮 | 清理用具（扫把、簸箕等） |
| | 动物的窝 | 可以活动的娃娃 |
| | 人偶 | 沙箱中的沙子 |
| | 儿童的衣服 | 代表家庭成员的人偶 |
| | 儿童的瓶子 | 空的食物容器 |
| | 毛绒玩具 | 木制或塑料制的厨房用具 |
| | 儿童尺寸的摇椅 | |
| 恐怖类 | 塑料的蛇 | 龙 |
| | 玩具老鼠 | 鲨鱼 |
| | 塑料的怪物 | 鳄鱼 |
| | 恐龙 | 代表不同危险动物的玩偶 |
| | 昆虫 | |
| 侵略类 | 拳击沙包/充气不倒翁 | 抵抗用的小枕头 |
| | 武器（飞镖枪、手枪、剑和刀子） | 泡沫制的棒球拍 |
| | 玩具士兵和军车 | 塑料的盾 |

续表

| 侵略类 | 手铐 | |
|---|---|---|
| 表达类 | 画架和颜料 | 透明胶带 |
| | 水彩画颜料、手指画颜料 | 纸浆鸡蛋盒 |
| | 蜡笔、记号笔、彩笔 | 管子清洁剂 |
| | 胶水 | 贴纸、亮片、珠子、针线 |
| | 报纸、杂志 | 玩偶袜子 |
| | 橡皮泥或黏土 | 棕色午餐袋 |
| | 笔 | 纱 |
| | 剪刀 | 海报板、硬纸板、厚而防水的纸 |
| 虚拟童话类 | 面具 | 动物园和家养动物 |
| | 医生套件 | 玩偶剧院 |
| | 魔杖 | 骑士和城堡 |
| | 石头和其他建筑材料 | 大枕头 |
| | 布头 | 外星人 / 外太空生物 |
| | 人类人物玩偶 | 帽子、珠宝、钱包、服装以及其他装饰品 |
| | 动物玩偶 | 轿车、卡车、飞机和其他交通类玩具 |
| | 铁板 / 熨烫板 | 玩具 |
| | 电话 | 幻想的生物玩偶 |

来源: Kottman, T. (2003). *Partners in play: An Adlerian approach to play therapy* (2nd ed.) Alexandria, VA: American Couseling Association

　　游戏室内侵略类玩具一直是游戏治疗领域备受争议的话题。使用侵略类玩具旨在充分允许来访者表达愤怒和权力与控制的问题。侵略类玩具，例如枪和刀子，是当今社会中广泛流行的暴力的复制品。因为儿童是社会成员，他们使用这些玩具来表达他们的内在暴力或更多心理语言，以及混乱和愤怒的内在感受。允许游戏室内存在侵略类玩具是允许儿童表达攻击动力最直接的方式。关于游戏室内对攻击的深层讨论和分析，将会在第十章中介绍。

　　表达类玩具和材料包括艺术品和艺术品材料，它们可以用来帮助儿童表达他们的创新性。它们被用来表达孩子们的积极和消极情绪，大多数孩子进入游戏室后会或多或少利用这些游戏材料来进行治疗。我们通过对 100 个来访者进行非正式研究，发现水是游戏室里面用得最频繁的游戏工具，其次就是画架和绘画颜料。这两种材料都被认为是极具表现性的，孩子们也都积极利用。虚拟童话类玩具如装饰性服装、木偶和医药箱能够帮助孩子们在一种安全的氛围下更深一层地去探索成人们的世界。

尽管在设计游戏室时对玩具进行归类是非常有用的，我们也必须意识到有效的表达类玩具在孩子手中的利用方式可谓多种多样。小刀可能会危害治疗师的安全，水杯可能会呛到婴儿玩偶，毛绒小熊可能会导致小的动物窒息，充气不倒翁也可能在整个咨询过程中都被孩子抱着。玩具选择是否得当取决于孩子是否可以利用它们来表达不同的目的。

游戏室的环境不仅提供玩具来方便孩子表达，同时还传达了一种秩序感和一致感。当孩子参与到游戏治疗中时，他们学着去顺应游戏室的秩序以及治疗师们的工作。游戏室的规章需要具有逻辑性，需要将相同的种类进行合并。更重要的是，游戏工具需要在孩子每次进入游戏室时都放置在相同的位置。这样可以帮助孩子们营造一种熟悉感和安全感。他们可以全面地掌控这个环境，这样他们才能够在他们的生活中敢于表达和决定。如果每一次咨询时，玩具都被扔得乱七八糟，每次都在不同的位置，那么游戏治疗师就会强化孩子们在家里的混乱意识。当他们紧张匆忙地在凌乱的游戏室里寻找他们想要的玩具时，孩子们就会意识到他们必须努力抗争去得到他们需要的玩具，这种情形恰恰像极了他们曾经所处的失败的环境。

## 非言语技能：人性化处理

设计出的自然环境对孩子应有足够的吸引力，游戏治疗师在提供一种人性化的方法的同时又能够让孩子对其感兴趣。在游戏治疗中，如果说语言治疗技巧是非常重要的，那么非语言的治疗方法也同样很关键。因为孩子们需要在一个无声的世界里来表达他们的想法，游戏治疗师就可以高效率地只用一套相同的非语言表达方式来传达信息。非语言技巧应用的好坏在很大程度上取决于游戏治疗师本人的真诚度及其自身的人格魅力。这个概念在前面的第 4 章已经进行了讨论。在北德克萨斯州大学的游戏治疗中心（CPT），某些特定的技能在训练和培育新的游戏治疗师时是要重点强化的。此中心经过对游戏治疗师长达几十年的培训和监督，一些需要强化的技巧已逐渐成为游戏治疗过程中的关键环节。

当治疗师与儿童进入游戏室时，就需要开始注意在这个环境里孩子的主导地位。治疗师坐在原先设定好的椅子上，在没有得到孩子允许的情况下，不可以进入孩子们的游戏范围。治疗师对儿童保持着一种开放迎接的姿态。他们身体向儿童倾斜的同时，手臂和腿也都有固定的位置，来传递给孩子们治疗师对他们开放迎接的信息。治疗师要表现出认真和对儿童很感兴趣的神态。治疗师要积极地进行工作，避免走神。这对于新的治疗师来说似乎有难度，但在整个咨询过程中，治疗师都需要与儿童以及整个环境相处得舒适和谐，需要时刻保持放松的状态。

话语语气传达出治疗师与儿童在情感方面沟通的能力。关于治疗师的语气需要考虑两个方面的因素。首先，治疗师的语气符合儿童所呈现出来的情感水平。通常，新的治疗师会在面对儿童时表现得很有热情，这通常也是成人在儿童面前的表现。初次与儿童接触，治疗师要逗孩子们开心，尽量使用可以达到这一效果的语气来跟孩子交流。治疗师的语气与孩子们的语气相投表明治疗师能够真正理解和接受儿童所要表达的情感。其次，治疗师的语气与他们想要表达的话语和喜好要相符。只有治疗师将语言反应与非语言反应真正地融合，儿童才能将治疗师当成是一个普通人。例如，如果一个孩子不小心用他的玩具碰到了治疗师，治疗师感到了惊吓和愤怒，但如果他的回应却是非常平和地说，"这只是一个意外"的话，孩子们会认为这个治疗师非常虚假，他们也会对这种关系产生不信任。此时更有效和恰当的回应应该是："这真的很疼，但这只是个意外。"

# 言语技能

儿童中心游戏疗法得益于对语言反应提供明显的分类，以此来指导游戏治疗师进行治疗。作出治疗反应也是有效治疗的关键。有两种反应技巧需要着重予以说明。第一，因为游戏治疗师意识到儿童语言能力的有限性，短期治疗反应的重要性就显得格外有用了。冗长的反应会让孩子很快失去兴趣，让孩子产生困惑，同时也传达出治疗师缺乏理解的信息。第二，治疗师的反应频率需要与儿童的反应相匹配。如果这个孩子非常冷静和内向，那么游戏治疗师就应放慢他的反应。如果儿童非常外向和活泼，游戏治疗师就需要通过提高反应速度进行匹配。与儿童接触的最初阶段，游戏治疗师反应频率非常快，因为在一个新的环境中，如果治疗师沉默，会使儿童感觉不舒服。在随后的阶段中，治疗师将会试着调节步调以适应儿童。

治疗性言语反应可以分为 9 类。其中一些是由吉诺特（1961）、亚瑟兰（1947）和兰德雷斯（2002）提出的，其余的则是我在自己进行的游戏治疗经验中总结出来的（Ray，2004）。

1. 跟踪行为。跟踪行为是游戏治疗师的最基本反应。跟踪行为，即当治疗师看到或观察到儿童做了或说了什么时所作出的反应。跟踪行为要让儿童意识到治疗师对他们是理解和感兴趣的。这也是让治疗师真正融入儿童世界的一个好方法。当孩子们举起一个恐龙玩具的时候，治疗师应回应说："你正在把玩具举起来。"当孩子在房间里玩玩具车的时候，治疗师说："你一直在这里玩玩具车啊。"

2. 表达内容。在游戏治疗中，表达内容与在成人咨询中的表达内容是一致的。为了表达内容，游戏治疗师需要转述儿童的言语。表达内容证实了儿童对他们的经历所持的观念，同时也能表明孩子们对他们自身的理解和认同（Landreth，2002）。当儿童陈述他们上周末所看的电影时，治疗师对此应给予的反应是："你去看《007》了啊，那里面有好多动作戏吧？"

尽管跟踪行为和表达内容在游戏治疗的过程中是极其重要的，但它们都是游戏治疗中最基础的技巧。它们有助于帮助治疗师与儿童建立融洽的关系，这样儿童才可能受益于更高水平的技能。接下来的技巧能够加强自我概念，培养个人责任感，形成意识，同时有助于建立治疗关系。

3. 表达感受。表达感受是在游戏治疗中对儿童所表达的情感作出的言语反应。表达感受被认为是高层次的技能，因为儿童很少用语言表达他们的情感。然而，他们本身是非常情绪化的。另外，表达感受有时会对儿童造成威胁感，在提及时需要多加注意。表达感受能够帮助儿童更加了解他们的情感，这样他们就能够更好地接受和表达他们的个人情感。一个孩子说："待在这个地方太愚蠢了，我要回家。"治疗师能回答的是："你觉得待在这里很愚蠢，你感到非常生气，你更希望自己能够待在家里面。"

4. 促进决策和归还责任。治疗师的目标之一是帮助儿童了解他们自身的能力并对此负责。儿童可以自主完成的事情，治疗师不要代为负责（Landreth，2002）。促进决策和归还责任能够帮助儿童体验他们自己的能力和自主权。有的孩子可能会问："我在这里需要怎么做？"这时的回答不应该是："你可以画画或在沙子上玩耍。"因为这样指导儿童是将责任放在了治疗师身上。一个更能促进决策的回答是："在这里，你有决定权。"另外一个例子是，如果一个孩子想把一瓶胶水打开时，突然停下来了并问道："你能打开它吗？"治疗师会把责任转交给孩子，然后作出回答："那好像是你自己可以做到的事情。"当然，治疗师只能将儿童力所能及的事情的责任转交给他们。

5. 增强创新和自主性。帮助儿童意识到其本身的自主性和独创性是游戏治疗师的另一大目标。接受和鼓励创新，让儿童意识到他们在自己的人生道路上是独一无二的，是特殊的。心理失调的儿童经常被他们的行为和思想束缚着。让他们自由地进行表达，可以增进他们思想和活动的灵活性。

如果一个孩子问道："花应该是什么颜色的？"治疗师如果想鼓励孩子们创新，他们的回答应该是："现在，你想让它是什么颜色，它就可以是什么颜色的。"

6. 鼓励儿童树立自尊。鼓励儿童让他们对自己树立自信心是游戏治疗师永恒的目标。树立自尊是用来帮助儿童体验到他们是有能力的。当一个孩子自信满满地完成一幅画的时候，治疗师应该说"你画的跟你想象的一样。"当一个孩子花好几分钟时间试图将子弹装进枪里，并且最后成功了的时候，治疗师应该说："你好棒，你已经把它搞定了。"

起初，治疗师可能会对赞扬和建立自尊心二者反应的不同感到困惑。建立自尊心所产生的反应具有更加深层次的治疗作用，它能够帮助儿童找到他们人生的内在意义，而不是仅依靠赞美来取得外在的评价。关于赞美，比如别人说，"那幅画真美"，或者说，"你这样做我很欣赏"，它所产生的反应是鼓励儿童去迎合治疗师的意愿来不断追求外部的肯定，进而会导致其自我意识的衰退和腐化。有助于自尊心建立的反应是：比如你可以说"你以你自己的画为豪"，或者说"你正是按照自己设想的方式完成了它"，这样可以鼓励儿童去培养他们的自我评价意识进而形成他们的自我责任感。

7. 增进关系。重点聚焦于建立治疗师和孩子们之间的关系，帮助他们体验这种积极的关系。因为治疗关系是各种亲密关系的典范，治疗师应该对儿童为建立这种关系所做的各种尝试负责。关系反应能够帮助儿童学习到更加有效的沟通模式，同时也有助于表达治疗师对儿童的关心。关系反应通常会涉及儿童和治疗师双方的参考标准。（比如）治疗师和儿童之间设定了不可以用枪射击治疗师的限制。孩子的回应是："我讨厌你，我要把你送进监狱。"为促进关系，治疗师承认孩子对他很生气，并说："你对我太疯狂了，我不应该被枪决。你想惩罚我。"另一个情节是一个孩子在咨询结束后就把整个房间都打扫干净了，然后说："看，现在你不需要再打扫了。"治疗师对这一涉及关系的举动所作的反应是："你想帮我做事情。"

8. 表达更大的意义。表达更大的意义是游戏治疗中最高级的言语技能。由于有效的理解和表达更大的意义时都有督导需求，因此我并没有在 CCPT 训练手册（参见本书最后的附录）中介绍这项技术。治疗师可能会通过观察儿童游戏，在此期间运用言语表达的模式，对儿童表达更大的意义（例如，"你总是和'妈妈'一起玩耍"）。此外，表达更大意义的类别允许治疗师有机会提供与儿童识别主题相关的反应（"你希望物品保持干净和整齐"；见第 7 章）。表达更大的意义使儿童意识到自己游戏的重要性，以及使他们体会到治疗师对他的目的和动机更充分的共情和理解。虽然 CCPT 治疗师会纠结是否要给予解释，但是他们可以通过观察和体会儿童意识而表达更大的意义，例如（在一段治疗关系建立很长时间后）："有时候，当你进入游戏室时，你特别希望能够自己主导这里。"其实表达更大的意义很难操作，而且时机也是个问题。儿童可能将表达更大的意义体验为评估和侵略，因此他们可能更少参与到过程中。

9. 限制设置。限制即在游戏室里面设置一些现实的界限来确保儿童的安全和统一性。限制可以是简短的指令，也可以是儿童与治疗师进行复杂协商后的结果。我们需要讨论限制设置的本质，这一内容会在第 6 章进行详细说明。

游戏治疗的基础知识包括如何建造一间游戏室，如何使用基本技能为儿童提供一种有帮助的治疗性环境。本章主要回顾了使用何种技能开始有效的游戏治疗。而本书最后提供的 CCPT 手册，也进一步澄清了 CCPT 中有效表达的原理。在此方面，我希望读者们能重新阅读第 3、4 章中关于 CCPT 理论的内容，以及对游戏治疗师的个人要求。在训练新的游戏治疗师的过程中，我发现在教授技能和共情理解、无条件积极关注等具体方法的时候，举例的方式是非常重要的。新游戏治疗师一直在寻找游戏治疗中能够指导他们工作的固定行为——因此我在此进行了呈现。然而，游戏治疗师在咨询中需要灵活使用一致性、共情理解和无条件积极关注这些治疗师的必备条件。本章列举的技能被认为能够训练新的游戏治疗师，并且能够协助高级游戏治疗师们进行自我回顾和督导初级游戏治疗师们。然而，超越具体的技能，朝着抽象的方向前进，这应该是每个游戏治疗师追求的目标，这样游戏治疗师们就能够以一种真诚的、个性化的方式进行表达，从而传递游戏治疗应必备的条件。

# 第六章　设定限制

　　游戏治疗经常要求设定限制，并且要求限制具有明确的有效性等级，因此本章专门介绍这个特殊的技能。尽管吉诺特（1965）的书是在40多年以前出版的，但是他提出了一套全面的关于如何平衡有利的自由与设定行为限制的解释，这在今天依然是有意义的。吉诺特对父母进行指导，这同样也适用于游戏治疗师。自由是全然接受儿童作为一个孩子的状态。游戏治疗师不仅要接纳，还要加强儿童作为一个人时他们自己的想法、感受和渴望。于是，儿童所有内在的部分均在游戏室内被接纳和允许。吉诺特建议在家里面也能将此成为现实。然而，这并不是说会放任他们不恰当或有害的行为。游戏治疗师需要设定限制，这将会帮助儿童感觉到安全，并学会培养那些允许自我以合适的方式表达出来的行为。

　　这些概念听起来很容易，但是对游戏治疗师而言，实践应用还是会面临很严峻的考验。在儿童中心游戏疗法（CCPT）中，通常鼓励儿童自由表达自己的感受。一个儿童可能会对治疗师说："你是这个世界上最愚蠢的人，我讨厌你，你只是坐在那里，实际上你并不知道所有的事情。"一种自由的环境允许儿童在游戏室内充分表达这些感受。治疗师可能回复："你对我真的非常生气，你希望用你的语言伤害到我。"这种自由的回应会使儿童知道治疗师全然接纳他的愤怒，并且通过这种表现，儿童知道他们能够充分地信任治疗师，可以表达任何感受。如果这个故事进一步发展，这个儿童可能会对治疗师丢玩具，并说："我讨厌你。"尽管在游戏室内是允许通过言语表达自我的，但是伤害自己或治疗师的行为是不被接受的。这时候，治疗师可能需要重复自由与限制，例如："你真的对我非常生气，但是你不能够用玩具砸我。"这个回应向儿童传递的信息是，虽然治疗师全然理解和接纳儿童的感受，但是不允许伤害性行为。对大多数游戏治疗师而言，划分好自由与限制之间的界限是一种挑战。

## 有目的地设定限制

在我训练和督导的经验中，如果设定限制清晰并且以游戏室的规章被写出来，新游戏治疗师们会感觉更舒服。典型问题包括"可以弄坏一个玩具吗？"或"可以在沙子里面放 5 个水容器吗？"或"他能在拳击不倒翁沙袋上画画吗？还是只能画在画板上？能画在画板的木头上吗？"这些问题关注细节，并且看起来是无止境的，因为一个问题会引起另外一个问题，因此治疗师们希望能有一张具体的清单，涵盖游戏室内所有的"不能"。我经常避免回答这些问题，只是试着指导游戏治疗师思考当儿童在游戏室内时发生了什么。这种概念化能够帮助设定更有效的限制，因为那个时刻（"不能"的那个时刻）对治疗师和儿童来说，都是非常具体的。以下问题将指导游戏治疗师决定哪些限制需要设定。它们从能轻易判断的事情到模糊的事情依次排列。

1. 儿童的行为会在身体上伤害自己、治疗师或其他人吗？身体伤害在游戏室内从不被接受。游戏治疗师不应该允许儿童拍、打、踢、抓、窒息或任何出现伤害性的行为。限制在这些情形下进行设定。一个原因在于无论从儿童或治疗师的视角出发，对身体的伤害都不利于治疗关系；另外一个原因是：允许身体攻击在向儿童传递信息——事情失去了控制。如果允许儿童伤害治疗师，儿童可能会认为这间游戏室是混乱的，心理上产生不安全感，认为不能被信任。这种认知可能使儿童依赖于使用那些已经学会的应对行为，而这些行为没有任何帮助，甚至是危险的。

"小心"这个词应该添加到对第一个问题的回答中。儿童正在伤害自己／治疗师与治疗师认为儿童可能会伤害自己／治疗师之间是有区别的。

当伤害即将来临的时候，应该设定限制，而不是在可能有伤害的时候。治疗师应记住：自由对一个儿童学习自我指导是必需的，因此治疗师应该学着相信儿童，而不是怀疑儿童。儿童可能捡起一个玩具并把它对准治疗师，好像要向治疗师扔过来，除非会被证明，治疗师最初应相信儿童会改变方向并把它扔向房间的另外一个方向。只有当儿童试图把玩具扔向治疗师的时候，才要设定限制。另外一个备受争论的例子可能就是儿童试图伤害自己。在一个例子中，我与一个7岁女孩工作，她捡起一把塑料锯齿的刀子，当她看着我的时候开始拿刀子割她的手腕。我了解到这个孩子在家里就威胁过要伤害她自己，但是并没有真的那样做。当这个孩子看着我的时候，我回应说："你很好奇我对这种行为会如何想。"这个孩子更用力地把刀子按在手腕里面，并且来回推拉2次。之后，这个孩子退缩了，并扔掉刀子。我回应说："你并不喜欢那种感觉，它弄疼你了。"在这个例子中，我相信儿童会作出自我增强的决定，并等待设定限制。犹豫是有利的，因为它导致两种结果。第一，儿童有能力经历威胁性行为的后果，并且意识到它不仅不会让身体好过些，同样也不会让自己感觉更好些。第二，我能够看到并鼓励儿童的行为能力，以一种自我增强的方式。特别是，儿童从未再次尝试自我伤害的行为，无论是在治疗室内还是在家中。

2. 行为会干扰游戏治疗的规定吗？结构性方针遵循游戏治疗的规定，并已在第五章呈现。游戏治疗的一次时长普遍在30~50分钟，依据设置和儿童年龄而定。并且，最起码的条件是，游戏治疗师需要在游戏室内为儿童提供游戏治疗。因此，结构性限制在游戏治疗中很普遍，并且包括关于前往房间、进入房间、在房间内和离开房间的限制设定。开始的时候，儿童可能有各种原因，不想离开父母，或不想等在房间里去游戏室，或不想与治疗师单独进入游戏室。我会在本章后面列举几个这种情况的例子。一旦进入房间，儿童可能想要离开去盥洗室，找父母，或绕着建筑跑。游戏治疗师应该为了治疗价值评估儿童离开游戏室的需要，之后就需要决定对这种需要的限制。在我最常遇到的各种类型例子中，结构性限制是离开游戏室的挑战。儿童不离开游戏室的动机包括过度沉溺在他们的游戏中，建立权威和控制，不想离开治疗师，或不想回到他们的日常生活。时间结构对所有儿童来说，常常是很困难的，并且坚持设定的结构限制帮助儿童学习如何以最有效的方式利用他们的时间。

除了那些提供支持儿童游戏治疗连续性的结构性限制以外，另外一个需要考虑的因素就是父母。这是很小的一点，但是治疗师需要考虑游戏室内许可的行为可能如何影响父母对游戏治疗的看法。一位治疗师如果允许儿童在她的衣服和身体上画画，之后再回到等待室中，可能会使儿童受到惩罚，并且传递出这样的信息，会让父母认为游戏治疗是一个失控的地方。当游戏治疗师允许这样的游戏行为时，需要清楚地了解父母会考虑什么是可允许的，以及治疗师对这样自由的治疗价值的清晰解释。在我督导的临床案例中，我鼓励游戏治疗师设置限制，关于儿童回到等待室中父母身边时如何呈现。允许儿童在他们自己身上绘画，但是要设置的限制是在回到等待室之前这些画作必须能够洗掉。我已经见过很多来自等待室中父母恐惧的表情，不仅来自那些回去孩子的父母，也来自其他父母，他们担心他们的孩子参加游戏治疗后会出现同样的行为。第九章会对父母咨询进行讨论，父母在游戏治疗过程中的信念对他们的持续性参与是必须的。

3. 行为会危害其他来访者继续使用游戏室吗？这个问题的答案在游戏治疗中是实用的。房间和房间里面的玩具对很多儿童的治疗是必须的。如果一个儿童破坏了一个玩具或游戏室，治疗师要考虑这会对接下来的咨询和其他儿童产生什么影响。当治疗师允许破坏玩具时，他们要从财力和时间方面考虑换这些玩具的能力，问题可能是："我有钱去换这个玩具吗？"和"在我的下一个很依赖这个玩具的来访者来之前，我能够换这个玩具吗？"房间毁坏是另外一个考虑因素。如果治疗师允许儿童在沙子里面扔颜料、水和胶水，并且允许每个玩具放在地板上，他需要考虑在下一个来访者到来之前这些是否能够被清洁干净。通常，一个房间需要反复使用，而治疗师只有几分钟的时间来打扫。对于破坏行为设定限制的决定可能被这个更实际的观点影响。在这类例子中，创新性游戏治疗师思考什么样的方式能更好地服务来访者。治疗师可能会评估儿童需要充分表达破环性，然后决定设定限制来尽早结束咨询，以有充足的时间清理。或者治疗师允许儿童充分表达，可能决定将水与沙子混合，但是要对胶水和颜料进行限制。这样的限制设定就因儿童的具体情况而定了。

4. 儿童行为如何影响治疗师与儿童之间的关系？这个问题的答案与治疗师对儿童提升接纳有关系。任何时候，有效的游戏治疗师都是朝着对儿童的接纳工作的。然而，有一些儿童的行为可能会干扰这些接纳，甚至超越对治疗师的身体伤害。这些对"治疗师接纳"的限制对个体游戏治疗师是非常具体而特定的，并且以人格为基础，每个治疗师都会不同。举一些例子，比如可能一个儿童的身上闻起来有排尿或排便的气味，或一个儿童不停放屁，儿童在治疗师身上作画，儿童吐唾沫并将唾沫黏在游戏室内的玩具上，或是儿童对他们发现的东西闻一闻甚至吃掉。这个清单是无穷尽的，但是关键点是儿童会经常以这种行为方式行事，这就很难让治疗师继续全身心地专注儿童、接纳儿童。在这些例子中，治疗师设定限制使关系加强。在我的一个例子中，我曾经在一所学校设置中与一个儿童进行游戏治疗。因为游戏室是一间学校丢弃的项目的大教室的一部分，所以儿童找到一个吸引他的心理管道（mental pipe）。他夸张地咳"痰（loogie）"（一种黏液和唾液的混合），并把它吐进管子的一端。之后他端着管子看痰流下来并且回到他的嘴里面。我捂住嘴巴，避免我自己在咨询中呕吐出来。我知道我无论如何也不能真实地和接纳地回应，所以我设定限制。以下是我说的话："你觉得那很有意思，但是管子不是让你吐痰进去的。你可以看其他的东西从管子里滚下来。"这可能不是设定限制最好的例子，但是他遵守了限制，而我也能够继续回来关注他而不是我。通过这个例子的观察，治疗师接纳限制对治疗师是个人化的。一些治疗师可能没有注意到管子行为，并且怀疑为什么需要设定限制。因为治疗师接纳限制是个人化的，这为治疗师自我意识的建立标记了另外一个原因，并且表明了治疗师的自我意识是如何影响游戏治疗实践的。

当游戏治疗师决定设置什么限制时，回顾这 4 个问题，有利于搞清楚出什么限制是必需的和 / 或引导儿童自我指导，以及什么限制可能是对治疗性环境没必要和有害的。尽管我不相信对所有游戏治疗来访者有确定的限制，但是这里依然有一些限制近乎是万能的。它们包括：

1. 我不是为了伤害。

2. 你不是为了伤害。

3. 我不是为了触碰私人空间。

4. 在游戏室内，你不是为了触碰私人空间。

5. 墙不是用来作画、涂胶水、泼水的。

6. 沙子不是用来扔的。

7. 录像机 / 双面镜不是用来玩的。

8. 你的衣服不是用来脱掉的。

9. 我的衣服不是用来脱掉的。

10. 游戏室不是用来偷窥的。

11. 我的头发 / 衣服不是用来剪的。

12. 你的头发 / 衣服不是用来剪的。

13. 胶水 / 涂料不是用来喝的。

## 什么时候设定限制

儿童咨询师并非总是在什么时候设定限制方面达成一致。即使在 CCPT 治疗师中，也对于什么时候设定限制有不同的观点。科克伦（Cochran）、诺丁（Nording）和科克伦（2010）建议游戏治疗师在最初就要传达出有必要设置限制。特别是，他们建议治疗师在介绍中声明："……在这里，你可以说任何你想说的，而且你可以做大部分你想做的。如果有什么事情你不能做，我会让你知道"（p.136）。传递限制的目的最初是为了澄清现实，这里有确定的被禁止的行为类型，它们把儿童从不清晰期待的焦虑中释放出来。然而，亚瑟兰（1947）建议，只有当绝对必要时才会设定限制。等待设定限制向儿童传递信息，他们进入了一个自由的环境，在这里治疗师信任儿童能作出自我增强的决定。只有当需要的时候设定限制，也会避免治疗师主导游戏室规则的关系中产生等级。这两种CCPT治疗师建议的观点是呈现建立治疗关系的设置最好的方式。

我倡导，一直到必要的时候设定限制。在与攻击性儿童进行的权力和控制定向的广泛工作中，在问题行为出现之前就设定限制，会建立消极的基调，也会使儿童感觉治疗师试图从关系的开始就建立控制。对于焦虑的儿童，设置早期限制可能被他们感知为：他们必须遵循原则以取悦治疗师或获得治疗师的认可。最后，也是在以儿童为中心理论中最重要的，早期限制的设定可能传递信息，即合适的行为和遵守规则是治疗和治疗师的优先权。当概述儿童中心游戏疗法的8项基本原则时，亚瑟兰谨慎列出限制的设定作为第8项原则，强调限制设定是必须的，但是它排在治疗师/儿童关系的所有其他方面的后面。兰德雷斯（2002）建议以更自由的短语开始关系："……这是我们的游戏室，并且这是一个你能够以很多种你喜欢的方式玩玩具的地方"（p.183）。

## 设定限制

如果遵循本章的指导，游戏治疗师就应该已经作出了是否需要设定限制的合理决定，并且等到儿童出现问题行为之后才设定限制。现在这种困境成为如何设置限制。很多专家提供设置限制的方式，这里有三种设置限制的方式，一是使用"我"句式进行声明（例：我不是用来射击的），二是用问题解决的方式进行限制（例：你可以把球扔向Bobo），三是使用明确而简短的句式进行声明。包括使用"我"声明，问题解决，或明确的简短声明。但是最清晰和最直接的限制交流可能是兰德雷斯（2002）在他的

ACT 模型中创造的。使用吉诺特（1965）提供的理论，他声明，"感受需要被识别和表达；行为可能被限制和重新定向"（p.111），兰德雷斯将吉诺特限制设定的解释具体化。在兰德雷斯模型中，A 是接纳儿童的感受或渴望，因此允许儿童有一个表达的出口，并且传递治疗师所能理解的信息，并使治疗师接纳儿童的动机。C 是在清晰明确的声明中交流限制。而 T 是目标指向的一种选择，这能快速重新定向儿童，使儿童仍然能表达感受，是一种合适的方式。这里有一些例子：

- 苏珊娜希望在咨询中离开游戏室，因为她希望向治疗师展示她的掌上录像设备中的新游戏。治疗师设置限制："你很激动地向我展示你的游戏（接纳感受），但是我们在游戏室内还有 20 分钟（沟通设置）；你可以在我们咨询结束后向我展示它（替换目标）。"苏珊娜变得愤怒，并朝治疗师的脸上扔了一个球。治疗师设定限制："你对我很愤怒（接纳感受），但是我不是你扔东西的对象（沟通设置）；你可以把球扔向 Bobo[1]（替换目标）。"
- 乔纳森在画板上作画，突然将颜料洒到地板上，大笑，之后开始故意将颜料倒在地板上。治疗师设置限制："你觉得将颜料洒在地板上很有意思，但是地板不是用来作画的；你可以将颜料倒在水池里面。"
- 卡蒂正在在沙箱里面构建场景，好动物试图将坏动物挡在外面。卡蒂开始穿越房间向动物货架扔沙子以阻隔动物。治疗师设置限制："你正在试图阻隔那些坏动物，但是沙子应该在沙箱里面；你可以将沙子扔进沙箱里。"

在上述的所有例子里，ACT 都被用来分享治疗师对儿童感受或目的的理解，设置清晰明确的限制，并且提供仍然满足儿童目的的行为选择。通过情感的接纳，儿童学习到这里有言语来表达他们的渴望，并且发展感受

---

1.Bobo 是游戏治疗室内一种拟人的大型玩具。——译者注

与行为相关的自我意识。通过沟通限制，儿童知晓他们处在安全的环境中，危险性行为是不接纳的，并且将会面对。此后通过目标选择，治疗师帮助儿童开始思考新行为，它们允许表达以合适的方式进行。

使用 ACT 在帮助儿童从运用不合适的方式使个人需求得到满足到运用合适的方式上总是有效的。关于设定限制，为了创建最成功的例子，有几个方面需要被强调。平静的声音音调是必需的。如果儿童在限制设定相互作用中感觉担心、犹豫或权力需要，这将可能开启一种无效的交流。声音音调总是被治疗师的态度影响。如果治疗师相信控制儿童无论来自内在压力或外在压力的行为是她的工作，声音音调可能揭露这种态度。这对从权力或控制定向中操作的儿童是特别真实的。以儿童为中心的理论宣称儿童学习控制或重新定向他们自己的行为。最终，如果缺乏身体的限制，一个人——甚至一个儿童——是处在个人行为的控制中。于是，这总是儿童的选择，遵循或不遵循限制。当一位游戏治疗师运用这些限制设定的理论时，这个过程更有效。限制是处在游戏室内的一部分，并且偶尔应该与儿童相联系。使用来自高中几何学的分析，限制是游戏治疗的"已知"。限制不是治疗师的选择或规则；它们简单存在游戏室内并且需要与游戏室内其他新人分享。这种关于限制设定的态度允许治疗师放松，知道他的工作是与儿童沟通限制，之后儿童作出个人决定：是否要遵循限制。

## 下一步：给予选择

如果 ACT 模型的 3 个部分都显示有效，大多数儿童将会在 1~3 次重复之后遵循限制。然而，有时候 ACT 可能不起作用，治疗师需要转移到限制设定的下一步，这就是给予选择。给予选择是指：当治疗师意识到儿童的决定是不遵循限制时，配合以儿童为中心的理论，并帮助儿童意识到问题行为会导致的自然结果。治疗师提供一个选择，这包括对行为结果的沟通。

特别重要的是，对大部分行为，应至少向儿童展示 3 次 ACT，给儿童留时间去思考和决定。在第三次 ACT 呈现后，治疗师可能选择转到给予选择。接下来的一个例子就是使用了 ACT 和给予选择来设定和遵循限制。

埃里克捡起那个飞镖枪，对准治疗师，射出飞镖。他微笑。

游戏治疗师："埃里克，你喜欢用这把枪射击我，但是我不是用来射击的。你可以射击 Bobo。"

埃里克在治疗师设置限制时重新装好枪，当治疗师说完限制时马上再一次射击治疗师。

游戏治疗师："你非常喜欢射击我，但是我不是用来射击的。你可以射击 Bobo，或其他玩具。"

埃里克在治疗师设置限制时重新装好枪并瞄准治疗师，但是他犹豫是否射击。

游戏治疗师："你正想再一次射击我，但是我不是用来射击的。你可以射击 Bobo，或其他玩具。

埃里克微笑并再一次射击治疗师。

游戏治疗师："埃里克，我能看到你很喜欢用枪射击我，但是我不是用来射击的。如果你选择射击我，那么你就选择不再玩这把枪。"

埃里克重新装好枪并瞄准房间的各个地方。很快转向治疗师并射击。

游戏治疗师："埃里克，当你选择射击我的时候，你已经选择不再玩这把枪。你可以把枪给我或者把它放在架子上。"（治疗师伸出手）

埃里克："我不会再那样做了。"

游戏治疗师："你决定你不会再那样做了，但是当你选择射击我的时候，你已经选择了不玩这把枪。"

埃里克（乞求的声音）："不，真的，我不会再那样做了。我保证。我错了。"

游戏治疗师："我知道你感觉很不好，但是当你选择射击我的时候，你已经选择不玩这把枪了。你可以把它给我或者把它放到架子上。"

埃里克："拜托了，求求你。我不会再那样做了。瞧，我将只会射击玩偶。"

游戏治疗师："你想到了一种使用枪的新方法，但是当你选择射击我的时候，你已经选择不玩这把枪了。你可以选择把它给我或者把它放到架子上。"

埃里克把枪扔到地上，走向另外一个玩具。

游戏治疗师："我知道你选择把它扔在地上。"（治疗师顺便捡起枪，把它放置起来）

　　这个故事是一个例子，展示与一些儿童设定限制的过程是多么乏味。当目标是帮助儿童学习使他作出自己增强的决定而不只是停止行为时，耐心和坚持是关键因素。在每个反应中，治疗师接纳儿童的感受、目的和作决定的能力，也清晰明确地与儿童沟通限制和限制的后果。当治疗师转到给予选择，并且埃里克选择一种结果，那么治疗师遵循这种结果的作用就有效果了。这种相互作用可能占用一次游戏咨询的 15~30 分钟的时间。我曾经经历过整个咨询过程中，儿童用不同的行为重演相同的故事。举个例子，放下枪可能是屈从于给予选择的第一种行为，之后儿童可能会转向对治疗师扔球，整个过程重新开始。这些例子很让人沮丧，我听到过治疗师询问游戏治疗的价值，如果这些相互作用占据了整个咨询时间的话。如果儿童选择使用他们的游戏时间开展各种限制设定的相互作用，之后这会很明显，他们选择试图去克服他们本身最大的问题，使儿童在安全的关系中重温自我表达的需要和这些表达的限制。

## 最后的限制

　　在有效的 ACT 呈现和给予选择之间，我猜测可能 95% 的儿童会以自我加强的方式反应，而治疗师没有必要演变成另一种结果。这里还保留着限制设定中的最后一个工具，它叫作"最后的限制"。我之前犹豫是否要在本书中讨论它，因为它是设置限制中最后的努力，并且当我使用它的时候，我个人认为这是治疗师的失败。最后的限制是指：当儿童选择不遵循限制时提早结束游戏咨询。通常保留最后的限制是打破与伤害自己或治疗师相关的限制。那些通过扔沙子或在地板上画画打破限制的儿童一般不需要最后的限制。最后的限制作为一种选择（经过先前描述的方法之后，儿童依然打破限制），例如，"如果你选择用这个球打我，那么你就选择了我们今天的游戏时间到此结束。"

为什么最后的限制很少用在 CCPT 中的主要原因之一是它也打破了关系。治疗师会以一种突然的、没有计划的方式与儿童分开，这可能造成对治疗关系的伤害。所有的努力和创造应该被用来避免最后的限制。在我的临床经验中，治疗师必须在一周内进行督导，回顾所有导致最后的限制的步骤，从而治疗师进入问题解决，避免再次设置最后的限制。可是无论游戏治疗师多么有创意，还是会有几次必须设置最后的限制。当这种情况发生时，治疗师要平静地沟通限制和打破限制的结果。接下来的例子发生在游戏治疗师 4 次设置关于球的限制之后，并且进入给予选择时克劳迪娅依然拒绝放弃那个球。

游戏治疗师："克劳迪娅，如果你选择用这个球打我，那么你就选择了我们今天的游戏时间到此为止。"

克劳迪娅："耶，好啊。"（克劳迪娅把球扔到了治疗师的脸上）

游戏治疗师："我看到你选择我们今天的时间到此为止。"（游戏治疗师站起来并走到门口结束这次咨询）

克劳迪娅："我不走，我还有很多时间呢。"

游戏治疗师：（打开游戏室的门）"你希望待在这里，但是当你选择用这个球打我时，你就选择了我们今天的游戏时间到此为止。"

克劳迪娅："你不能让我做什么，我不会离开的。"

游戏治疗师："你不想离开，但是当你选择用这个球打我时，你已经选择了我们今天的游戏时间到此为止。你可以下周二再来。"

克劳迪娅："好吧。"（克劳迪娅跑出房间）

游戏治疗师（当他们到达等待室时）："克劳迪娅，我会在下周二见你。"

之后游戏治疗师告诉家长可以带克劳迪娅回家了，并承诺稍后会致电家长解释今天的情况。

为了提供一些最后的限制应该以什么样的频率被使用的观点，我已经在游戏治疗领域与上百个儿童工作了近15年。我总共使用最后的限制的次数不超过10次。但是我也同样觉得这几次是必须使用的。我在督导中观察到，最后的限制被使用了很多次，并与治疗师一起讨论未来如何避免使用最后的限制。

## 当一切都是错误的时候

游戏治疗师可能将每个部分的限制设定做得很完美，但是一些儿童仍然会升级不合理行为。当儿童的行为是破坏性的或有害的时候，这个问题会尤其严重。这里有几个我的例子：

---

康纳是一个7岁的男孩，作为一个年幼的孩子却喜欢骂人，他在学校里面一直攻击其他儿童和老师，因此前来进行游戏治疗。在第二次咨询时，他毫无预警地跑出游戏室并且围着诊所转。游戏治疗师很快跟上去，试图设置回到游戏室内的限制。康纳大声咒骂回应，在这里我只能复述成这样："去你的，你抓不到我，我不在乎。"之后他打开诊所里面所有咨询室的门。治疗师紧随其后，不知道要做什么，但是继续使用ACT。康纳在整个诊所里面大声叫骂。这时候，他的妈妈听到了，坐在等候室里面，但是没有说任何话。10分钟后，康纳回到游戏室，开始将所有玩具扔到地上，直到咨询结束。

---

塔丽卡是一个5岁的女孩，她因有攻击行为才来游戏治疗。她的妈妈是极度纵容她的。一开始塔丽卡向治疗师扔沙子。治疗师设定限制。之后塔丽卡转向踢

治疗师。踢完治疗师之后，塔丽卡跑出房间，恰巧碰到另外一个咨询师，她在门厅里踢了他好几次。塔丽卡跑到等候室开始踢她的妈妈，她妈妈什么都没说，只是试图阻止她。游戏治疗师来到等候室，塔丽卡转向治疗师又开始踢她。治疗师试图阻止她，并建议她妈妈先带她回家。妈妈同意后去了洗漱间，这时候塔丽卡仍然在试图踢治疗师。几分钟后，当妈妈回来，她利用吃收买塔丽卡，塔丽卡才和她离开。

---

　　这两个例证是当限制设定实质上不可能了，而治疗师必须做点什么促进下一次咨询的状况。值得注意的是在这样的例子中，身体限制不被考虑，因为这违反咨询室规则。仅仅是提早结束咨询代表治疗关系的破裂，而身体限制使治疗关系更复杂，并且也可能伤害治疗师与儿童间的关系。身体限制在 CCPT 中没有地位。尽管治疗师应该避免限制一个儿童，但是他们能够保护他们自己免受儿童的伤害，当儿童开始攻击治疗师时，他们可以把儿童推开至与他们一只手臂的距离。如果儿童试图伤害旁观者，治疗师应该站在儿童与旁观者之间提供保护。幸运的是，儿童通常比治疗师小，这些方法可以保护儿童和其他人免受伤害。

　　在这些例子中最有帮助的是为预防创造解决方案。当儿童表现出这样极坏的行为时，一般是出于某种目的。在康纳的例子中，他的妈妈也同时在咨询。他会回到游戏室，之后他妈妈就可以继续她自己的咨询。尽管当他跑遍诊所时看起来很失控，他会努力寻找他妈妈在哪间房间进行咨询。在他的下一次咨询时，康纳和他妈妈的咨询师同时进入等候室，并相互问候。之后他们带康纳看了他妈妈在咨询的那间房间，并用手表告诉他什么时间他和他妈妈会出来。康纳母亲的咨询师确信他妈妈会在康纳之前结束咨询，这样她就能等候他完成了。我们不确定这是否会起作用，因此除了这种预防外，我还在诊所的不同点上安排了两个助手，如果康纳再次跑出房间，他们就可以拦住他。在他的第三次咨询中，康纳也跑出房间，但是他径直到了他妈妈所在的房间，拥抱她，然后返回游戏室。

　　在塔丽卡的例子中，情况就没有这么容易解决了。她好像需要恳求来自她妈妈更强的反应。然而，她的行为越糟糕，她妈妈变得越疏离，因此在满足塔丽卡需求上适得其反。在塔丽卡的例子中，游戏治疗师在塔丽卡下一次咨询前与她妈妈会面。她解释说如果塔丽卡从游戏室中跑出来，阻止塔丽卡并将她立刻带离诊所是母亲的责任。在下一次咨询前的会面中，游戏治疗师与塔丽卡的妈妈角色扮演几种不同的场景，其中包括将塔丽卡带离诊所。治疗师也定制了信号，当需要行动时，治疗师会给塔丽卡妈妈暗示。在接下来的两次咨询中，塔丽卡再次辱骂治疗师，不得不在到达诊所20分钟内被她妈妈带走。有了游戏治疗师的支持，妈妈能够带走塔丽卡；尽管这两次的场景都是不开心的，伴随着塔丽卡的尖叫、惊呼，并且当她妈妈最后抓住她带她走时踢她妈妈。两次塔丽卡被带离诊所之后，她每次咨询的全部时间和她的治疗的剩余部分，她都能进入并待在游戏室内。在这个例子中，当她的妈妈积极与她一起参与时，她收到了她需要从她妈妈那里获得的东西；当她的行为失控时，她的妈妈会设定限制。她也学到诊所和她妈妈会跟进最后咨询的结果。塔丽卡真的享受游戏咨询，因此她很快学习到只要她停止踢人和逃跑，她就能全部时间都待在游戏室内。关于塔丽卡妈妈的限制的最后一句话：尽管游戏治疗师不应该参与身体限制，但是在某些时候限制他们的孩子，这是父母养育儿童的一部分。因此，身体限制是养育幼儿（最大3岁）的一部分，之后儿童能够根据成人的要求和自我意识限制他们自己。当这些发展的步骤被跳过（就像塔丽卡的例子），父母可能需要学习身体限制的需要，并且如何仁慈地使用它；只有在极端的行为例子中，才会说用其他的技能替代限制。

## 限制设定总结

在本章开始的部分已经提过，限制设定经常是游戏治疗中最困难的部分，并且是治疗进程中必需的。限制设定本质部分要求与儿童对抗，是关于设置的限制或沟通的结果一致性的需要。通过考虑需要什么限制的谨慎过程接近限制设定，当它们必须被设定时，以最好的和最有效的方式向儿童介绍它们，是成功的关键。在限制设定这个问题上，成功并非通过儿童向游戏治疗师传授的规则投降来定义，成功是通过儿童对作出自我增强决定的周到的选择来定义的，这包括结果的深思和需要的表达。

# 第七章　游戏治疗的主题

　　一旦游戏治疗师已经掌握基础的技能和高级的限制设定技能，儿童将会对游戏室的设置和游戏治疗师所提供的进行治疗性游戏的环境作出反应。治疗性游戏通过很多不同类型的游戏行为表现出来。如先前所描述的，当一个儿童被允许以他的方式指导游戏时，游戏治疗是有效的。儿童将会自然地通过他们的游戏表达他们的个人世界。在表达之后，儿童将会转向理解和学习应对他们如何感知他们的世界。这些表达的类型被识别为游戏治疗中的主题。回到我们开始的描述，游戏作为儿童的言语，我们可以认为这些在游戏治疗中表达的主题是儿童赋予那种言语的含义。

　　在儿童中心游戏疗法的观点中，认为识别游戏主题是与游戏治疗师为儿童进行咨询的当下无关的，并且可能会分散治疗师的注意力。毕竟，儿童中心游戏疗法强调治疗师与儿童之间关系的治愈本质，以及治疗师建立的成长环境。游戏主题的辨别可能被建构成解说，将治疗师自己的议程放到儿童身上。然而可以确定的是，如果治疗师失去对谁是引导最有效治疗的聚焦，这可能是一种危险。于是，主题的辨别是游戏治疗中一项高级技能，并且应该在治疗师具有游戏治疗的稳固知识、扩展的自我意识和对跟随儿童的领导强烈的兴趣时才能使用。当治疗师开始在游戏治疗中识别主题和在主题内工作时，督导和/或咨询是关键的。与另外一个治疗师相联系，经验更丰富的治疗师允许游戏治疗师探索各种可能的主题，并且避免迷恋某个方向。

## 主题的定义

很少有人写游戏治疗中主题的辨别。本章介绍的是从我的个人经历中得出的结论，我曾经咨询和督导过上千个游戏治疗的咨询。在识别主题上，第一个区别是理解游戏行为和游戏主题之间的不同。游戏行为是儿童在游戏室内表现出来的，并且能被赋予不同的意义。游戏行为是儿童在房间里面真实做的。一个男孩将架子上的所有东西扔下来，并且穿过房间。这经常被描述为攻击性游戏。这个游戏类型显示儿童表现得激进，但是它不能解释儿童对这种攻击赋予了什么意义。治疗师知道儿童表现出来一些内容，甚至知道需要设置限制，但是治疗师不能知道行为的目的和表达。

相反地，游戏主题是一种连贯的比喻，从中儿童交流她或他对经历归因的意义。主题可告知治疗师儿童的内在意义建构系统。返回攻击游戏，治疗师注意到这个男孩表现出很少的情感，当他扔玩具的时候，之后儿童说："你不能使我捡起这一切，我能做任何我想做的事情。"治疗师可能识别一种权力／控制主题，在这里儿童行为激进来超越他的环境收集控制感。交替地，治疗师可能注意到这个男孩把所有玩具都扔到一个点上，用一种惊慌的声音大声说："你再也抓不到我了。"治疗师可能从这个游戏中识别保护的主题。尽管这个游戏在两种版本中能被标记为攻击性，但是治疗师能通过识别藏在游戏行为背后的意义来更好地理解儿童。

## 如何识别主题

主题的辨别经常是对游戏治疗师的挑战。当儿童在游戏治疗中更充分揭露他们自己时，主题可能采取一种紧急质量（emergency quality），它被逐层、逐阶段地揭露。一种有助于主题辨别的类比是将游戏治疗与成人谈话治疗相对比。在对一个成人咨询时，治疗师可能注意到在第一次咨询中，成人表露出她对她的丈夫很沮丧，因为他不能满足她的需要。在第二次咨询中，她表露出她的孩子利用她，并且并不感谢她。治疗师可能建立这个来访者自恋，并且避免个人责任的印象。在第三次咨询的时候，在感觉安全的治疗性环境中，来访者表露她将亲人推开是因为她害怕受到伤害，就像她之前经历的那段关系。第三次咨询出现了深层的治疗性主题。尽管这些通常没有在言语交流中表露，但是这种相同类型的进展发生在游戏治疗中。当儿童在关系中感觉安全时，他们将表露出他们对自己世界的最根本的诠释。

这里有 3 个特点有助于指导游戏治疗师识别游戏主题。两个发生在游戏咨询中，另外一个发生在咨询外。它们是重复、集中度和背景。游戏行为的重复，无论是在一次咨询中出现很多次，或者在这个治疗阶段出现很多次，它都是儿童在重要问题上作用的指示器。游戏行为的重复本性表明儿童决定表达内在冲突，以及可能的发展管理冲突的途径。重复的例子包括儿童每次到游戏室内选择相同的狮子和幼崽。尽管狮子和幼崽在整个房间移动，有时候在沙子里面，有时候则在玩具屋里面，但是治疗师期待儿童每次咨询都会拿起这两个动物。另外一个例子是儿童可能已经开始绘画了，他会在纸上滴一滴颜料，没有任何形式，并且会撕坏画纸。这个行为在 10 次咨询中的每一次都持续 5 分钟。治疗师可记下重复的频率和游戏行为的时间长度，来决定进度或治疗中的变化。

治疗中主题工作的第二个指示器是儿童在游戏过程中表现出的强度等级。强度主要体现在咨询过程中儿童所花的精力和行动的专注度。儿童有时候可能用沉默来表明，有时又情感波动大，对于有自我意识的治疗师而言，判断强度的一种方式是依据治疗师的感觉得出结论。游戏治疗中经常需要激烈的游戏，治疗师在其中可能会感觉到被尊重和安静的需要。他们可能犹豫是否要打断这种激烈的游戏，因为担心这样做会对儿童游戏的重要性产生负面影响。话多的儿童与治疗师分享周末计划，她可能突然只关注她手臂的医疗包和绷带，并且给她自己一击。她没有说任何话，而治疗师感觉任何言语反应都会干扰儿童进行游戏，并不利于他们的游戏。在游戏室内，重复和强度适应具体游戏行为，这些能确定游戏治疗师正在使主题参与其中，并进行表达。

游戏治疗师可能意识到治疗游戏正发生在游戏室内，但是下一步就是测试假设，这包括对儿童背景知识的了解。被告知关于儿童的背景——包括早期发展、人格特点和特殊的生活事件——帮助游戏治疗师具备理解儿童游戏的背景。向儿童本身、父母或其他重要他人询问关于问题儿童的背景信息，也帮助游戏治疗师充分探索可能的主题或检测游戏治疗师理论建构的主题的可行性。

---

## 案　例

来访者是一个8岁的男孩，在咨询过程中，他大多与士兵玩耍，并展现出战争的场景。这个游戏过程中，他发出爆炸的声音，但是没有用言语表达出任何词汇。每次咨询的中途（重复），他从沙箱里面清理战场，他选择一只大蜘蛛、一条大蛇、一只大海豚和一只小海豚。他言语表达（强度）一个场景，大蜘蛛和大蛇被埋在沙子里，等待每100年之后的复活。当100年临近，被认为是"妈妈"的海豚把"幼儿"海豚藏在沙子里面。当"幼儿"海豚被藏起来时，那条蛇出来了，环绕着"妈妈"，因此她不能动了，这时候那只蜘蛛出来"吸走了她的生命"。它们吞食了她，之后她随着它们一起进入沙子里面。这个"幼儿"海豚出现，并哭着找妈妈。当看到他妈妈再也不在这里时，他平静地用言语表达："哦，好吧，我猜他是自己一个人，只能靠自己了。"作为游戏治疗师，我知道治疗工作结束了，但是完全理解它还需要依赖背景。来访者的母亲正经历着一些抑郁，这从她的无精打采和情绪没有任何变化可以看出来。她还有一个1岁的孩子和一个2岁的孩子，他们和我的来访者一样都精力充沛。她真的很少有精力照顾我的来访者，虽然每天都在挣扎着要做到。我的解释是那个蜘蛛和蛇代表着他那两个小弟弟，那个"幼儿"海豚代表着他，而"妈妈"海豚代表着他的妈妈。我不会试图向来访者或他的妈妈分享我的解释，而是理解他被妈妈抛弃（他的主题）的深层感受，他将此归因于他的两个弟弟。这个主题不是明确的行为，是我将在咨询中与他讨论的，也是在父母咨询中与他的妈妈讨论的。

# 识别游戏治疗中主题的原理

识别主题的主要目的是它们使游戏治疗师对儿童的个人经验有更好的理解。在成功识别的主题上，游戏治疗师能剪辑反应，这些反应能帮助对儿童试图表达的内容进行充分接纳。治疗师寻找概念化来访者的方式，以便他们发展关键行为计划。主题需要儿童更大的概念化。概念化对指导治疗师的反应、儿童与父母之间的交流、对儿童进步的判断，甚至是案例记录，都是有帮助的。

## 治疗反应

使用第 5 章呈现的基本言语技能的概念化，主题能够以不同的方式被呈现，对每个来访者表达理解和接纳。我将综合上面的案例研究与基本技能反应，展示如何将反应集中起来展现主题。在案例中描述的游戏行为，我可能对抛弃的主题作出以下几种类型的回应：

- 反应内容：（当幼儿海豚再次出现并且四处张望的时候）他出来了，但是他的妈妈离开了。
- 反应情绪：（当幼儿海豚哭泣，"我妈妈去哪里了？"）他很惊慌，他妈妈去哪里了。
- 熟练地作决定 / 回归责任：（当来访者把妈妈海豚和蜘蛛、蛇一起埋葬的时候）你决定了，要让海豚妈妈和它们一起走。
- 熟练的创造力 / 自发性：（当蜘蛛和蛇吞食妈妈时）你正在寻找它们能够带走海豚妈妈的其他方式。
- 尊重建立：（在他说"哦，好吧，我猜他是自己一个人"之后）你为他找到一种没有妈妈也能存活的方式。
- 关系：（游戏结束后）你希望我知道小海豚如何失去它的妈妈。

- 反应更大的意义：（海豚出现之后）蜘蛛和蛇总是能找到带走海豚妈妈的方式，而之后小海豚被单独留下来。

因为我没有被直接邀请参加游戏，关系的反应可能不合适。我只是会使用这个特定的反应，如果我认为儿童打算与我分享这个故事，并希望我倾听。

以上所有的示例反应都是表明抛弃主题的方式。它们都在一致地向作为游戏治疗师的我传达，我理解他正在分享的事情的最明显的意义，即他在意被他妈妈抛弃的感受。通过指导我对这个特殊主题的反应，我加强了对这个感受的接纳，并且我不否认他的经历，试图通过一些反应使他感觉好一些，例如说："他能做些什么去找到他妈妈呢？"或"我确定他的妈妈正在想念他。"这些可能反映出我作为治疗师的需要，而不是儿童的需要。

## 家长咨询使用主题

家长咨询会在第十章关于与父母的工作中呈现。然而，主题识别能在家长咨询中帮助游戏治疗师，通过提供有效的工具帮助父母充分理解他们的孩子。在不打破儿童保密原则的基础上，与父母分享主题允许父母获得关于他们孩子的信息。主题允许父母看到他们孩子在咨询中的进展。

在上面的案例中，当我与这位母亲会面时，我通过呈现她的问题进入主题，之后转向来访者的挣扎。进入咨询时，我寻问他妈妈是如何做的。她说她感觉很低落，与她的抑郁斗争，并且没有足够的精力照顾她年幼的孩子。我们讨论她如何应对她的抑郁，可以通过她自己治疗和看心理医生进行药物治疗。我给了她一些建议。我之后回应说，当两个更小的孩子占据她大部分时间时，再花费精力与我的来访者分享，会令她感到困难。她同意并接纳，因为我的来访者真的很困难，她试图避免任何与他的冲突，这意味着她大部分时间都在躲着他。我之后与她分享，我的来访者在游戏中好像传达了他感觉到这种时间和精力的匮乏。我解释说他可能认为她不会再给予他任何东西了。她这时候哭起来并承认这是真的，但是她很惊讶听到他有那样的感觉。她确定她对他隐藏了感情，这样他就不会感到拒绝。我们之后讨论了她可以单独与他在一起的可能的方式，在她两个更年幼的孩子和她的能力匮乏的限制下。在连续的家长咨询中，我们持续讨论她的抑郁状态和这对我的来访者的影响。我们监督她与他联结和分享时间的能力，并试图为他们能有短时间在一起的体验找到简单的方式。

与这位母亲交谈中使用游戏主题有几点帮助。第一，游戏主题允许我讨论情感，而不是行为。我能够保守我的来访者的秘密，但是揭露他和她之间最重要的部分。通过我来访者的游戏，我能够看到如何破坏他的兄弟对他母亲的占有。在他的游戏中，他接纳他感知到他母亲多么缺少精力。我知道我需要用更多共情理解接近她，而不只是指导她如何帮助我的来访者。通过坚持主题工作，我们能够应对他们双方的需要。有趣的是，我的来访者和他的妈妈对她的处境有近乎相同的感知。我的来访者通过他的游戏更清晰地表达它，而他妈妈能够在很少提示下用言语表达。他妈妈关心他，而且更能够理解他的处境了。与他妈妈分享他的主题帮助她看清楚他的观点。

## 主题过程的判定

识别主题，之后通过主题观察儿童的游戏行为，这帮助确定游戏治疗的过程。再者，测量过程在下一章讨论，但是主题在评估过程中起作用。尽管游戏行为可能几周后仍然相似，但是游戏治疗师在主题过程中寻找不同。儿童现在使用不同的声音音调吗？有解决问题的方法了吗？当游戏行为出现时，强度是否不同？主题被传递了更多次／更少次？有更多或更少的关于主题的言语表达吗？监控游戏主题中的变化需要使用录像设备记录咨询过程。游戏治疗师的记忆会被人类的错误所迷惑。回顾记录帮助观察儿童游戏中的不同表现。

在这个例子中，来访者用两个其他造型摆出同样的吞食母亲的人物以及持续几周时间抛弃一个形象的场景。游戏场景演变为母亲后退以保护她自己和之前这位母亲被抛弃的孩子。这个游戏场景持续了几周。之后出现母亲试图找出保持安全的方法。值得一提的是，来访者开始在每次游戏咨询中出现战争场景，在主题性抛弃游戏开始之前清理干净。展现抛弃主题几周后，来访者出现两种游戏行为。母亲与她更小的孩子在洞穴里面。她周围布满了士兵，试图用各种方式让她出来，从而杀掉她。突然，更多不同颜色的士兵包围这些攻击力量。来访者甚至唱骑兵主题歌曲，当他有策略地摆放士兵时。骑兵势力杀掉所有反动势力，母亲和她的孩子能够安全地从洞穴里面出来了。来访者一直到最后也没有说任何话，但是对我而言这已经非常清晰，这是他的结束。在连续咨询中，他从未与母亲／儿童人物玩耍，尽管他开始与蜘蛛和蛇玩耍，但是它们经常在游戏室内被肆意毁灭。

每周在他的游戏中看到变化，使我看到他的主题的演变，从感觉抛弃到寻找方式保护他妈妈使她不用抛弃他。游戏中这个变化能以很多不同的方式被解读，但是它与他在家庭环境中更少的攻击和她母亲抑郁症状的减轻是同时发生的。我相信他使用这些游戏行为来应对他的抛弃主题，并寻找出应对他母亲抑郁的一种方式。

## 主题性案例记录

当游戏治疗师识别出游戏主题时，这些影响治疗案例的记录。记录主题不仅仅提供后期回顾时对治疗师有很小意义的游戏行为清单，或者确定外在资源，同时有助于清晰化来访者进程。关于在咨询总结中如何记录主题：这里有一个简要的案例。

- 咨询3：当儿童参加游戏时，展示出强烈的被母亲抛弃感。他开始将抛弃感与他的小弟弟相联系。儿童展现出很少的联结感的希望。
- 咨询5：儿童继续展示出被独自留下和被他母亲抛弃的恐惧。他开始为了被独自留下而责备他的小弟弟。
- 咨询7：儿童展示出来自前阶段对抛弃相似的恐惧，但是试图寻找保护，因此他不会被抛弃。他开始展现出对他母亲情绪状态的理解。
- 咨询9：儿童正在探索多种方式来保护他和母亲之间的关系。他花费大量时间提供保护性资源，而不是破坏性力量。

## 关于主题工作的告诫

主题工作对 CCPT 的有效性并不是必须的。治疗师与儿童之间的关系是游戏治疗过程中最治愈的因素。然而，主题为治疗师提供一种更充分理解来访者的方式，并且更有希望使他们自己成为深化治疗性关系的一种方式。我也非常赞同在父母工作中使用主题。但是主题的探索要在治愈关系和治疗环境的背景中进行。它们不应替代这些因素，而只能增强它们。

治疗师警惕与主题工作的分析本质。识别主题要求从一种客观的治疗视角思考来访者。因为这是一个认知的过程，它在游戏室内没有什么好处。有效的游戏治疗包括此刻与来访者"在一起"。如果游戏治疗师在游戏咨询期间参与认知概念化，他们冒险与儿童失去联结，这是发现真正的理解的地方。主题工作对来访者有好处，治疗师在游戏室外概念化。通过咨询和视频回顾，治疗师开始建立主题假设，如果认为恰当有效，这之后能以更多关注反应的形式在游戏室内运用。所有这种"思考"发生在游戏室外，因此当治疗师进入游戏室时，他们准备传达当前时刻对儿童的理解和接纳。

主题不是确定的结构。它们在变化，是灵活的，就像来访者在变化，是灵活的一样。在这次咨询中清晰的主题可能在下次咨询中变得相当模糊。治疗师在假设测试中展示灵活性来获得与来访者同步的主题。再一次，督导和咨询在提供选择性主题观点中非常有帮助，这一点可能是游戏治疗师在治疗关系中想不到的。

最后，治疗师本人影响主题的概念化。与所有人类一样，游戏治疗师会被他们之前的经验和他们对这些经验的知觉影响。一位具有自我意识的游戏治疗师会接纳过去的经验对当前的实践和来访者概念化的影响。缺乏自我意识的游戏治疗师如果把他们自己的主题放到来访者身上是很危险的。我曾经督导过一位游戏治疗师，一个月内她带给我三个案例，其中在每个例子中她都确定儿童被性虐待。随着我的观察和她的咨询记录的进展，我开始担忧她投射太多意义在儿童游戏中，比我曾经预期的多很多。第三个案例之后，我与她分享了我的担忧，包括她聚焦在性虐待以及她对来访者父母明显的愤怒。她提及她在孩提时曾经被性虐待。尽管她在青年期接受治疗，但是她从未作为一个成人参与咨询。她的游戏治疗师的新职业激起了过去的问题和观点，这些她已经接纳的部分影响她对来访者的价值判断。她暂时中断咨询训练，开始接受治疗。当她一年后回来的时候，她能更有效地完成作为治疗师的角色，并且当她感觉她的过去影响她的专业时有能力坦然讨论。这是比较严重的例子中的一个，但是我观察到其他治疗师也会将自己的主题投射到儿童身上，例如当治疗师有控制方面的问题，并且相信来访者正在挑战治疗师，而不是认识到儿童的主题与治疗师的不同。如果要对来访者有好处，那么主题的识别工作就要求灵活和自我意识成为治疗师的一部分。

## 行为和主题

为了清楚地区分游戏主题和游戏行为，我已经将普通主题和行为列在一张表格里（表7.1）。这可能不是一个全面的列表，但是它可以帮助指导治疗师识别主题。

表 7.1　游戏行为的范例

| 探索的—正在探索的 | | |
| --- | --- | --- |
| 游戏室内玩具 | 攻击性 | 好孩子 vs 坏孩子 |
| 死亡 | 埋 | 溺死 |
| 燃烧 | 打破和固定 | 清洁 |
| 杂乱 | 毁坏 | 遏制 |
| 拯救 | 逃脱 | 喂养和照顾 |
| 组织性 | 性别化 | 亲子游戏 |
| 冲突 | 失败 | 成就 |
| 送礼物 / 创造 | 偷窃 | 储藏 |
| 与治疗师身体联结 | 竞争 | |

### 游戏行为范例

攻击性是主要的游戏行为范例，它对理解来访者没有任何帮助。攻击性游戏被定义为在游戏室内躯体表现出对抗物体或人。性游戏也是一种行为，这经常混淆主题。儿童可能进行性行为，与玩具表演性行为，以一种性挑逗的方式穿着或跳舞，或者谈论性。没有任何具体的行为帮助我们理解儿童关于性游戏的主题。例如，一个 5 岁的男孩，放置一名男性成年娃娃在一个男性儿童玩具上面，并表演出肛交。这揭露这个孩子被灌输过性知识，并且可能是超过适合他年龄发展的。游戏治疗师需要采取恰当的行为确保儿童的安全。然而，在主题方面，游戏治疗师可能为游戏寻找更多的背景。当儿童用娃娃表演出性交时，他使用的是成人的声音还是儿童的声音？有人受伤吗？或者有人喜欢伤害别人吗？是否有人反抗？是否有人哭泣？全部都沉默吗？找出这些线索对儿童有重要意义。从这个性经历，儿童可能认同侵犯者，并衍生出力量／控制的主题。或者儿童可能进行无助的／无力感的主题，没有可以帮助他们的方法。儿童从经历中衍生出意义可以有很多种方法；并且为了对游戏治疗最有帮助，游戏治疗师需要识别这种意义，而不只是把它标记为性游戏。表 7.1 是普通游戏行为的列表，这可能暗示几种不同的主题。

## 游戏主题的范例

表 7.2 呈现了游戏治疗中能看到的普通游戏主题的列表。每个主题与对应的状态一起列出来，这帮助解释儿童的观点。再者，这绝不是全面的，并且会有更多可以识别的游戏主题。这个表格只是提供帮助游戏治疗师识别儿童用来交流的内部状态。

表 7.2　游戏主题范例

| 主　题 | 内部状态 |
|---|---|
| 关系 | 我们的联结对我很重要。<br>我想要和你或他人建立联结。 |
| 力量／控制 | 我必须控制我的环境使我感到安全。<br>我必须有力量超过你或他人成为有价值的。 |
| 依赖 | 我不能靠我自己完成事情。<br>我没有能力。其他人必须帮助我。 |
| 报复 | 我需要伤害别人来感觉我是有价值的。<br>我必须将那些人给我的伤害还回去。 |
| 安全 | 我必须找出安全的途径。<br>由我决定事物是安全的。 |
| 掌握 | 我必须完成事情才能觉得完整。<br>我必须做对事情才能感觉有价值。 |

续表

| 主　题 | 内部状态 |
| --- | --- |
| 照顾 | 我希望能帮助别人。<br>我希望能照顾别人并与他们建立联结。<br>给予别人帮助我感觉我是在给予我自己。 |
| 哀痛／丧失 | 我很受伤，因为我失去了对我重要的人或物。<br>我试图找出为什么我失去了对我重要的人或物。 |
| 放弃 | 我被独自留下。<br>我是孤独的。 |
| 保护 | 我必须保护我自己免受一些人或物的伤害。<br>我必须保护其他人免受一些人或物的伤害。 |
| 分离 | 我很受伤，因为我经历与某个重要的人或物的分离。 |
| 弥补 | 我试图找出为什么我与对我重要的人或物分离。<br>我能找出如何使事情更好。<br>我有能力找到使事情更好的方法。 |
| 混乱／不稳定 | 我对我的世界困惑。<br>我不知道如何给我的世界带来秩序。它脱离了我的控制。 |
| 完美主义 | 我必须每件事情都做正确才有意义。<br>如果我出现任何的错误，我就是一个完全的失败者。 |
| 整合 | 我知道如何把好的和坏的放在一起。<br>我能够使我的世界的不同部分结合到一起。 |
| 绝望 | 我已经放弃了。对我或他人来说，没有事情会变好。<br>没有一个人可以帮助我。 |
| 无助 | 我没有能力照顾好自己。<br>其他人必须照顾我。 |
| 焦虑 | 我对这个世界／我的世界感到恐惧。<br>我对没有价值感到恐惧。 |
| 自给自足 | 我不需要任何人。我能够依靠自己。 |
| 弹性 | 我能够使事情更好。<br>我能够努力战胜困难。 |

## 结论

　　本章呈现了主题的意义，如何识别它们以及如何在游戏治疗中使用它们。此外，我试图探索出游戏行为（在游戏室内的行为）与游戏主题（内在状态有意义的比喻）之间的不同。游戏治疗中主题的探索是试验性的，并且本章试图将我的概念和经验与游戏治疗中的儿童在更深理解水平上连接起来。游戏主题可能通过提供理解和对理解的传递的全面的框架工作帮助高级游戏治疗师。

# 第八章　过程和结束

　　儿童中心游戏疗法（CCPT）肯定每个参与治疗的儿童个体的价值。儿童是具有与环境相联系的自我意识不断增长的独立个体。治疗的目标不是解决一个问题或设置问题，而是为儿童服务。这里没有理想的状态，这是治疗的客观性，因为以人为中心的治疗强调成为全面功能的过程，特点是开放性，并处在有意识状态和相信个体（Wilkins，2010）。成长和改变是没有止境的。就传统医学模型方法而言，人类在成长方面持续不断的进步对于测量的过程是一种限制。在CCPT中测量改变是具有挑战性的。尽管治疗师可能在咨询中体验定性变化的感觉，但是他或她可能被迫去提供一点点成功改变的客观证据。

　　这种医学模型适用于将干预作为一种问题解决方法的治疗，其中来访者带着需要被诊断的症状进入治疗；之后治疗将会适用于症状，并且最后找到治愈方法。医学模型被以人为中心理论以不适用于CCPT而拒绝，因为治疗师与人工作，不是与症状。此外，很少有证据证明医学模型在感觉、思想和行为应激的干预中是有效的（Whitaker，2010；Wilkins，2010）。诊断的使用在很多治疗方法中为评估改变提供一种方法。因为治疗师根据行为标准进行诊断，进步就被逐渐被减轻的症状决定。以人为中心的治疗师回避诊断的过程，因为它作为医学模型的一部分试图减少对来访者作为人的关注。然而，诊断被认为是目前心理健康实践的现实，CCPT治疗师被要求在一些设置中进行诊断。威尔金斯（2010）总结以人为中心的方法在三点上诊断和评估：①诊断与以人为中心的治疗不相关，并且可能对来访者或治疗师和来访者之间的关系有伤害；②诊断在目前心理治疗中是一种现实，并且以人为中心的治疗师必须考虑到这一点；③当评估聚焦在来访者上，并且包括来访者自我的知识时，它在以人为中心的治疗中有优势。因此，以人为中心的治疗中诊断的过程和评估的过程之间有不同。来访者经验和进步的评估对治疗的过程有好处。

## 游戏治疗的过程和阶段

当将评估过程与以人为中心的治疗中描述的过程相协调时，游戏治疗的评估是有用的。在评估以人为中心的治疗中，第一步是评估改变的 6 条充分必要条件。评估先于游戏治疗并贯穿治疗过程的始终，治疗师评估来访者与咨询师之间相联系的程度，来访者不一致的程度，治疗师一致的程度，治疗师的经验和共情的沟通，治疗师的经验和无条件积极关注的沟通，以及来访者接受治疗师态度特质的能力。威尔金斯（2010）为治疗师建议如下具体问题：

1. 我潜在的来访者和我是否有能力建立和保持联系？

2. 我潜在的来访者是否需要并有能力利用治疗？就是说，我潜在的来访者是否处在不一致的状态中并受伤和／或焦虑？

3. 我是否能与我潜在的来访者的关系保持一致？

4. 我是否能为这个潜在的来访者提供无条件积极关注？

5. 我是否能共情理解潜在来访者的内在参考框架？

6. 我潜在的来访者是否能在最小程度上接收到我的无条件积极关注和共情？（pp.183-184）

CCPT 治疗师将继续通过与每个儿童的治疗关系评估这 6 个条件。特别是当儿童又出现以往的行为或在游戏治疗室外出现更多的问题行为时，条件的评估尤其需要。

游戏治疗的过程不容易被定义。1942 年，罗杰斯概述治疗的过程，论述了治疗师能为来访者提供什么和治疗师在整个治疗中能够期待来访者改变什么。此后，罗杰斯（1961）试图通过观察来访者定义人格改变的步骤。罗杰斯（1942）列出一个12步的以人为中心的治疗过程，这解释了变化什么时候发生及如何发生。他从经验中发展他的过程的概念化，并且清楚地表明过程的每一步可能与另外一个步骤融合。步骤并非按严格的线性发生，但是大概有发生的秩序。以下是步骤的介绍，这个介绍努力调整它们对游戏治疗的作用。

1. 儿童前来寻求帮助。在成人治疗中，这看起来是成人应承担的责任，并且寻找改变的支持。然而，在儿童治疗中，儿童经常不要求帮助或没意识到需要帮助。

2. 帮助的处境被定义。对于游戏治疗而言，这是被结构化的，就像最初的声明："这是游戏室。在这里你能以你喜欢的各种方式与玩具玩要。"

3. 游戏治疗师鼓励感受的自由表达，通过提供一种自由的很少有限制的环境，以及通过无价值评价反应儿童的感受、思想和行为。

4. 通过给儿童温暖的感觉和反应儿童消极或攻击行为背后的感受和意义，游戏治疗师接纳、识别和澄清消极感受。

5. 儿童将开始展现积极感受表达。这会在儿童的游戏或言语表达中反映出来，或可能在对治疗师的表达中反映出来。

6. 游戏治疗师接受积极感受，并以相同的方式接受消极感受。儿童的积极表达并不被赞扬，但是与消极感受同等被接受，并且作为其人格中有价值的一部分。

7. 了解内省力的发展和来访者的自我接纳。对于儿童，这一步意味着自我接纳感持续增长，通过接纳新的表达或对艺术创作工作、意外或失败的认可。

8. 儿童将会澄清行为或决定可能的过程。游戏场景可能包括不同方法或应对技能的选择与表达。有时候儿童能够在咨询外用言语表达适合他们的行为。

9. 儿童在治疗咨询外开始最初的积极行为。行为经常是小的，并且不被照顾者注意的（治疗师应该密切关注任何这样被忽略的行为）。儿童可能想要做家务活或开始与同伴对话这样的小事。

10. 儿童继续在自我接纳和自我理解上成长。这被简称为成人的内省力。儿童自我接纳的表达将通过游戏和行为被呈现，并且有时候是言语表达的。

11. 积极行为在咨询内外均增加。儿童将增加积极行为，尤其是当结果被鼓励时。儿童与治疗师之间的关系是温暖的、相互的。

12. 儿童感到对与治疗师之间的关系需求降低，尽管仍然感觉治疗师温暖。儿童正在咨询内外体验自信心。

在致力于理解和评估游戏治疗过程时，治疗师寻求决定她在哪个阶段与儿童建立关系。认识到关系处在治疗过程中的位置可提供治疗如何发展，以及儿童可能如何应对关系的信息。罗杰斯（1961）进一步对理解治疗改变的过程作出贡献，通过关注于解释在整个改变发展的过程中发生在来访者身上的成长。他描述了一个人的人格变化的7阶段，这也能适用于游戏治疗中的儿童：

- 阶段1：儿童对改变防御和阻抗。儿童可能存在几种表达这种阻抗的行为，例如拒绝进入游戏室，拒绝玩要，或通过伤害游戏室、自我或治疗师扩大攻击表达。
- 阶段2：儿童变得不那么抗拒，并将开始探索游戏或良性交谈。儿童可能参与重复电影、电子游戏或电视秀的游戏，但是看起来几乎没有情感。
- 阶段3：儿童开始参与有意义的游戏，但是以一种仍然需要情感距离的方式。游戏破裂可能经常发生在这个阶段，因为儿童开始产生安全感。
- 阶段4：儿童参与连续的有意义游戏，每次咨询中至少会持续几分钟的时间。儿童将分享在游戏中的影响，并可能与治疗师分享影响。随着与治疗师关系的增进，与治疗师的言语表达可能增加。

- 阶段 5：儿童经常分享各种情感。游戏朝着自我指导和自我增强的方向进展。应对技能和决策技能使用更多信心。儿童接受更多对行为的责任。游戏治疗这个阶段中一个普通的事件是当他们打破限制时儿童自己会发现并抓住他们自己的行为，就像（例如当儿童装满第 4 桶水时）："哦，沙子只是用来装 3 个水容器的，我要把它们泼回水池中。"
- 阶段 6：儿童向一致性前进，并且对他人无条件积极关注。这通过对成人很少有苛刻的行为和对自己有耐心来表明。
- 阶段 7：儿童是一个全功能自我实现的个体，他是共情的，并且在发展的恰当的限制中对他人展示无条件积极关注。

威尔金斯（2010）总结在阶段 1 和 2 中的成人不太可能在治疗中，因为没有意识到寻求帮助的需要；在阶段 3 的时候成人可能开始治疗；阶段 4 和 5 是在治疗中呈现最积极的阶段；阶段 6 一般呈现不可逆转的人格变化；在阶段 7，成人不再需要治疗师。这种总结应用到儿童时会有些不同，因为儿童可能会从阶段 1 开始治疗，由于父母或照顾者握有主动权。治疗师可能不得不有耐心与儿童在关系中发展安全等级，在进入更加积极明显的改变阶段之前。

两位游戏治疗师，克拉克·莫斯塔卡斯（Clark Moustakas，1973）和露易丝·葛露易（2001）在游戏治疗中过程发展变化的理论，与以儿童为中心的或以关系为基础的游戏治疗相关。莫斯塔卡斯（1973）通过定量分析观察到失调的儿童出现在游戏治疗中经过改变的阶段。在莫斯塔卡斯的游戏治疗阶段的解释中，儿童进入游戏治疗，未分化的情感大多数是消极的；他们的敌意逐渐更加有目标并且直接表达；愤怒更加矛盾并且积极情感出现；最后，他们参与积极游戏并表达积极和消极情感之间的平衡。莫斯塔卡斯的阶段理论已经应用于攻击儿童，并且在第 10 章讨论更多细节。

葛露易（2001）在她与儿童的早期工作中发展一种广泛的游戏治疗阶

段类别（前期、中期、后期）。她之后将这些阶段定义为以下：热身的、攻击的、回归的和掌握的。在热身的阶段，儿童将他们自己定向于游戏室、治疗师和游戏治疗的结构。他们的游戏可能缺少重点或会有更多尝试。在这个阶段，儿童关注于与治疗师发展关系，并且有信任和和谐增加的迹象。在攻击阶段，儿童超越适应咨询。他们感觉足够安全去解决在目前问题表面下的治疗问题。儿童出现攻击行为，并在这个阶段达到顶峰。攻击行为的等级依赖于儿童开始呈现的基本攻击行为。那些没有攻击性的儿童可能存在疯狂的攻击，而目前有攻击性的儿童可能在这个阶段到达破坏性攻击等级。攻击的表达是儿童在治疗关系中感到安全的一种迹象。回归阶段被标记为攻击行为减少或消失。儿童可能存在低于他们年龄期待的回归游戏行为。他们可能也在游戏中寻找被照顾或他们照顾别人，可能是治疗师。在最后的掌握阶段，回归游戏减少，掌握行为出现。儿童可能参与到诚信和责任的游戏中。他们可能也试图为治疗师提供帮助。这个阶段的儿童在他们的游戏行为和与治疗师的交往中展现能力主题。

　　罗杰斯，莫斯塔卡斯和葛露易在他们过程理论的介绍中澄清阶段并不适用于所有来访者，它们也并不总是按线性流程发展的。以人为中心理论的特点是没有单一解释能适用于所有来访者个体的假设。表 8.1 提供了可视化表格，帮助对比和对照这 4 种理论适用的游戏治疗。我发现每种理论都是有用的，并且以它自己的方式精细化。我在治疗关系中评估过程时，根据个体的背景和儿童的案例使用不同的阶段。我并未发现它们中的任何一个能适用于所有游戏治疗关系，虽然这是以儿童为中心游戏治疗师的期待。

表 8.1 以人为中心治疗和 CCPT 中治疗改变的阶段

| 罗杰斯 (1942)（概念化成人治疗） | 罗杰斯 (1967)（概念化成人治疗） | 葛露易 (2001) | 莫斯塔卡斯 (1973) |
|---|---|---|---|
| 个体需求帮助 | 来访者: | 热身: | 扩散的情感: |
| 确定改变如何帮助 | 是对改变的防御和阻抗 | 儿童适应游戏室，治疗师和结构 | 情感是未分化的，并且大部分是消极的 |
| 咨询师鼓励自由表达对问题的感受 | 是稍微缺少强制和事件成人 | 儿童与治疗师建立关系 | 情感是放大的，一般的和容易激活和诱发的 |
| 咨询师接纳、辨识和阐明消极感受 | 诉说外在事件或成人 | 游戏可能是非聚焦的 | 直接敌意: |
| 消极感受充分表达导致积极感受尝试性表达 | 诉说自己但是将其作为一种物体；避免当下 | 攻击: | 敌意态度逐渐激化，并且更多具体的被激活和容易与特殊人相关 |
| 咨询师接受和辨别积极感受 | 与治疗师发展关系 | 儿童应对问题基本症状 | 澄清和加强，例如与治疗师的关系 |
| 来访者体会自我理解和接纳 | 表达当下的情感；根据自我作决定；承担更多责任 | 攻击行为在高峰，与基线有关 | 愤怒更直接表达，并且与治疗人相关 |
| 阐明可能的决定和行为 | 展现一致性快速增长；发展对他人的无条件积极关注 | 回归目的: | 随着表达被接受，感受不再那么激烈，并更少影响儿童的全部经验 |
| 小的积极行为出现 | 全面康复；自我实现 | 攻击行为减少或消失 | 愤怒和矛盾: |
| 进一步了解发展 | | 攻击行为出现 | 愤怒依然是具体的，但是出现各种矛盾 |
| 来访者增加积极行为 | | 回归行为出现 | 游戏在改和更多积极表达方式间变化 |
| 来访者体验减少帮助的需要 | | 养育或依赖可能是主题 | 积极感受: |
| | | 掌握: | 游戏更现实 |
| | | 回归行为减少或消失 | 积极和消极态度更分离 |
| | | 掌握游戏成为主导 | |
| | | 儿童可能对治疗师宽容和照顾 | |
| | | 儿童显示能力行为 | |

## 测量过程

总结一下，测量过程的第一步是理解理论和游戏治疗的过程，这能被应用于治疗师对来访者改变的认知。然而，没有一种理论能够定义发生在个案基础上多样的过程。因此，测量过程称为更具有挑战性的前景，因为它将需要被单独应用。每个儿童都被治疗师单独考虑，以儿童通过游戏和言语表达所展现的关心、人格、思想和情感以及儿童与治疗师之间的关系为基础。这些考虑被用来以一种综合的方式充分概念化儿童，并且为认知过程提供参考。

在早期试图发展测量游戏治疗进步的标准时，霍沃恩（Haworth，1982）列出以下指导：

1. 更少依赖治疗师？

2. 更少关心其他儿童使用房间或看望治疗师？

3. 儿童现在能看到和接纳同一个人的好与坏吗？

4. 就意识、兴趣或接纳而言，对时间的态度有所改变吗？

5. 对清洁房间反应有所改变，是关心之前是否细致地清扫，还是更关心之前是否混乱？

6. 儿童接纳自我吗？

7. 这里是否有内省力和自我评估的证据？儿童是否对比以前和现在的行为？

8. 言语表达在质量上或数量上是否有变化？

9. 很少对玩具攻击或用玩具攻击？

10. 儿童更容易接受限制？

11. 儿童艺术表达形式有所改变？

12. 儿童很少需要参与婴儿期游戏或回归游戏？

13. 很少用饼干填饱肚子？儿童现在是否会给治疗师一些饼干？

14. 幻想的和象征的游戏更少，而创造建设性游戏更多？

15. 恐惧的次数和强度在减少？

通过这些问题，霍沃恩试图写出儿童的个性，通过承认一些儿童会希望朝一个方向运动，而其他儿童会朝向不同的方向运动，但是这两种例子都是进步。这种个性的承认的一个简单例子，能在杂乱的例子中看到。当索菲娅进入游戏治疗时，她拿出每个玩具，一个接一个的，并且在玩另一个玩具之前放回这个。她确保每次放回一个玩具，它被放在固定相同的位置上。当她画画的时候，她确保不掉落任何颜料。当索菲娅意外地用手指碰到一小滴颜料时，她会很快跑去水池清洗。如果事物不在原来的位置上，她会看起来很焦虑。当梅根进入治疗时，她将所有的玩具从架子上滑落，并把它们扔进沙箱。当她画画的时候，她将所有的颜料混合到一起，直到纸上留下一块黑色的画。她穿过房间轻弹颜料，之后在她画画的时候意外地掉落颜料。她之后倒空所有胶水在画纸上，并试图把它放进沙箱里面，但是当设置限制时，又能符合规定。索菲娅和梅根是对独立的过程测量、以儿童为中心的原理的例子。索菲娅的过程会通过她在游戏中从玩具到玩具自由流动的能力测量。当轻微的杂乱发生在她身上或游戏室内时，她会感到自由感。索菲娅的过程通过增加杂乱进行展示。梅根的过程会通过她在游戏中使用秩序感的能力测量。她会展示组织的能力，并且通过以允许充分表达的方式进行游戏推进。梅根的过程通过减少杂乱进行展示。

寻求在个体水平上检测过程的方法，我发现连续性的游戏行为可能在游戏咨询中出现（见图8.1）。游戏咨询中的儿童展示的可测量的特点或行为在二分法类别之间形成连续性。表8.2列出了每个极端点上的类别和解释。

列出这种二分法特点的目的是为游戏治疗师提供测量方法的连续性。对于每个特点，游戏治疗师在连续性上评定儿童，在个体游戏咨询中以儿童的行为为基础。我们假设儿童可能朝向对于个体儿童非常明显的特点的一个方向或另外方向前进。没有任何关于连续性两端的有价值的假设。游儿童/年龄: _____　游戏治疗师: _____　第 1 次咨询日期: _____　本次咨询日期: _____　第 # 次咨询: _____

## 咨询过程中的评定

连续的游戏治疗过程（每次咨询中用第几次咨询的数字为特点打分）

| | | | | | | | | |
|---|---|---|---|---|---|---|---|---|
| 有攻击行为 | | | | | | | | 没有攻击行为 |
| 自救主导的游戏 | | | | | | | | 游戏主动性依赖治疗师 |
| 精力不足 | | | | | | | | 精力旺盛 |
| 持续的游戏行为 | | | | | | | | 无力持续游戏或完成游戏场景 |
| 破坏性的 | | | | | | | | 建设性的 |
| 脏乱的 | | | | | | | | 清洁的 |
| 言语表达丰富的 | | | | | | | | 没有言语表达 |
| 对限制恰当的反应 | | | | | | | | 打破规则 |
| 游戏中包括治疗师 | | | | | | | | 独自游戏 |
| 言语表达中包括治疗师 | | | | | | | | 没有与治疗师相互作用的言语表达 |
| 游戏是治疗性的，看起来有意义 | | | | | | | | 游戏是刻板的，并且看起来对儿童没有意义 |
| 没有可观察的情感 | | | | | | | | 强烈情感表达 |

## 咨询外进步的评定

| 积极情感（笑声、微笑、满足） | | | | | | 消极情感（愤怒、哭泣、悲伤） |
|---|---|---|---|---|---|---|
| 适合此年龄的游戏 | | | | | | 不适合此年龄的游戏 |
| 掌握游戏 | | | | | | 没有掌握游戏 |
| 无力忍受挫折 | | | | | | 忍受挫折提高水平 |
| 当游戏困难时继续尝试 | | | | | | 当游戏变得困难时放弃 |

父母报告：_____

其他成人报告：_____

评估：_____ 上一次时间：_____ 本次时间：_____ 圈中其中一项：提高 没有提高 下降

评估：_____ 上一次时间：_____ 本次时间：_____ 圈中其中一项：提高 没有提高 下降

评估：_____ 上一次时间：_____ 本次时间：_____ 圈中其中一项：提高 没有提高 下降

评估：_____ 上一次时间：_____ 本次时间：_____ 圈中其中一项：提高 没有提高 下降

评估：_____ 上一次时间：_____ 本次时间：_____ 圈中其中一项：提高 没有提高 下降

图 8.1 游戏治疗过程工作单

儿童/年龄：＿＿威利斯＿＿　游戏治疗师：＿＿迪伊·雷＿＿　第 1 次咨询日期：＿＿2011/09/10＿＿　本次咨询日期：＿＿2011/12/15＿＿　第 # 次咨询：＿10＿

## 咨询过程中的评定

连续的游戏治疗过程（每次咨询中用第几次咨询的数字为特点打分）

| 特点 | | | ← → | | | | 特点 |
|---|---|---|---|---|---|---|---|
| 有攻击行为 | 1,2 | 4 | 3,5,9 | 6,7,8 | 10 | | 没有攻击行为 |
| 自我主导的游戏 | 1,2,3,4,5,8,9,10 | 6,7 | | | | | 游戏主动性依赖治疗师 |
| 精力不足 | | | | 6,8,10 | 3,5,7,9 | 1,2,4 | 精力旺盛 |
| 持续的游戏行为 | | 9,10 | 7,8 | 6 | 4 | 1,2,3,5 | 无力持续游戏或完成游戏场景 |
| 破坏的 | 1,2,3,4 | 5 | 6,7 | 8,9,10 | | | 建设性的 |
| 脏乱的 | 1,2,3,4 | 5 | 6,7 | 8,9,10 | | | 清洁的 |
| 言语表达丰富的 | 1,2,3,4,5,6,7,8,9,10 | | | | | | 没有言语表达 |
| 对限制恰当的反应 | 9,10 | 7,8 | 1,6 | 4,5 | | 2,3 | 打破规则 |
| 游戏中包括治疗师 | 8,9,10 | 1 | 2 | 5 | 3,4 | 6,7 | 独自游戏 |
| 言语表达中包括治疗师 | 10 | 8 | 7,9 | 4,5,6 | | 1,2,3 | 没有与治疗师相互作用的言语表达 |
| 游戏是治疗性的，看起来有意义 | 1,2,3,5,8,9,10 | | | 7 | 4,6 | | 游戏是刻板的，并且看起来对儿童没有意义 |

| 没有可观察的情感 | | | | | | | 强烈情感表达 |
|---|---|---|---|---|---|---|---|
| 积极情感（笑声、微笑、满足） | 1,2,3,4,5,7,9 | 6,7,9,10 | 8 | 5,6,10 | 7,9 | 1,2,3,4,8 | 消极情感（愤怒、哭泣、悲伤） |
| 适合此年龄的游戏 | 8,10 | | | 6 | 5 | | 不适合此年龄的游戏 |
| | | | | | | 6 | 不适合此年龄的游戏 |
| 掌握游戏 | 9,10 | 6,7,8 | 4 | | 1,2,3,5 | | 没有掌握游戏 |
| 无力忍受挫折 | 1,2,3,4 | 5,8 | 6,9 | 7,10 | | | 忍受挫折高水平 |
| 当游戏困难时继续尝试 | 10 | 6,7,9 | 5,8 | | 1,2,3,4 | | 当游戏变得困难时放弃 |

## 咨询外进步的评定

父母报告：母亲报告在家中发脾气减少以及威利斯想要帮忙做家务活时发生了两个小意外。同时，仍然一周内发了两次脾气，但是在日常报告中发脾气的次数减少。

其他成人报告：老师报告没有任何意外事件使威利斯被送到办公室，但是经常每两天就会在行为表上下降，由于在课堂上叫喊或与其他同学争吵。

| | | | |
|---|---|---|---|
| 评估：育儿压力指标CD | 上一次时间：2011/09/10 | 本次时间：2011/12/15 | 圈中其中一项：(提高) 没有提高 下降 |
| 评估：儿童行为清单调查 | 上一次时间：2011/09/10 | 本次时间：2011/12/15 | 圈中其中一项：(提高) 没有提高 下降 |
| 评估：_____ | 上一次时间：_____ | 本次时间：_____ | 圈中其中一项：提高 没有提高 下降 |

图 8.2　游戏治疗过程工作单（填写版）

戏治疗师根据对儿童有帮助的运动的方向评估成长。游戏治疗过程工作单（图8.1）允许游戏治疗师在一种形式上评定多个咨询。多个咨询的评定为治疗师提供一种对儿童进步的看法，在游戏治疗中随着时间的推移。图8.2呈现游戏治疗过程工作单填写完整后的一个例子。在考特尼的例子中，工作单表明在10次咨询中她表现出较少的攻击行为，更多的持续游戏行为，更多的建设性和整洁的游戏行为，更多对限制的恰当反应，更多有意义的游戏，更多积极的情感，掌握游戏增加，更高水平的忍受挫折能力，以及更少的放弃行为。在自我主导游戏、个体能量水平、言语频率、情感表现以及适合此年龄的游戏等方面，她是在持续变化的。但在咨询师是否参与方面并没有持续性变化，包括言语表达和游戏上。考特尼持续保留和非持续变化中的问题不是在游戏治疗的开始担心治疗师，也不是在过程评估中提出问题。图8.2展示游戏治疗中评估的独立本性，以及它如何在系统中应用，这会告知游戏治疗师治疗的进展。

表8.2　连续的游戏治疗进程特点和描述表

| 类　别 | 高 | 低 |
|---|---|---|
| 攻击性 | 儿童有大量攻击行为 | 儿童没有攻击行为 |
| 自我主导的游戏 | 儿童游戏开始有信心和想好的计划 | 儿童根本不会独自玩耍，或完全依靠治疗师指导游戏 |
| 精力 | 儿童整个咨询充满能量 | 儿童游戏或言语表达没有能量 |
| 持续的游戏行为 | 儿童关注游戏并且搭建全部游戏场景 | 儿童很容易发狂，并且任何行为都不能持续几秒或1分钟 |
| 破坏性的 | 儿童高度破坏游戏室、材料和治疗师 | 儿童在游戏中是建设性的，整个过程都在建造和创造 |
| 脏乱的 | 儿童非常脏乱 | 儿童非常整洁 |
| 言语表达的 | 整个过程中儿童频繁讲话 | 儿童不说任何东西 |
| 对限制的反应 | 儿童会在任何限制中立刻符合规定 | 儿童打破所有治疗师设定的限制 |
| 游戏中包括治疗师 | 在所有游戏中儿童将治疗师纳入其中 | 儿童独自玩耍 |
| 言语表达中包括治疗师 | 整个过程中儿童与治疗师言语沟通 | 儿童并不直接对治疗师说话 |

续表

| 类 别 | 高 | 低 |
|---|---|---|
| 有意义的游戏 | 儿童在游戏中展现关注和集中 儿童至少有一个用玩具和言语 表达一致展现的主题 | 儿童对游戏场景没有任何兴趣 |
| 情感 | 通过咨询儿童表达强烈的情感 | 儿童并未展现出任何可观察到 的情感 |
| 积极情感 | 儿童通过咨询展现积极情感，例如笑声、微笑和满足 | 儿童通过咨询展现消极情感，例如愤怒、哭泣和悲伤 |
| 年龄适合的游戏 | 儿童根据他或她的年龄期待展 现游戏行为 | 儿童出现退行游戏行为，在他 的期待年龄水平之下 |
| 掌握 | 儿童参与那些能展现能力的 游戏行为 | 儿童没有任何掌握游戏，甚至 将自己置于失败行为中 |
| 忍受挫折 | 儿童能忍受高等级的挫折，当 事情变得复杂的时候，继续努 力或冷静下来 | 儿童不能忍受任何级别的挫折 或失败 |
| 努力 | 当行为具有挑战性时，儿童继 续努力 | 当游戏变得困难的时候，儿童 立即放弃 |

## 在过程评估中使用正规的评价

游戏治疗过程的连续性为评估过程提供一种独立模型，这将儿童的独特性考虑在内，也整合了对儿童的综合观察。然而，传统测评方法包括使用测试，这被认为是合理的和有效的客观评估方法。尽管测试并不被以人为中心的治疗师普遍接纳，由于使用客观的测量应用在个体上不准确，博扎思（1998）仍列出以人为中心评估的3个条件，包括来访者可能需要进行测试，设置政策可能要求对来访者测试，以及测试对来访者和咨询师来说可能是考虑某一种行为决定时的客观方式。在CCPT中，来访者很少要求进行一个测试，而且测试也很少被用作来访者和咨询师考虑某种特殊的行为的方式。然而，CCPT治疗师经常在需要测试的环境中工作。对于确定的环境设置，测试被用来提供有效训练的证据。

　　当测试对 CCPT 有好处的时候，我更倾向于添加另外一个条件。测试，特别是来自家长的测试数据，在发展与家长的工作关系中会有帮助。大部分收集于儿童的数据被家长或照顾者报告。于是，数据不仅提供关于儿童的信息，还提供关于家长和家长／儿童关系的信息。举个例子，在儿童治疗中频繁使用的评估：家长压力量表（Abidin，1995）通过询问儿童参与的什么行为令父母产生压力来给父母提示。结果不仅显示儿童行为都涉及什么，也包括什么行为对家长是最大的问题。这种特殊的评估提出一种家族动力学及父母如何应对产生于家长／儿童关系压力的简介。此外，CCPT 治疗师能使用测试数据为父母提供儿童可观察的真正改变的信息。由于每天的接触都可能面临挑战，家长经常不会刻意注意他们孩子的行为改变。但是当被行为评估测量具体提示时，他们则会报告不同。CCPT 治疗师与父母分享测试结果，来说明儿童表现出的变化，这也是已经被父母注意和报告的。这在家长咨询中是一种有力的工具。

　　然而，从一种以人为中心的视角，测试从来不应该被单独使用来作出治疗决定。游戏治疗过程工作单（图 8.1）提供一种决定过程的三分方法。在第一种选择中，连续变化的独立观察体系被使用。在第二种选择中，治疗师以咨询外的行为和关系为基础，使用两种数据设置来提示变化。第一，游戏治疗师记录变化或者无变化，由父母或包含在儿童日常交往中的其他成人报告。第二，游戏治疗师记录测试期间测试分数的不同，包括是否提高，没有提高或恶化。图 8.2 提供考特尼在咨询外进步的例子。治疗师记录母亲报告考特尼已经减少发脾气并且表现出帮助做家务事的积极行为。然而，她仍然每周大概发两次脾气。考特尼的老师报告自从上一次报告之后，她还没有把考特尼送到办公室里去过，但是考特尼仍然存在很小但是很频繁的行为问题。最后，治疗师记录来自两种测量方法的测评的结果：育儿压力量表（PSI；Abidin，1995）和儿童攻击行为量表（CBCL；Achenbach & Rescorla，2001）。在两次测评中，考特尼朝向期待的方向发展，并不断提高。

使用可靠仪器的测评数据能帮助游戏治疗师在需要传统的测量工具设置上的工作，以及与家长工作，识别家长教育和支持需要的领域，就像表明可观察的程序一样。表8.3（在本章最后）列出那些在游戏治疗中经常对儿童使用的测评，并为数据收集展示合理的来源。游戏治疗过程工作单提供一种形式，使用这种形式，治疗师可以收集定性和定量的数据，作出一个有根据的、独立的关于游戏治疗效果和过程的决定。

**表 8.3　儿童治疗中频繁使用的评估工具**

| **注意力缺陷评估量表第三版（ADDES-3）** | **儿童人际交往关系和态度评估（CIRAA）** |
|---|---|
| 作者：S. McCarney | 作者：R. Holliman & D. Ray |
| 描述：ADDES 使教育者、学校和私人心理学家、儿科医师和其他医学人士都能够评估和诊断儿童和青年中的注意力缺陷／多动症，这主要通过对学生行为的主要观察 | 描述：CIRAA 是一种用来测量儿童自我控制、人际交往关系、应对技能和内部评价轨迹的结果和进程的工具 |
| | **儿童抑郁量表（CDI）** |
| **儿童行为评估系统（BASC）** | 作者：M. Kovacs |
| 作者：C. Reynolds & R. Kamphaus | 描述：CDI 测量儿童抑郁的认知、情感和行为迹象 |
| 描述：BASC 是一种等级量表，并建立使用多种评价来帮助理解儿童和成人的行为和情感。量表包括教师评价量表（TRS）、家长评价量表（PRS）、个性自陈量表（SRP）、学生观察系统（SOS）和结构发展历史（SDH） | **儿童游戏治疗量表（CPTI）** |
| | 作者：P. Kernberg, S. Chazanhe & L. Normandin |
| | 描述：CPTI 是测量游戏治疗咨询中行为的观察工具，目的在于诊断和过程测量 |
| **儿童行为量表（1.5~5 岁）（LDS）和儿童行为量表（6~18 岁）（CBCL）** | **Conners 抑郁量表（修订版）（CRS-R）** |
| 作者：T. Achenbach & L. Rescorla | 作者：K. Conners |
| 描述：CBCL（1.5~5 岁）（LDS）包含家长评价和对问题及缺陷的描述，还包括家长最关心儿童的哪些方面以及儿童表现最好的地方 | 描述：CRS 是一种使用观察者等级评价和自我报告等级评价的工具，帮助评估注意缺陷和多动症（ADHD），以及评估儿童和青少年的问题行为 |
| CBCL（6—18 岁）包括来自家长、其他亲属和／或监护人关于儿童的竞争力和行为／情感问题的报告 | |

续表

| 青年儿童发展评估（DAYC） | 格塞尔发展观察（GDO） |
|---|---|
| 作者：J. Voress & T. Maddox<br>描述：DAYC 包括五部分，分别是认知、交流、社会情感发展、身体发展和适应行为，测量不同但相关联的发展能力 | 作者：F. Ilg, J. Keirns & S. Iba<br>描述：GDO 是一个全面的发展筛查工具，这帮助家长、教育者和其他专业人士理解与典型成长模式相关的儿童行为的特点 |
| **直接观察表（DOF）** | **教师压力量表（ITS）** |
| 作者：S. McConaughy & T. Achenbach<br>描述：设计 DOF 是用来评估问题和任务行为，在设置中观察到的，例如教师、团体活动和休息 | 作者：R. Abidin，R. Greene & T. Konold<br>描述：ITS 测量教师在与特殊儿童互动时所经历的压力，包括来自作用时，学生行为的压力，教师感知到的对教学进度和来自他人的支持的压力。 |
| **Eyeberg 儿童行为量表（ECBI）** | **育儿压力量表第 3 版（PSI）** |
| 作者：S. Eyeberg & D. Pincus<br>描述：ECBI 是测量儿童破坏行为和它们发生频率的一种工具 | 作者：R. Abidin<br>描述：PSI 测量家长经历的与儿童互动时的压力。它识别儿童在 1 个月到 12 岁期间家长／儿童关系问题 |
| **功能情感评定量表（FEAS）** | **皮尔斯-哈里斯（Piers-Harris）儿童自我概念量表第 2 版（Piers-Harris 2）** |
| 作者：S. Greenspan & G. DeGangi<br>描述：FEAS 被用来观察和测量婴儿、儿童和他们家庭的情感和社会功能。功能的观察包括相互作用、自我调节、问题解决、想象力和保护游戏等，仅列举几个 | 作者：E. Piers，D. Harris & D. Herzberg<br>描述：Piers-Harris 2 提供一种全面的个体自我知觉观点，帮助识别可能需要进一步测试和可能治疗的儿童、青少年和少年。 |
| **儿童感知能力和社会接纳的绘画量表（PSPCSAYC）** | **教师报告表（6~18 岁）（TRF）和照顾者—教师报告表（1.5~5 岁）（C-TRF）** |
| 作者：S. Harter & R. Pike<br>描述：PSPCSAYC 测量儿童感知能力和感知社会社会接纳的四个领域，分别是认知能力、躯体能力、同伴接纳和母系接纳 | 作者：T. Achenbach & L. Rescorla<br>描述：C-TRF 包括每日照顾者和教师在 99 个条目上的等级评定，加上问题、缺陷的描述，使测试者考虑儿童和儿童表现最好的方面。TRF 用于获取教师对儿童在学校表现、适应功能和行为／情感问题方面的报告。 |

续表

| 儿童自我感知方面（SPPC） | 创伤游戏量表（TPS） |
|---|---|
| 作者：S. Harter | 作者：J. Findling & S. Bratton |
| 描述：儿童感知能力量表评估儿童感知能力，在学业能力、社交能力、体育能力、身体能力和行为操作。除了自我报告概念得分，主持人能管理每一个领域的重要量表，为儿童的全面自我自尊建立中心 | 描述：TPS 是一个观察量表，用于检测在儿童游戏治疗行为中人际交往创伤的不同 |
| | **儿童明显焦虑量表：第 2 版（修订版）（RCMAS-2）** |
| | 作者：C. Reynolds & B. Richmond |
| **学生 - 教师关系量表（STRS）** | 描述：RCMAS 测量儿童目前经历的焦虑水平和本质 |
| 作者：R. Pianta | |
| 描述：通过测量教师与特殊学生的关系，STRS 就冲突、亲密和依赖而言测量学生 /教师关系部分，它同时也测量关系的整体质量 | |

来源：表格来源于 Dee Ray, Ryan Holliman, Sarah Carlson & Jeffrey Sullivan。

# 结论

就像之前讨论过的，当治疗师相信释放自我实现倾向决定最终的功能和健康，达到结束决定是有挑战性的。当确定的症状或行为消失或跌入客观评估上非临床的范围时，很多儿童治疗支持结束。韦斯特（West）（1996）总结，当一个儿童展现更大自信心、问题行为减少、对问题和挑战表现乐观，并且在同伴关系和学校中表现出提高时，治疗师可考虑结束治疗关系。她进一步记录咨询中的游戏是适合年龄阶段的、有组织的、有建设性的，并且在儿童与治疗师之间存在信任关系。因为儿童远远超过行为的总和，在 CCPT 中结束的决定根据综合标准确定，将儿童在咨询中、家庭里和校园里的概念化放在一起。当决定结束时，韦斯特（1996）提出以下问题：

1. 大部分儿童现有问题是否有所改善？

2. 儿童是否感觉更好？

3. 儿童在家里或学校是否能独处？

4. 儿童对家庭背景是否有合理的真实的理解？

5. 将儿童转诊到其他地方是否会使其获益？

6. 游戏治疗是否被证实没有帮助，或者它被儿童或照顾者拒绝？

综合使用儿童过程评估和韦斯特问题，治疗师能够得出关于是否结束的结论。很多 CCPT 治疗师可能认为双方共同接受结束是一种最幸运的情况。经常，治疗会突然被父母结束，没有治疗师或儿童的同意。治疗中突然的结束会令儿童不安，并且可能导致儿童认为她做了错事或治疗师再也不希望见到她了。CCPT 治疗师在家长咨询开始就强调结束，解释用计划的方法结束治疗的需要。当家长决定结束是在治疗师或儿童同意之前，治疗师需要付出努力与家长取得联系来与儿童进行最后一次咨询。

理想的案例中，儿童会在治疗中自然地结束，这时候他在咨询中是表达性的和建造性的；与一些成人和儿童保持温暖关系，包括治疗师；并且出现自我增强的行为。在决定结束是合适的基础上，治疗师与父母讨论结束的可能性。当治疗越来越好的时候，家长可能会犹豫是否结束，因为他们担心儿童可能会有回归行为，并且也担心当他们不再见治疗师时，会缺少支持。CCPT 治疗师是非常鼓舞人心的，在治疗的这个阶段，提醒家长他们与儿童发展相关的成长。游戏治疗师会讨论回归的选择，如果父母觉得结束后儿童需要治疗。治疗师会在最后一次咨询前 3 到 4 周通知儿童结束。提前更长时间可能导致儿童关于即将发生的分离的焦虑增加，并且年幼的儿童可能会困惑很长时间。提前更短时间不允许儿童在情感上准备好分离。应该在咨询开始的时候通知儿童咨询即将结束，这样治疗师能够观察和支持任何可能的立即或短期延迟的反应。

游戏治疗师经常为一个儿童对结束的反应感到惊讶，有时候是失落。儿童可能用一个简单的"好吧"回应，并且它不会再被说起。在最后一次咨询中，儿童可能简单挥挥手，对治疗师说再见，没有任何伤心或失落。尽管这对治疗师的感受或强烈的自我是有害的，但是这种结束类型是合适的。此外，关系的一个简单的结束表明儿童准备好结束，并进入不依赖治疗师的自我实现的下一个阶段。游戏治疗师会经常询问他们是否一定要给这个孩子不同于咨询中的一些东西或做一些事情来结束。再次，在所有的CCPT中，儿童占据主导。如果治疗师决定做些事情来标记治疗的结束，这只是单纯为了治疗师，而不是为了来访者。在不同的案例中，如同可能希望给治疗师留下一些东西。在这些例子中，如果儿童首先问："最后一次你希望我给你留下什么呢？"我会回答说："你做的任何事情都是我喜欢的。"这个答案是非指导性的，但是我会发现在结束治疗时一致性会优于非指导性。如果一个孩子希望用象征庆祝关系的结束，我真的希望能够参与这种庆祝。我努力避免鼓励儿童买礼物；但是如果儿童带着礼物（有很小的货币价值）来到我们最后一次咨询，出于尊重儿童的目的，我一般会接受这个礼物。不管儿童是否接受结束，在填写最后结束总结之前，我都会用几分钟的时间回顾儿童的文件以及以个人的方式阅读所有文件来纪念我们的关系。

# 第九章　家长咨询

游戏治疗师经常表明与家长或监护人工作是儿童咨询中面临最大挑战的部分。然而为了促进与儿童的工作，游戏治疗师必须与他们的父母建立积极的、共同的关系。当家长在治疗过程中感到疏远、责备或忽视的时候，他们一般会结束咨询。不管是否正确，这是父母的法律权利。于是，在与父母工作的前线承认这种法规，游戏治疗师便会从中受益。通过尊重家长的法律权利，游戏治疗师将用创新的方法使父母参与其中，这样儿童就能够留在游戏治疗中了。

法律权利澄清了父母对于儿童的权力，但是将父母纳入游戏治疗中有很大的治疗好处。第一，父母是儿童首要的照顾者。他们是儿童生命中最重要的人。父母缺席或参与儿童的生活对儿童的发展和情绪稳定性是重要的。尽管亚瑟兰（1947）相信游戏治疗中没有父母的参与也是有效的，并且这已经在研究中被证明了，但是研究也表明有父母参与的游戏治疗会有更大的影响（Bratton，Ray，Rhine & Jones，2005）。父母参与的过程并没有获得清楚的解释。这里存在一个问题，即关于父母参与是否会更成功的问题，因为治疗师在系统中是促进改变，通过加强父母／儿童关系，或父母使用治疗师教给的新技能，或父母因为治疗师提供的情感支持而感觉更好，并且能够因此给予儿童更多的情感支持，或其他促进因素。目前在这个领域没有足够的研究能够证明父母参与如何单独对过程有帮助。更可能是由于因素的综合而促进了改变。这是普遍的感觉，如果游戏治疗师能将父母加入过程，游戏治疗会带来更大的不同。

# 与父母成功建立治疗关系的态度

为了与父母工作，游戏治疗师受益于存在的为共同的关系提供基础的态度。游戏治疗师的目标是为了与父母发展关系，在关系中，父母感觉被接纳、理解和安全，这样他们将会开放鼓励，建立技能和改变育儿风格。以下列举的态度是在建立工作关系中必须的。当父母接近儿童并且表明他们将继续接近时，这些态度是必须的。然而，应注意的是，有时游戏治疗师可能被迫扮演限制父母与儿童之间关系的角色，尤其当儿童处在危险中的时候。

1. *尊重父母角色*。如果游戏治疗师意识到父母的角色在儿童生命中是最重要的关系，他们将会更高效。尽管治疗师有很多东西要提供给儿童，但是在儿童整体的发展中，父母提供的东西更重要。

2. *尊重父母对儿童的了解*。即使是最疏忽的父母，也常常能够通过他们掌握了儿童私人的信息和儿童的发展状况来加强治疗师的效用。在治疗中，治疗师可能是针对所有儿童的专家，但是父母却是具体儿童的专家。父母提供真实信息，例如儿童发展的里程碑和儿童生命中的家庭干扰，但是他们也提供知觉的理解，例如儿童与成人之间的关系因素，和儿童早期的人格特点。收集这些信息帮助指导游戏治疗师概念化儿童的例子，也有利于详细说明促进成长的系统干预。

3. *父母作为人的情感*。在与经历过创伤抚养或缺少父母的儿童工作中，游戏治疗师可能经常不太可能介绍父母的照顾和养育。就像儿童声明的，游戏治疗师经常在对父母的愤怒和挫折中挣扎，这些父母被认为伤害了他们的孩子。然而，如果游戏治疗师能克服这种情感并且致力于真正关心儿童的父母，他们的效率将会更高。就像在基础咨询课程中，当人们感觉被关心和安全的时候，他们会有反应。在我这些年咨询的儿童中，我已经发展出一种信念，即大多数父母作为父母养育孩子时会比他们作为孩子被养育时至少强上10%。尽管我没有任何证据表明这是正确的，但是这种信念帮助我接受父母本来的样子，并且产生同情，从而使我们能共同工作。

4. *耐心*。当游戏治疗师保持耐心的态度时，家长与游戏治疗师之间的关系被强化。游戏治疗师可能期盼通过即刻地授予技能和解决问题带来快速的系统改变。然而，与父母保持相同步调工作是最有效的。在他们感到足够安全向着改变前进之前，一些父母需要几种咨询阶段。一些父母渴望快速解决大问题，并且强迫游戏治疗师快速回应。在这种情况中，游戏治疗师可能通过反射和处理父母挫折感与父母建立关系，进而进行回应。教授和建立技能在安全关系的背景中是最有效的。

5. *明确重点是要将儿童作为来访者*。在本书介绍的模型中，儿童是游戏治疗中的来访者，而父母是系统的参与者。因此，这与把整个家庭看作来访者的理论是不同的。在咨询模型中，治疗师将儿童定义为来访者。这种澄清允许游戏治疗师根据父母行动。所有游戏治疗师和父母之间的互动始于其有利于儿童成长。在这种方法中，当游戏治疗师或父母识别其余帮助来源的需求时，例如父母个人问题咨询可能影响他们的育儿或任何关于父母的问题，游戏治疗师会为那些儿童咨询参考父母的意见。这有助于澄清游戏治疗师是儿童的治疗师，而不是父母的。尽管在我的经验中，对于咨询关系的一种结果是父母感觉被支持和理解，这使他们带着关于育儿和自我概念问题的情感起帮助。

6. *治疗师作为专家*。在儿童中心游戏疗法（CCPT）中，治疗师与父母和儿童建立的关系是所有改变的基础。由于这个核心理念，一些游戏治疗师将父母／咨询师角色看作是一体的，其中游戏治疗师仅从真诚、接纳和共情的原理模型中操作。这里缺少关于这对游戏治疗师咨询是否是最有效的角色的共识。一些父母将会对这种关系类型全部回应，向儿童翻译他们与治疗师的经验，并且改变将会发生。然而，父母看起来需要治疗师提供一些外在的信心，以便对关系因素有开放的态度。换句话说，游戏治疗师需要列出关于儿童和游戏治疗的知识和经验，这样父母会感觉足够安全来分享他们的弱点和担忧。只是要清楚，我并非宣扬游戏治疗师教训、给建议或指导父母。我是宣扬游戏治疗师提供专业知识，例如发展的知识，儿童的典型行为和／或育儿技能，当父母对他们缺少的新知识打开怀抱时，这些会被用于相似的情景。这种专业知识被很多父母认可，并且帮助他们在游戏治疗过程中建立自信。

## 咨询过程

为了提供支持、教育知识或技能和监控过程的目的，父母咨询模型要求父母和游戏治疗师之间保持连续的交往。最理想的父母咨询的频率是每3~5 次儿童游戏治疗进行 1 次父母咨询。如果一个儿童或父母正处在紧急情景中并且需要更多的支持时，频率可以增加。如果父母因支持原因而持续要求每周咨询，这可能是父母能从个人咨询中获益的迹象。相反，游戏治疗师应该提防父母有超过 5 次咨询（这里指 5 周）的时间都没有联系，因为相隔时间太长之后，父母无法进入治疗过程。

游戏治疗师对于父母咨询的时长和设置有所不同，并且经常以个体案例为基础。一般地，一次父母咨询时间在 30~50 分钟。决定父母咨询时长的最关键的因素是与儿童游戏治疗之间的干扰。出于实践原因，游戏治疗师将父母咨询放在儿童游戏治疗咨询之前或之后，这样父母只需要参与一次治疗。当这样操作时，儿童的时间更可能被占用。我个人倾向家长咨询过程最多不超过 30 分钟。我也将父母咨询放在儿童游戏治疗过程结束后，确保儿童能参与咨询的全部时间；并且如果父母选择延长家长咨询时间，这将干扰他们的时间或我的时间，而不是儿童的时间。最佳的方案是游戏治疗师将父母咨询与游戏治疗阶段时间分开，并且没有儿童参与。这允许游戏治疗师与父母花费完整的治疗时间，并且注意力很少分散，因为儿童并没有在旁边等待。然而，这种方案对大多数游戏治疗案例都是不合实际的。

为了儿童的利益，游戏治疗师将儿童的所有主要照顾者纳入咨询中。

这会包括亲生父母、继父母、养父母、抚养的祖父母或其他人。我们的目标是与这些与儿童花费大部分时间的成人一起参与治疗过程。因此，咨询参与者的构成可能看起来不同。一些咨询可能包括母亲和继父，而其他的可能包括父亲和继母或母亲和祖母。正如治疗师有一个关于儿童治疗的计划，治疗师也应该有一个有组织的关于父母咨询的计划，并以每个例子的需要为基础。

根据父母咨询中儿童的参与，游戏治疗师再次表现不同。一般地，年幼的儿童并不参与父母咨询，因为咨询是言语基础的，并且让一个3到6岁的孩子安静地坐着听其他人讨论他，这是不合适的。当儿童长大点，游戏治疗师可能考虑让儿童参与父母咨询，特别是参与家庭问题解决或家庭治疗活动。游戏治疗师也需要考虑父母与儿童有效沟通的能力。如果父母与儿童沟通的方法是对儿童的消极攻击，之后游戏治疗师可能要考虑在让儿童参与父母咨询之前，与家长开展沟通技巧的工作。

## 第一次父母咨询

第一次父母咨询有一个主要的目的：与父母发展关系，这样父母才会将儿童带来参与第一次游戏治疗咨询。游戏治疗师致力于配合父母开始安全的关系，这将在游戏治疗的过程中引出父母的弱点、诚信、学习愿望和信心。第一次父母咨询经常比较长，至少1个小时，但不超过2个小时，根据案例的深度决定。因为父母带儿童来治疗是因为他有明显的冲突或经历过创伤，所以这提示我们儿童不要参与第一次父母咨询。这样允许父母和治疗师自由谈话，没有对于儿童咨询知觉的担忧。这里有几个特点有利于第一次父母咨询的成功，包括收集发展历史，倾听和概念化父母的担忧，定义和解释游戏治疗，并且提示结束。

**发展的历史** 大多数游戏治疗师在治疗的开始使用相似的原则，包括获得背景信息和告知同意。对大部分获得许可的心理健康专业人士有道德和法律的要求。除了这些包含在治疗中的文书工作，游戏治疗师需要他们来访者全面的发展历史。在本书早前的章节（第2章），发展知识是与儿童工作的主要成分。不仅游戏治疗师需要了解一般发展，游戏治疗师也应该对每个来访者的发展历史有一个全面的了解。发展历史包括儿童发展里程碑的详细了解，例如妊娠和出生、走路、讲话、运动机能、入厕训练、阅读、书写和人际关系的建立，在此仅列举这几个。治疗师必须也能够在儿童的背景中放置这些里程碑，特别是家庭排列、流动性、出生和死亡，以及其他环境因素中。全面的历史允许治疗师概念化对儿童发展可能的障碍和影响发展的系统因素。表9.1提供全面发展问卷的一个例子。请记住这种形式被认为是发展历史的一种结构，并不会取代全面的背景形式，这会需要关于父母历史信息、家庭信息和关于当前诊断和药物治疗的细节。

出于实践的原因，游戏治疗师将通过进行发展历史回顾开始第一次父母咨询。开始的重点在发展上向父母传递微妙的信息，即游戏治疗将会超越单纯的问题解决，而是考虑儿童整体。第二，开始于发展回顾设定了一个积极的看待儿童成长的基调，替代了传统的对儿童问题的关注。最后，随着父母回答发展历史问题，他们揭露出他们以一种更详细的方式担心儿童。经常，当游戏治疗师完成发展历史回顾，父母就已经详细表达他们的担心，这将缩短包括发现父母担心的咨询的第二阶段。

**父母担忧**　　发展历史之后，游戏治疗师应该特别关注父母关于儿童的担心。这个阶段可能通过治疗师总结发展历史期间揭露的担忧开始，之后寻味是否有任何进一步担忧。在澄清父母担忧上，另一个有帮助的步骤是询问父母他们希望在治疗中看到什么结果。澄清父母期待是向父母介绍游戏治疗之前的一项特别重要的步骤。当向父母解释游戏治疗过程时，治疗师之后将会利用这些期待。

通常，父母的担忧并非与儿童的担忧相匹配；这一点在游戏治疗师开始见儿童之后会更明显。游戏治疗中父母希望看到儿童什么方面有所不同和儿童在什么方面努力，这之间的不匹配需要治疗师以一种综合的方式进行概念化，为了展示所有参与者的需要。这将作为连续父母咨询的一部分，在本章后面会有更详细的讨论。这时候，关键点是治疗师应该强烈地意识到父母的期待，从游戏治疗开始到有效关系的建立。

表9.1　发展历史问卷

---

1. 是否有计划地妊娠？在妊娠期间是否使用毒品或药物？

2. 在儿童受孕和分娩期间是否有任何并发症？

3. 分娩是否如期望那样发生？准时，延迟还是提前？

4. 孩子出生后在医院待了多长时间？

5. 孩子出生时多重？多高？

6. 孩子的新生儿评分是多少？

7. 分娩后是否有并发症？

8. 婴儿期是否有抚养困难？

9. 孩子开始睡眠好吗？孩子现在睡眠状况如何？

10. 照料者在整个婴儿期是否感觉与孩子连接在一起？

11. 孩子在整个婴儿期的性格是什么？

12. 孩子在童年早期与谁交往？或者与谁在一起的时间最长？

13. 在孩子的照顾关系中是否有破裂？

14. 描述照顾者与孩子的关系。

15. 描述兄弟姐妹与孩子的关系。

16. 是否注意到孩子的发展与其他孩子之间有什么差异？

17. 孩子什么时候能坐起来？

18. 孩子什么时候开始走路？有混乱吗？

19. 孩子什么时候开始说话？有混乱吗？

20. 孩子什么时候进行入厕训练？描述这个过程。

21. 儿童目前是否经历任何入厕混乱？

22. 如果超过 3 岁：

　　a）孩子是否认识数字或字母？

　　b）孩子是否知道如何阅读？

　　c）儿童阅读在什么水平？

续表

| |
|---|
| d）阅读是否有任何混乱？ |
| 23. 如果超过 3 岁： |
| a）儿童会书写吗？ |
| b）书写是否有任何混乱？ |
| 24. 儿童运动情况如何？是否参与运动？ |
| 25. 如果孩子上学了，孩子在学校里发展如何？ |
| 26. 孩子如何与权威人士相处，例如老师？ |
| 27. 孩子有朋友吗？几个？他们的关系像什么？ |
| 28. 目前孩子在日常生活中与谁交往？描述这些关系。 |
| 29. 孩子用了多长时间度过童年期？描述这种进程。 |
| 30. 孩子在几所学校上过学？描述每次转变。 |
| 31. 孩子是否经历过任何重要家庭成员、朋友或宠物的丧失？ |

**定义游戏治疗**　　在探索儿童的历史和家长的担忧之后，游戏治疗师转向对游戏治疗的解释。这一步对游戏治疗过程是重要的，因为这是父母第一次了解游戏治疗如何工作，并且怀疑经常增多。因为父母不确定这个过程，游戏治疗师需要建立信心，来如何定义游戏治疗，解释它如何工作，以及解释它将如何特别地满足每个儿童的需要。有效的游戏治疗师已经有了关于游戏治疗定义的两三句记忆，并能够在任何需要的时候背诵出来。而且每个游戏治疗师需要使用他或她自己的词汇来定义这个过程。

兰德雷斯（2002）定义游戏治疗为：

这是一个儿童与一位治疗师在游戏治疗过程中训练的一种动态的人际互动关系，它提供可选择的游戏材料，促进了安全关系的发展，使得儿童通过游戏充分表达和探索自我，这是儿童的自然交流媒介，使儿童有最好的成长和发展。（p.16）

尽管这是游戏治疗的一种全面的定义，但是游戏治疗师需要调整他们的定义以适合他们的观众。通过这本书，几种不同的游戏治疗的定义能被发现，这是为特殊观众创造的。父母将会总是关注儿童的行为、成就或自信心。同样，游戏治疗师也应该关心父母的教育水平，包括平均词汇。最后，我知道儿童中心游戏疗法师经常把他们自己作为游戏治疗过程中被动的参与者，使用这类句型"我允许儿童做……""我让儿童做……"等。这种被动的呈现不会激起家长的信心，同样也低估游戏治疗师在咨询中的工作。

另外一种定义可能解决上面这个问题：

> 游戏治疗是一种与儿童工作的方式，儿童能够在游戏治疗中通过游戏和玩具表达他们自己。当我进行游戏治疗的时候，我会提供一种环境，使儿童体验安全并且学习感受自信，限制他们的问题行为，并且开发他们的潜能。

这种定义没有很多游戏治疗的目标状态以及最初对游戏治疗的解释。目标列在定义状态中与呈现基础的以儿童为中心的概念，例如自我责任感、自我概念、自我指导、自我增强决定和内在自我评估，是不同的阶段。

随后的游戏治疗的解释将以儿童为中心的概念和父母具体担心整合。以下就是一个例子：

---

在第一次父母咨询中，大卫父母表达他们担心大卫对家庭成员的攻击和他对他们的不尊重。他们描述大卫为"失去控制""很少关心他人感受"，以及"从没有责任感"。听到这些担心后，游戏治疗师开始描述游戏治疗，以及它可能如何帮助大卫。

游戏治疗师："听起来你们真的担心大卫不关心别人或你们。在游戏治疗中，他能够通过游戏和玩具表达他自己。当我进行游戏治疗的时候，我会提供一种环境，使儿童体验安全并且学习感受自信，限制他们的问题行为，并且开发他们的潜能。对于大卫，这意味着他将处在一种他能充分表达什么阻止他对别人表达关心的境地。当他自由地表达时，他之后能够发展自我感，这是自由地关心和表达关心。我会为他提供一个场地练习这些表达和技能，这意味着他也会体验限制他失去控制的行为，并且学习更好的应对机制以使他的需要得到满足。我不能保证这个目标一定会达到，也不能告诉你们它什么时候达到。我会在我和大卫的互相了解中获得更多信息。我也期待它能对大卫起作用。

---

提供游戏治疗的有效定义和解释是治疗师熟知的指导 CCPT 的原理框架。因为 CCPT 是以人类的理论为基础的，它能具体适用每个来访者。对于包含从严重人际创伤到表面的外在问题在内的现有问题中，CCPT 提供对游戏治疗师如何促进改变和来访者如何改变的理解（见第三章）。

另外需要在第一次父母咨询的过程中解释游戏治疗的有争议的方面还包括保密的需要，父母一致性和过程中可能的挑战。

**保密** 就像之前强调的，游戏治疗师的来访者是儿童。同样，儿童享有合法的和伦理的保密限制。关于儿童保密的概念，特别是年幼的儿童，一些家长在理解上会有困难。在大多数合法的标准下，关于儿童的心理健康的保密工作属于家长。然而，在大多数伦理的规则下，那些与儿童工作的心理健康专业人士则被要求为了对儿童有利而保密，而不是会对儿童有伤害。换句话说，咨询中儿童的言语和非言语表达会被保密，除非治疗师认为如果不把感知到的儿童的表达透露给权威人士或父母是有害的。保密的清晰限制是要将对自我或他人的伤害，或者合法的信息需求描述出来。然而，很多其他的领域并不是如此清晰，并且由个体治疗师决定与父母分享信息是否有利于儿童。

对保密问题的解答依赖于来访者的知情同意；而在儿童的例子中，也是知情同意。游戏治疗师应该尽可能清晰地向父母和儿童进行保密解释工作。对于父母，从他们的观点讨论保密是有帮助的。就像提到的，大部分家长不会看到保密对他们孩子的价值。游戏治疗师应该强调儿童对于安全环境的需要，在那里他们能够自由地表达他们自己，没有关于他人的感受或对和错的规则。这种安全的环境会允许儿童感受到充分接纳，这时候改变也就发生了。另外一个具体的类比是有时候与父母的工作是要求他们想象如果治疗他们自己，他们暴露自己的生活的亲密的细节，而这时候他们的治疗师却与他们的配偶或重要他人讨论他们暴露的内容。这种类比经常帮助创造出父母的共情。如果在试图创造父母对保密的理解中，全部的方法都失败了，游戏治疗师可能在最初的几周内请求父母相信治疗的过程，之后再看保密是不是仍是他们的担心。

**父母一致性**　　游戏治疗师在第一次父母咨询中强调的一种补充的概念是需要父母带儿童来游戏治疗上的一致性。尽管这种概念可以一种简要的方式被呈现，但是它是父母应接收的一条关键信息。为了游戏治疗有效果，父母需要承诺儿童定期参与游戏治疗。不定期的参与会干扰儿童进步并且严重限制过程。

**过程中的挑战**　　一种关于游戏治疗的假设是游戏治疗师们熟知的，但是不被父母了解，是这种观点："事情可能在它们变好之前会先变坏。"在游戏治疗过程的解释中，莫斯塔卡斯（1955）总结儿童的游戏和表达一般是消极的，并且在前两个治疗阶段不被关注。最近，雷（2008）提供一些证据，尽管在游戏治疗中早期有一些收获，但是最早的咨询可能导致家长对不断恶化的行为的报告。此外，亚瑟兰（1964）提供了一个案例，这个妈妈报告说在参加治疗之后，她的孩子的行为看起来有更多的问题了，尽管游戏治疗的最后获得很多收获。理论上，莫斯塔卡斯解释这种消极情绪的表达是过程的一部分。因为一个儿童不理解消极情绪或问题行为的本质，在学会如何聚焦能量在一个具体的问题领域和关系之前他们在一种接纳的治疗环境中最初的反应是任意的表达。当儿童学习直接表达消极情绪，他们也允许积极情绪的表达，并且最终积极的情绪占有优势。

游戏治疗师可能困惑游戏治疗过程上这个部分如何与第一次父母咨询

相联系。它们是有联系的，因为父母可能担心游戏治疗不仅不起作用，而且还会伤害到他们的孩子，如果他们不能获得这些信息。儿童可能在 2~4 次游戏治疗咨询之后出现强烈的消极情绪，他们会对父母或那些靠近他们的人发泄。当一对父母经历这种消极性的展示的时候，他们会担心游戏治疗使他们的孩子更糟糕了，而不是更好了。一种普遍的结果是父母从不与游戏治疗师分享信息，没有任何解释便终止关系。一种更积极主动的方法是游戏治疗师在游戏治疗的早期表达这种现象可能是治疗早期会发生的一种结果；尽管这可能令父母不安，但是它可以被作为游戏治疗是有效工作的一种迹象。

关于这种特殊现象的案例在我现在的诊所中很常见。当游戏治疗师没有在父母咨询早期解释这个过程的时候，他们可能接到父母愤怒的电话，关于游戏治疗如何有害，并且快速结束治疗。相反地，在最近的一个例子中，游戏治疗师在第一次父母咨询中解释这种可能。游戏治疗两周之后，父母打电话向治疗师表达感谢，并且说游戏治疗多么好。当父母和治疗师谈话的时候，家长揭露之前安静而胆小的孩子对他妈妈大叫"我恨你"。这个妈妈分享她多么不相信游戏治疗如何知道这种情况会发生，并且她很兴奋能看到这个过程。游戏治疗师很少从这种结果中体验如此的热情。同样，这也标志着儿童在家里和咨询中进入积极和有效的过程中。

**结束** 在所有的治疗中，结束应该走在前面，并且从咨询服务的开始讨论。游戏治疗师需要在最初的父母咨询中简要地呈现。有时候，关于结束的讨论是由父母开始的，他们会询问在儿童更好之前需要多长时间。这是谈论结束的一种很好的开始。关于结束的讨论帮助减轻父母的担忧，他们担心他们的孩子有一些很严重的"错误"，或他们要经常应对他们孩子的问题。结束的讨论带来希望。游戏治疗师希望在任何可能的方法中逐渐给父母灌输希望。

如果父母感觉服务没有帮助，结束的讨论也允许游戏治疗师呈现最好的结束方式。游戏治疗不同于成人治疗，成人治疗中当成人决定结束的时候，这是成人对于他或她自己生活的决定。然而，在游戏治疗中，成人是为儿童作决定。这是有问题的，因为有时候成人决定结束，但是这时候儿童已经与治疗师发展了一种很强的治疗关系。于是，就需要在父母咨询早期进行结束的讨论，以防止父母不满意服务的情况出现；游戏治疗师需要提供如何最好应对这种情况的途径。如果游戏治疗师接受并非所有父母都会逐渐相信游戏治疗或游戏治疗师，并且这被游戏治疗师理解，这时候儿童将会受益。同样，游戏治疗师强调儿童能够与治疗师恰当地结束治疗的需要。以下是一个简短的讨论结束的例子，这可能会在第一次父母咨询中发生。

家长："游戏治疗会进行多长时间呢？大卫多久才会好转呢？"

游戏治疗师："你关心你何时才可能看到大卫的变化，并且你希望能够制订关于这个的计划。我非常愿意保证我也将会工作到你的孩子不再需要来治疗的时候。每3~5周，我们会见面，并且我们会讨论事情正在如何进展，以及会进行什么过程。我们会回顾什么对大卫是最好的。最后，这是你的决定，关于大卫是否继续参加游戏治疗，并且我希望我能提供最好的服务来帮助这个决定。如果出于一些原因你对于他的进步或治疗中正进行的什么不高兴，包括你可能对我如何做事情不高兴，我希望你能让我知道。在有些点上你可能不会觉得对你的孩子有帮助，这是可以理解的，这时候我希望我们能够自由地谈论这种状况。同样，如果在任何时候你决定结束咨询，我会理解并尊重你的决定。然而，我会请求你允许在你提出结束的时间和真正结束的时间之间，至少进行两次咨询。这会允许我逐渐结束我和大卫之间的关系，不至于造成任何治疗伤害。"

**结束第一次父母咨询**　　正如在第一次父母咨询的解释中就显而易见的那样，这是一个在家长和游戏治疗师之间漫长的而又信息丰富的互动。父母提供关于儿童的背景、发展和父母期待的信息，而治疗师提供关于游戏治疗的信息。所有这些信息在最终要达成关系标准一致的背景中相互交换。关于第一次父母咨询的一个警告是：治疗师不要因为被家长强烈要求就提供建议或进行家长教育。父母经常表现出强烈的担心和急需要帮助。他们会描述具体的情景，并且为如何应对它们向治疗师寻求帮助。因为这样的关系并未被全面构建，所以第一次父母咨询并不适合进行教育。正如在接下来的章节中将呈现的持续进行的父母咨询，治疗师也同样需要向父母呈现关于他们的概念化的技能和知识。当一位游戏治疗师与家长有了一种稳定的关系，并且理解父母，他在介绍育儿信息上会更成功。不在第一次家长咨询中进行教育的另外一个原因是它对于父母和治疗师太有难度了。即使父母需求帮助，父母咨询已经持续了 1~2 个小时，并且任何时间上的延长都会使双方到达疲惫状态。大量信息已经被分享，因此，尝试并添加更多到咨询中是冒险的，因为一些人会迷失在如此庞大的信息量中。并且最后，因为游戏治疗师没有满足儿童，任何育儿信息都会在它的效用中绝对被限制。对父母在这个状况中寻求帮助作出反应的一种方法可能是：

> 我听说你现在感到非常不知所措。我向你承诺在接下来几周的时间里面我们会解决所有的这些担心。然而现在，我感觉如果不能见到大卫，我在能够给你提供多少帮助上非常受限。我知道这很难，但是我希望你能够再多等几周的时间，之后我们再见面来讨论一些像这样的具体情况。

## 持续不断的父母咨询

第一次父母咨询依赖于相当一致的结构，包括大部分父母都有的大多数问题。此后的父母咨询更复杂，因为每个父母都呈现出不同的担忧。尽管为持续不断的父母咨询提供一种适合所有案例的结构是困难的，但是当为每个案例量身定做时，这里有一些有效因素。

**担忧的清单**　在第一次父母咨询中，游戏治疗师澄清父母关于儿童和治疗期待的担忧。这个清单对持续不断的父母咨询的设计是有帮助的。通过与父母的合作，游戏治疗师应该优先考虑那些对父母而言最担忧的问题和期待。尽管游戏治疗师可能没有与一些担忧或担忧的优先权达成共识，但是父母咨询在游戏治疗师能够呈现父母担忧的时候更有效。当游戏治疗师与父母有不同的担忧时，这些担忧经常能够被整合到父母担忧中，以使各种目标能够被满足。这里有一个例子：

> 游戏治疗师："你已经识别出一些关于大卫的担忧，例如他不尊重人，他对他人缺少关心，他的攻击性和一些其他方面，哪个是你最担忧的呢？"
> 家长："我想是他不按照我要求的去做，并且之后他会顶嘴或争辩。因此我家会有很多的争吵。"

在第一次父母咨询中遵循这种相互作用，游戏治疗师可记录父母的担忧。在第一次游戏咨询期间，游戏治疗师观察大卫设定玩具人物，它们相互咒骂，相互打扰，在父母与儿童之间也是如此。游戏治疗师开始关心父母与儿童之间的两种方式的交流可能是主要问题。结果，游戏治疗师决定教授反射性倾听的技能对父母的担忧和游戏治疗师的担忧是最有帮助的。在第二次父母咨询期间，游戏治疗师开始教育阶段，如下：

> 游戏治疗师："当我们上次见面后，你表达你对大卫的担忧是不服从你，并且和你顶嘴。我在大卫的游戏咨询中观察到同样的问题出现，也是我对他的担忧，特别是不会感受听到的或倾听。我希望能告诉你一个技能，我们叫作反射性倾听，这将是对这个具体问题干预的第一步……"

游戏治疗师之后开始教授一种简短的方法，当一个孩子谈论或非言语表达一种感受的时候如何反射。

父母担忧的清单是游戏治疗师与父母之间的一种议程设置，这会为父母咨询提供一个框架。游戏治疗师将一贯地登记父母目前相应的清单，并且添加治疗师的担忧到清单中，这可能是对父母的担忧的补充。游戏治疗师与父母的担忧保持灵活性是很重要的，同样也不允许每周与孩子的详细的交往来零星地改变清单。允许担忧每周都有所变化实质上是允许一种危险的形式主导父母咨询，并不是致力于更多相应的长期目标的完成。游戏治疗师能够指导这个过程来呈现更多具体的每周的担忧来匹配所有目标，例如以下这个例子：

> 家长："这周他失去控制。当他的老师在他的家庭作业上给了他一个 F 的时候，他对她大声咒骂。他们把他送到办公室，而他之后将一把椅子扔在助理秘书的桌子上。当我过去接他的时候，他告诉我我很傻，因为我没有帮助他完成家庭作业，那是我的错误。"
>
> 游戏治疗师："这听起来真的很沮丧。并且我能够看到你对他有多么生气。而我想到我们已经开始工作的目标，它们包括更好的倾听，尊重，没有攻击性，你认为这个意外事件中的哪部分是你最大的担忧呢？"

这帮助父母看到每起意外事件并不是孤立的，而是处在治疗目标整体背景中的。帮助父母去超越每次意外事件去看待这些事情的能力有利于希望的建立。

**持续不断的父母咨询的步骤**　父母咨询所要求的游戏治疗师的态度已在本章前面介绍过，它是一种通过父母咨询设定的稳定的基础，并且关于父母的担忧与他们合作工作。当介绍这些部分的时候，游戏治疗师一般能够遵循一套结构，这将帮助指导持续不断的父母咨询。这些步骤包括与父母进行登记，将游戏治疗中发生的进展通知父母，教授一种技能概念，并且与父母角色扮演。

**步骤 1：与父母进行登记。**在持续不断的父母咨询中，对游戏治疗师来说第一步就是记录父母与孩子之间的事情如何进展。一个典型的问题是：

"自从我们上次见面之后事情是如何进展的？"这与"你们怎么样？"相比是一种质的不同的状态，后者表明游戏治疗师仅仅希望听到父母的做法。记住儿童是来访者，询问一些与儿童有关的关系或事件设定了咨询的基调，即游戏治疗师关注帮助儿童，以及／或父母与儿童的关系。

在询问了这个介绍问题之后，家长经常会快速回答出一个冗长的故事，可能是重要的事件，但是经常分享各种各样的小问题。步骤1经常是持续不断的父母咨询中耗时最长的阶段。这时，游戏治疗师需要进行治疗判断来确定是应该把这段时间留给这些父母们，与他们建立支持和关系；还是应该对他们进行指导以使这段咨询成功。为了作出这个决定，游戏治疗师可能考虑几种因素，例如在儿童和／或父母之上的事件的重要性（儿童／父母是否从事件中受伤／受到损伤？）；这时候父母的情绪（父母的情绪是否稳定？）；或者治疗师／父母关系的稳定性（倾听／支持父母是否比进入其他步骤对关系更有效果？）。有时是游戏治疗师为了支持儿童必须简单进入支持父母的角色。这应该是一种游戏治疗师作的自觉的决定，并且警告不应该太经常运用这个角色，或在一种长期的基础上运用它。缓慢进入父母支持者的角色表明父母需要一个个人的咨询师，在这种模式中这不是游戏治疗师的角色。

当一位游戏治疗师通过计划进入其他步骤，决定对父母在步骤1中进行的分享作出反应的时候，游戏治疗师将会通过反射、澄清和整合担忧到接下来的担忧清单中，对父母的故事和担心作出反应。游戏治疗师之后将指导父母进入步骤2。

**步骤2：通知父母游戏治疗中的进展**。进入步骤2需要一种过渡状态，例如，"我希望说一点关于我与大卫的经历"或"我已经注意到一些关于大卫的事情，我希望能够与你分享。"另外一种过渡到步骤2的好方法是将步骤1的担忧和游戏治疗进展链接起来。例如一些事情，"当你谈论大卫咒骂和扔椅子的时候，我在想我在他的游戏咨询中已经看到一些这类型的强烈的攻击行为"。步骤2的目的是分享治疗师的观察、经验、概念化或其他来访者信息，这将会对父母理解孩子有帮助。对于步骤 2 的一个必备条件是游戏治疗师具备关于儿童的全面的想法，儿童的背景，在游戏咨询中的行为和言语，以及父母 / 儿童关系。最佳的是，游戏治疗师已经发展出关于儿童的全面的概念化，并且考虑周全地回顾如何对父母言语表达这些概念。步骤 2 得益于第 7 章讨论过的游戏主题的区分，以及对父母解释这些主题。游戏治疗师缓慢地进行步骤 2，是因为太多主题的概念或解释可能压倒父母，并且当治疗师希望父母提供重要信息的时候，这经常是一个机会。这里有一个例子，在第二次父母咨询中，以上文提到的句式开始作为一个过渡。

> 游戏治疗师："当你谈论大卫咒骂和扔椅子的时候，我在想我在他的游戏咨询中已经看到一些这类型的强烈的攻击行为。当事情没有按照他的方式进行的时候，他会用非常实际的和强烈的方式表达他的挫败。迄今为止，他在游戏咨询中找到了一种方式来恰当地表达这些，但是我知道这在家里和学校里会是一个问题。他是一个将他的感受客观表达出来的孩子，这就意味着，如果他将感受表达出来，别人将会看到好的和坏的。在接下来的几周里面，我们会继续致力于大卫如何更恰当在他所处情境下表达这些感受。我想我们进展顺利。"

为了便于理解，我想仔细分析一下这种反应。在前三次咨询中，大卫有几次爆发，例如他向整个房间扔木块，当他不能使它们以他希望的方式排列的时候；并且当他画的黄色太阳沾染到黑色颜料的时候，他会将颜料扔到墙上。在这两次意外事件和一些其他事件中，游戏治疗师设置限制，而大卫遵循这些限制。游戏治疗师进行概念化，大卫有一段时间很难恰当地处理他的挫折和愤怒，但是当以合理的限制进行处理的时候，他能够恰当地反应。当他开心的时候，大卫喜欢唱歌或打扮或谈论很多。游戏室内他的行为和言语整体显示出他具体化他的感受的需要。因为这仅仅是第三次咨询，此时游戏治疗师很难决定大卫是否有必要在环境上从外部进行表现，因为他是冲动的，需要权力和控制，只知道如何实际地表达他自己，或很多其他的可能性。因为游戏治疗师不确定，但是有一些假设，所有游戏治疗师会以父母熟知的方式与父母分享，这将帮助他们更好地理解孩子。这里有一个小小的事实，即大卫具体化他的情感将会帮助增加父母的理解。尽管这种概念化不会解决任何行为问题，但是这对促进父母/儿童关系和激励父母有贡献。这种解释的关键点是即使游戏治疗没有主题或指出概念化内容，他们能够在他们与儿童来访者的经验的基础上继续为父母提供一些有帮助的内容。

游戏治疗师可能会被诱惑而跳过步骤 2，由于用在步骤 1 上的时间太短或可能没有信心在步骤 2 中分享什么，因为对来访者理解或接触的限制。我劝告游戏治疗避免跳过步骤 2。尽管父母可能感谢游戏治疗师的理解和支持，但是他们也期待从游戏治疗师这里了解他们的孩子。如果游戏治疗不分享来自会谈中的过程或概念化，父母可能会感觉游戏治疗师并没有帮助他们的孩子。我经常观察到父母真的"喜欢"他们的游戏治疗师，但是他们却结束咨询，就是因为他们从没有听到游戏治疗如何真实地帮助他们的孩子。

**步骤 3：一次只教一种技能的基础概念。** 步骤 1 和步骤 2 关注与父母建立关系，并且理解儿童或父母/儿童的关系。步骤 3 将父母咨询转向教育。父母总是缺少与他们的孩子建立积极关系的必要技能。这是一种常见的说法："你需要一张驾照才能开车，但是任何人都可以有一个孩子。"这种说法已经在文化上被信奉，因为它的普遍事实即大多数父母从未接受过关于如何育儿的教育，而他们也期待能做好它。这种态度对任何工作来说都是不成立的。于是，它看起来有意义，游戏治疗师或许应抓住这个与父母咨询的机会，教给他们基本的育儿沟通技能。

然而，一些游戏治疗师犯了试图一次性教给父母多种技能的错误。再次，回到文化规范，在一个月的时间里面教一个二年级学生加减乘除是否有意义呢？游戏治疗师知道沟通的基础技能需要从最基础的移向最高级。治疗师教授父母技能时应当像建高楼一样逐步教他们去改善与他们孩子之间关系的技能。教授这些技能的最终目的是儿童问题行为将会减少，随着父母技能增加，并且会建立父母与孩子之间积极的关系。但是慢慢的、稳定的教授是父母学习的基础，来将技能整合到每天与他们孩子的接触中。

游戏治疗师被建议在每次父母咨询中只教授一种技能。一次抓住一种技能允许父母更好地理解、整合和之后更有责任。此外，一次只强调一种技能是因为父母咨询时间的限制。大部分技能能在 5 或 10 分钟内被教授，并且不需要更多的说明或解释。每对父母咨询技能的建立步骤开始于回顾上一次父母咨询中技能的完成。游戏治疗师会检查一些东西，例如"你这周能使用反应性倾听了吗？""那是如何进行的？""你能否给我一个例子？""你觉得它有作用吗？""当你这样做的时候，大卫是如何回应的？"如果游戏治疗师确定技能没有被父母学习到或使用，父母和游戏治疗师可以再回顾一次技能，直到父母在使用上有信心。如果游戏治疗师看到这个技能被完成了，之后游戏治疗师可以移动到下一个相关的技能上。遵循父母咨询步骤的线路，我会列出那些我发现能够帮助父母的技能概念。尽管它们中的一部分与所有游戏治疗案例相关——例如反应性倾听、鼓励、给予选择、设置限制和解决问题——其他的可能只在特殊案例中使用。此外，技能介绍的秩序是依靠治疗师和父母之间的合作。我强烈提示反应性倾听应该最先被教给所有父母；但是超越这种提示，游戏治疗师需要确定父母和儿童的具体需要。

**步骤 4：角色扮演技能概念。**教授技能概念中与父母的角色扮演是完整的学习概念。在我的经验里面，父母可能点头或假装理解概念，但是当他们真正尝试使用这种技能的时候，他们经常强调缺少使用它的能力。在步骤 4 中，游戏治疗师一般会运用概念给两个或三个脚本，并扮演儿童和父母的角色。这给了父母一种真实的言语和行为的示范。当游戏治疗师演出这个脚本之后，就是时候融入父母了。游戏治疗师能给父母提供扮演父母或儿童的选择，从较简单的开始。游戏治疗师提供可能在家里面发生的脚本故事，之后游戏治疗师和父母演绎脚本几次，父母有时候扮演父母，有时候扮演儿童。父母双面（作为父母和儿童）扮演的能力增加了对儿童可能如何感觉父母的共情。之后治疗师会要求父母识别一种会发生在家里的典型脚本，其中会使用到技能。游戏治疗师和父母从两种角度演绎出场景。当游戏治疗师与儿童建立关系的时候，角色扮演脚本是更有力的，因为游戏治疗师可能真实地反应儿童会如何做。父母咨询以游戏治疗师在未来几周内鼓励父母使用这项技能和提醒父母治疗师会在下次父母咨询的时候检查来结束。游戏治疗师可能也会鼓励父母打电话给治疗师，如果在本周的治疗期间她希望讨论技能的使用——好或坏的结果。最后，游戏治疗师设置下次父母咨询，这样父母确定下次会面，但是当然，应识别灵活性在儿童的生命进程和治疗过程中的需要。

## 技能概念

接下来是一张概念清单，这些已经被发现有利于父母加强育儿技能和父母／儿童关系。这个清单绝不是详尽的，而是通过帮助父母发展出一种与 CCPT 基本原理相协调的儿童成长的环境。游戏治疗师能使用各种介绍方法来教授技能。视频、手册、海报和书籍只是一些帮助加强父母学习可视化的手段。

**反应性倾听**　　反应性倾听包括有目的地去倾听，并尽可能准确地向说话者描述听到的言语。反应性倾听需要眼神交流、限制注意力分散和关注这个说话的人。以下是我如何教授父母这个概念：

游戏治疗师："我希望能够和你说说反应性倾听。这是我们教给父母的第一个技能。它听起来简单，但是它会在你的孩子如何反馈你上面有巨大的不同。当你使用反应性倾听的时候，你会努力集中在你的孩子身上，这样你会看向你的孩子，放下你的电话或关掉电脑或电视，或是停止其他分散你注意力的事情。你的孩子和你说话，你要看着并且倾听。当你的孩子这样做的时候，你要总结你的孩子说了什么，或者换句话，你听到孩子说话的时候，你要回应，哪怕只是很短的回应。所以，举个例子，如果我说：'妈妈，我讨厌学校。我再也不想去了。你不能强迫我。'对于反应性倾听，作为一个母亲，我可能会忘掉你不得不去学校，并且这可能是一个问题，但我只是关注试图理解。因此，我可能说：'听起来你真的非常不想去学校了。'之后你可能看着你的孩子，用关于这个问题更多的解释代替强迫他去学校进行的斗争。我们能否尝试几个例子？"

几个例子和角色扮演之后……

*游戏治疗师*："非常好。你真的在尝试用这种方式向我展示你听了我的话。并且当你的孩子不听话或在整个房间里面发疯、扔东西的时候，这也起了作用。你可以换个方式说话来让大卫了解你对他的关心。你可以说：'大卫，把那个捡起来，不要在房间里面扔东西。'而不是说'你看起来真的疯了'。"这样可能会得到大卫不一样的反应，你可以稍后再去解决他的行为问题。现在，你只是想要展现出你注意到他的感受是不好或好的。因此，如果我跑进房间并且说，'妈妈，我的足球队赢了，我踢进去最后一个球。'你会如何作出反应来让我知道你了解我的感受是什么？"

正如你已经读到的，这种教授和角色扮演（步骤 3 和 4）能在很短的时间内被实施，但是它实际上覆盖了一个重要的概念。如果父母在角色扮演时有一段很艰难的时期，治疗师可以将教授概念延长到下一次父母咨询。反应性倾听是有效沟通的基础，并且游戏治疗师将会发现确保父母整合这种概念是非常有价值的。

**限制设定**　　当教授父母设定限制的时候，游戏治疗师教授父母他们学到的相同的方法：ACT 方法（Landreth，2002）。设定限制已在第六章进行了全面的讨论。当教授父母设定限制的时候，可运用相同的步骤和概念。父母需要通过**承认感受**开始。当游戏治疗师介绍反应性倾听的时候这个过程开始，因此，父母应该已经在开始反应上看到了价值。第二步是**沟通限制**。当教授这一步的时候，游戏治疗师会帮助父母头脑风暴那些在家庭环境中有帮助的和可实施的限制。之后的第三步是**瞄准选择**。又一次，父母经常需要来自游戏治疗师的帮助，来创造出家里的恰当的行为选择。教授限制设定需要大量的角色扮演并且使用 ACT 方法到家庭中典型的限制设定问题中。

比起一次父母咨询，这个特殊的概念可能也需要更多地帮助父母充分整合家庭中技能的使用。因为限制设定是父母需要的关键技能之一，但是在实施中，它们最少有效，游戏治疗师应该谨慎一个限制设定技能的快速复习，并且进入更高级的限制设定。当一些儿童真的需要更高级的限制设定的时候，当做的是正确的，ACT 将负责大部分限制问题，并且不会放弃，直到这被证实一个特殊儿童需要另外一种方法前，都不应放弃它。

**自尊建立和鼓励**　在这个点上，这是很明显的，游戏治疗师正教授游戏治疗师学习到的相同的技能，在游戏治疗中便于成长的设定。游戏治疗师现在正在使用这些技能来教授父母如何在家里营造便于成长的环境。自尊建立和鼓励的技能概念在第五章作为游戏治疗师的技能被讨论。因为自助类图书或普遍文化称赞他们的孩子，鼓励的概念对他们则是新鲜的，并且很难将其与称赞区分开来。游戏治疗师会发现这是有帮助的，即通过给予父母用来鼓励的实际言语。有这些话的手册经常告知父母总是有帮助的，例如"你真的付出了很多努力……""你喜欢你如何……""你为……自豪"，或者"这并不是你想要的结果，但是你努力过了"。对如何教授父母鼓励与帮助的其他的资源可以在柯德曼（2003）和尼尔森（2004）的理论中找到。

**给予选择**　给予选择这个概念是作为游戏治疗限制设定中一项高级技能被介绍的（第六章）。在 CCPT 中，给予选择经常被限制设定的扩展限制。

作为一个育儿概念，给予选择便能够使其以更多的方式使用。当父母给孩子选择的时候，他们允许孩子发展责任感和对结果的了解。给予选择能在儿童发展的早期就开始，来帮助儿童学习作出决定的技能，但是在游戏治疗中，这经常作为一种新的技能，被游戏治疗师介绍给父母。即使给予选择被介绍给大一点的儿童，它仍然有积极的影响，但是将花费更多的时间使儿童适应这种在父母限制内的新的作出决定的方式。给予选择包括允许儿童开始关于简单决定的选择，以及转向更复杂的选择。这里有一种教父母给予选择的方式：

> 游戏治疗师："我注意到当大卫违背你的时候，你和大卫开始争吵。随着我更加了解大卫，我观察到他真的需要处在控制中，当他感觉失去控制的时候，他会运用他自己的身体去发泄，通过叫喊或扔东西。从你告诉我的内容中，他已经习惯这种方式，因为你经常走出房间，或者你大叫回去直到你流泪并放弃。这里或许有一种方式能够帮助大卫获得控制感，不需要诉诸于暴力，并且也能给你一些你们关系中的控制。它叫作给予选择。对于给予选择，我会要求你尽快使用，例如在家里的一些事情上给予大卫选择，当你觉得它可能是可行的时候。这可能是一些简单的事情，就像：'你希望今天晚餐我准备什么食物呢，鸡肉或鱼肉？'或者稍微复杂一点，例如：'你今天有家庭作业，你希望放学后就做还是晚餐后做呢？'这需要你可以接受你给出的任何一个选择，以至于当他选择一个的时候，你会同意。这将会允许大卫感觉到他对于他自己的生命有一些控制，并且不需要诉诸身体的攻击才能获得控制感。但是这也允许你作为家长去决定对他合理的选择。此外，大卫会学会处理他的选择带来的结果，就像如果他选择放学后就做家庭作业，他就选择了那个晚上看他喜欢的电视节目；但是如果他选择晚饭后才做家庭作业，他就选择了不看电视节目。这些小小的选择使我们准备好进入成年期，并且意识到我们的选择将会带来的结果。你能想到一些

在家里能够给大卫提供选择的时候吗？"

给予选择允许父母和儿童一起工作来教儿童作出的决定如何在简单和困难的情景中起作用。它也通过提醒儿童个人选择会产生的结果，从而减少一些父母压力。更多关于给予选择的细节可以在其他资源里面找到，例如兰德雷斯和布兰登（2005）以及尼尔森（2006）。

**自由阶段或回归责任**　　回归责任的概念是与给予选择息息相关的。再者，回归责任是游戏治疗中学习的基本技能，其中目标是为了发送信息给儿童，这样她有能力并且有价值作出自我增强的决定。吉诺特（1965）指出这种回应可称为自由短语，这是一种能够与父母使用的使儿童获得允许的标题。自由短语包括"这由你决定……""你能够决定……"以及"这是你的选择……"。自由短语暗示着父母赞同儿童为特殊的情景决定的任何事情；而不是通过给一个"是"的答案去代替儿童作决定，父母通过让儿童自己作决定来回归责任，从而鼓励儿童的自由感。

**沟通的循环**　　沟通的循环的概念是格林斯潘（1993）提出的，作为提高儿童和成人之间（特别是父母和教师）的沟通的方式。沟通的循环是某种程度上反应性倾听的扩展，通过关注父母与儿童之间沟通的模式。沟通的这种方式包括打开和关闭循环，替代创造新的谈话字符串。为了一种循环的打开和关闭，一个儿童将开始一次关于主题的谈话，父母将对主题直接回应，通过反应或评论主题，而且儿童会在相同的话题上回应。这种模式一直持续到循环关闭。下面是一个关闭循环的例子：

儿童："史蒂夫和卡拉今天在学校里面打起来了。"

父母："哦，听起来很严重。他们因为什么打架啊？"

儿童："卡拉在足球比赛中试图从史蒂夫那里抢到球，之后他打了她。"

父母："你如何看呢？"

儿童："我觉得他们不应该使这件事情变得如此严重，因为这只是一场游戏而已。"

这可能看起来像一场典型的父母／孩子谈话，但是很多父母和儿童并不会有效地关注他们的谈话，去保持有意义的交流。一段典型的问题关系可能通过下面形式的对话表现为：

儿童："史蒂夫和卡拉今天在学校里面打起来了。"

父母："你今天晚上想吃什么？我要带你的哥哥参加棒球比赛。"

儿童："我今天晚上有太多事情要做了。我想看电视。我不想去这场比赛。"

父母："你没有家庭作业吗？"

儿童："史蒂文斯女士很傻，她留了最愚蠢的家庭作业。"

就像在例子中能够看到的一样，父母和儿童并没有与彼此进行沟通，而是在进行由对方引发的他们自己私人的谈话。这个例子并没有表现出很多家庭中大量的压力。但是这个例子提供了一种关于父母和儿童如何错过真正了解或理解对方的机会的理解，学习陈述可怜的模式也是一样。教授打开和关闭沟通循环的需要帮助父母看到他们如何回应他们的孩子的重要性，以及好的沟通模式如何帮助放置未来关系问题，可能是行为问题。

**问题解决方法**　　所有家庭都需要问题解决方法。学习解决问题是一项基本生存技能，但是大部分人自然地接触它，并且没有任何计划。当重要的问题，例如消极的父母／儿童交往或激烈的儿童行为开始扰乱功能的时候，父母不具备客观地解决问题的技能。于是，情绪接踵而来，而问题增加却没有解决办法。文学作品中有一些可用的、有效的解决问题的方法。尼尔森（2006）和法伯尔（Faber）、马兹利什（Mazlish，1999）提供了清晰的、明确的步骤来帮助父母与他们的孩子合作从而一起解决问题。游戏治疗师需要识别那些看起来对他们最有效的问题解决方法，并且经常向父母教授这种方法。随着儿童逐渐长大，游戏治疗师够在父母咨询中让父母和儿童一起解决问题。这种方法需要对父母足够实际，这样才能在家庭环境中容易操作。法伯尔和马兹利什（1999）为父母提出了解决问题的几个步骤，包括：

1. 谈论孩子的感受和需要；

2. 谈论父母的感受和需要；

3. 一起头脑风暴找到成熟的、一致的方法；

4. 写下所有的观点，不带有任何评价；

5. 决定哪个观点是你喜欢的，哪个是你不喜欢的，并且之后要制订计划。

尽管合作来解决问题，在儿童 7~8 岁时达到具体运算阶段才是最有效的，但是游戏治疗师能帮助父母找出一种适合年幼儿童的改良的途径。通过遵循一套程序，当父母遇到家庭问题（包括孩子的行为问题）的时候，他们将更有信心。

**具体的游戏时间**　　推荐父母花费个人时间在孩子身上并且允许孩子玩耍和主导，这已经被多人提及（Greenspan，2003；Landreth，2005）。从 CCPT 的观点来看，最有效的父母交往方法是参与到**亲子关系治疗**（Child Parent Relationship Therapy，CPRT；Landreth & Bratton，2005）中。如果一位游戏治疗师对 CPRT 感兴趣，那么很多资源就可以被用来教授这种独特的交往（Bratton，Landreth，Kellam & Blackard，2006；Landreth & Bratton，2005）。当 CPRT 不可获得或不推荐给具体案例的时候，游戏治疗师可能会推荐将父母与孩子之间具体的游戏时间作为一种技能概念。游戏治疗师会看到即使在很短的游戏时间中获得的益处。游戏时间内，父母关注孩子和孩子的游戏，没有其他的分散并且实践反应性倾听技术。这里有一个如何向父母介绍这种概念的例子。

游戏治疗师："看起来在你家里真的是十分压抑。这种压力环境可能使大卫不能感受到他生活中的控制感。我将要求你做一些事情，这可能看起来在最开始的时候会增加你的压力，但是最后我想它可能减少你的压力。我想你这周能在工作之后任何时间抽出 15 分钟，这段时间你只能关注大卫。在这段时间内，你只要在他玩玩具的时候坐在他旁边就可以了。当你坐下的时候，你会关注他并且使用你已经练习过的反应性倾听技能。这段时间真的都给他。确定关掉你的手机、电视、电脑或其他任何可能会打扰你的物品。当 15 分钟到了的时候，你可以表示抱歉，表示你要去整理衣服，准备晚餐等，但是感谢他与你分享他的时间。你觉得每周一次，你这周能做到吗？"

对于年长点的儿童，游戏治疗师可能建议父母提议一起玩一场游戏或制作甜点，或者是孩子感兴趣的任何事情。唯一的规则是父母必须关注儿童并且使用反应性倾听。父母的关注能帮助儿童感觉到自己在他们父母生命中的重要性，并且它也能帮助父母学会享受与孩子在一起的时光，而不用有使儿童做什么或说什么的压力。

**角色扮演或练习**　　就像游戏治疗师通过角色扮演的使用教授给父母的技能，父母会希望学习认识角色扮演的价值，并且也会发展固定的角色扮演技能。这些技能一般能够从父母／游戏治疗师关系转到父母／儿童关系中。当父母希望他们的孩子学习新技能的时候，他们能够在问题发生之前，在低压力情境中练习这些新技能。举个例子，如果一个孩子早晨起床有困难，当孩子没有处于另一种活动或压力中时，父母可以在下午或晚上与儿童角色扮演新的早晨。为了教会父母与儿童进行角色扮演，游戏治疗师可能使父母列出她与她的孩子经历过的最持久的行为问题。游戏治疗师和父母之后要进行角色扮演，扮演一种新的与儿童一起解决问题的方式。有效的角色扮演改变行为需要低压力及大量的练习（持续角色扮演直到儿童表现出新的行为）、大量的反应性倾听和可能的限制设定或给予选择。第十章将介绍与一个具体行为问题进行角色扮演的例子。

# 第十章　游戏室内外的攻击行为

在游戏治疗中，攻击行为是一种特殊的行为。幼儿的攻击行为是自然的攻击，当他们长大时，他们开始将攻击力量转变为其他更富有成效和自我丰富的行为。儿童发展理论假设言语表达发展阶段中的某个阶段需要儿童通过攻击行为表达他们自己（Dionne，2005）。游戏治疗师面临着如何将发展中恰当的攻击行为与扰乱功能的行为区分开来的挑战。

以儿童为中心的理论认为，一个孩子作为一个整体的有机体去运动，去表达感情、想法和行为，是一种自我提升。罗杰斯（1989）总结，一个人是：

> ……基本上是可信的，人类物种的成员，他们最深的特征趋向发展、分化、合作的关系；他们生命的趋向从根本上是从依赖走向独立；他们冲动的趋向从自然的协调到一种复杂的、变化的自我约束模式；他们的全部特征类似于趋向保存和增强他们自己以及他们自己的种族，而且可能将其进化到下一个阶段。（pp. 404-405）

这个角度鼓励游戏治疗师把儿童的攻击行为视为儿童朝向更大的实现和功能的进步。

攻击作为一种转向丰富的运动的观点是和当前的文化相悖的，当前的文化是儿童的攻击行为被看作是应当被阻止、被停止、被压制的行为。当一个两岁大的孩子在学前班打或咬另一个孩子时，最常见的反应是他会面临被开除的威胁。成人认为攻击行为应当接受临床诊断，并且忽略儿童需要的表达，而不是接受行为的目的并使其转向更积极的表达。

社会学理论专家认为攻击行为是一种不断增加认同以及继续使用暴力的行为。如果力量、愉悦的体验或削弱内部压抑得到满足，被允许的攻击性就会增长（Schaefer & Mattei，2005）。有些游戏治疗师反对在游戏室内表达攻击性，因为他们相信如果在游戏室内允许攻击行为，游戏室外的攻击行为将会增加，强度也会提高（Drewes，2008）。他们建议游戏治疗师需要教授儿童转变表达的形式，以使儿童不出现攻击行为。

## 攻击的艺术和游戏的发展

就像走路和说话两项技能的培养和磨炼是发展的一部分，适当地表达攻击也是一种技能的发展。大约 18 个月时，儿童才会出现攻击行为，例如推、打、踢和扔（Peterson & Flanders，2005）。攻击行为在发展进程中发生得较早，并表现为情感或欲望的正常表达。发展模式表明攻击是大多数学龄前儿童行为的一部分，但是大多数儿童会在小学阶段停止身体攻击（Archer & Cote，2005）。大多数学龄前儿童的冲突会涉及竞争有限的资源。攻击行为在幼儿园中发生最多，然后随着时间的推移有所下降（Peterson & Flanders，2005）。随着时间的推移，儿童会更少地出现身体攻击和暴力行为。大多数孩子的攻击行为在幼儿园到六年级之前会呈现下降的趋势。（Archer & Cote，2005）。

性别的不同也和攻击行为的发展有明显的关系。早期，男孩表现出攻击行为的倾向要高于女孩，这表明这种差异可能是天生的。阿奇尔（Archer）和科特（Cote，2005）在一个研究中总结，蹒跚学步的小男孩频繁地推打另一个孩子的概率是同龄女孩的两倍。性别差别很早就显现出来，也不会因为社会化的差异性出现增加。然而，在学习压抑和控制攻击行为方面，女孩比男孩更快（Archer & Cote，2005）。

　　阿奇尔和科特（2005）对儿童攻击行为发展的大量数据进行研究得出，并没有统计数据能证明随着时间的推移，儿童会变得更加暴力。社会学理论会认为儿童会变得更加暴力，因为随着他们长大，他们会接触更多的社会影响，例如暴力的电视节目、模仿攻击角色或者非正常的同龄人。如果攻击是社会影响积累的结果，阿奇尔和科特认为在小学阶段就应该存在身体攻击的儿童作为统计上重要的一组数据出现。而实际上，研究者并不能识别出这样的一组人群。发展后期出现严重暴力行为的人群大部分在幼儿园阶段就表现出了较高的身体攻击迹象（Archer & Cote，2005）。

　　这个调查意味着幼儿园中的儿童的攻击行为在所有人中是最多的。但是这个结果仅仅对了一半。依据调查，在所有的发展阶段中，幼儿园时期的儿童虽然表现出最多的攻击行为，但是由于他们缺乏意图、计划能力和使用武器，所以他们的行为却不是最暴力的。他们的行为仅仅是在表达冲动性并可能表达一种直接的感情或欲望。当继续使用攻击表达自己的儿童长大后，他们有了计划能力和使用武器的能力；因此，他们攻击行为的结果变得更加令人不安。

　　正常的发展过程中，儿童逐渐学会使用恰当的技巧和方式表达需求，而不涉及使用攻击行为。然而，有时候冲突在发展过程和攻击行为中持续增长，而不是下降。经常地，当一个儿童表现出攻击性时，这种情感的表达会错误地引发愤怒的爆发。但在我的经历中，攻击极少会和愤怒联系起来，却会与内部力量的感觉和自己或环境的控制产生联系。奥克兰德（Oaklander，1988）定义攻击行为是真实感觉的偏转，不是愤怒的直接表达。启发攻击性来源于一个没有能力复制环境的成人或试图通过某种方式建立社会联结寻求回应，却很消极的成人。伊士曼（Eastman，1994）提出攻击行为是由于降低威胁状态和控制的感觉而被触发，例如挑战一个人的底线，包括不能容忍某人的方式，遵守班级规则，或者抱怨一项无聊的作业。

# 调节攻击行为

专家认为内部的和外部攻击行为是有规律的发展进程（Peterson & Flanders，2005）。在动物和人类之间观察这个过程，调节攻击行为的内部进程具有识别共情的特点。识别其他人的感情和想法的能力有利于识别出那些类似的有攻击性需要的人。调节攻击行为的社会进程和主导层次结构之间是有联系的。在社会进程中，人类有一个归属的原始需要，或者依托社会认可，或者增加攻击行为。

## 游戏治疗中的攻击

攻击、陪伴的技能和需要将攻击趋势升华为富有成效的功能的进程已在儿童发展文献中被证明。在游戏治疗中，攻击表达的需要是最受争议的。在以儿童为中心的方法中，攻击表达作为需要带来自我进入意识的全部方面被接受和理解。下面的事情是从以儿童为中心的角度来看对发展轨迹的解释。发展的早期，一个孩子需要用强有力的方式表达欲望或感觉，选择类似于攻击行为这样的方式去"被听到"。这种情况在 2 岁左右就出现，他们因为被限制的语言能力不能要饼干或者认为这一要求得不到满足。取而代之的是，这个 2 岁大的孩子跑到另一个孩子那儿，推那个孩子，并拿走饼干。这对全世界任何一个 2 岁的孩子来说都是一个非常典型的并且正常的行为。而非常特殊的是回应孩子行为的人的反应。这有无数种反应的可能性，例如有些孩子开始哭，一个成年人开始叫喊，或者大人开始批评。在每一个案例中，孩子将攻击行为的信息藏在心底。被藏在心底的信息或许是"如果我伤害了别人，我也会受到伤害"；或者"当我推的时候，我表现得不能照顾别人"；或者"当我想要的时候，我不得不推走我以前得到的"。无论这个信息是什么，它变成孩子心底对攻击角色的信息。频繁攻击的儿童经常在需要激励攻击扮演的信任操作下是有问题的，并不是表演本身。这信任的结果是对自己的一种扭曲观点，类似于"我的需要是错误的"或者"我的感受是错误的"和最终有一种行为功能失调的模式。在CCPT中，孩子攻击的目标是为了使攻击背后的需求表达变得更容易。然而，到儿童去接受游戏治疗的时候，他们已经历过那么多次需求和攻击行为之间的混乱，他们已经不能区分需求行为和攻击行为，这可以从他们自动选用攻击行为来表达感受和需求中反映出来。他们只是不能意识到有欲望和攻击性表达欲望之间的不同。因此，对他们来说，用其他的表达需求的方法也很困难。

精神健康干预依靠治疗师对一个环境的简化，这个环境接受表达攻击，并出于自我提升的目标鼓励攻击的表达。依据这种理解，CCPT允许孩子通过表达攻击来作为帮助显示攻击行为背后孩子的需要的第一步。因为孩子不会区分需要和行为，允许孩子在游戏室里进行攻击向儿童传递了儿童的需要是有价值的信息。一旦孩子感觉自己这个方面被理解，并被治疗师认为有价值，这孩子也将开始接受和重视自己的这些方面。这是在游戏治疗中调解攻击的共情角色。依靠自我实现（CCPT的基础）的目标，这孩子将自然地发现更多表达需要的自我提升方法。关系的质量和接受的、理解的与移情的成年人在场使得被儿童同化的表达与在其他环境中是不同的（Tortter，Eshelman & Landreth，2003）。虽然这个攻击理论在它的积极性方面是诗意的，但在它在实用性上比较难接受。

因为CCPT治疗师与有攻击性的孩子进行工作，并给予成功的进程一些时间，所以孩子的攻击行为或许会比较频繁地加强或增加，进而威胁治疗关系。有的孩子对自己、治疗师或者其他人极其有攻击性，可能将游戏治疗的限制推向大的挫折。有攻击行为的孩子依靠他们的自我保护机制去提供应对这个世界的一种方式的安全感。治疗关系的亲密感觉被威胁，这个孩子可能怀疑并抗拒感知到试着改变其行为的治疗师。这种不熟悉的关系可能被孩子感知为一种威胁；因此，治疗关系能首先作为对攻击的一种外在刺激（Johnson & Chuck，2001）。许多游戏治疗师经历着对一个直接用身体攻击他们的孩子给予适当回应的困难（Johnson & Chuck，2001）。

莫斯塔卡斯（1973）、米尔斯和艾伦（1992）在游戏室里描述和攻击儿童的工作（表10.1）。莫斯塔卡斯（1997）观察到带着强烈情感进入游戏室的孩子是非常扩散的和无差别的。当孩子和治疗师建立强大的信任的时候，愤怒、敌意和攻击将变得更聚焦，直接和特定的人有关。当这些表达被治疗师所接受，孩子的感情变得不那么强烈，并更少影响孩子的行为。乐观的表达开始混合在攻击游戏中出现。在游戏治疗的最终阶段，孩子的游戏更多地被积极的感情标记并变得更现实。米尔斯和艾伦（1992）描述一个相似的进程，但在开始阶段注意孩子对治疗师的焦虑。治疗师的接纳被孩子当作新的经验，变成一个焦虑的来源，孩子不能容忍身体亲近治疗师。治疗师对孩子设置限制来建立安全感，孩子回应测试限制，对这种不亲密的成人关系感到混乱。当治疗师继续接受和限制设置，孩子更多地参与互动游戏，更少地参与攻击游戏。两种对游戏治疗进程的描述都强调了孩子和治疗师之间关系的改善因素来降低攻击行为。

### 表 10.1　攻击儿童游戏治疗步骤理论

| 游戏治疗 | 莫斯塔卡斯（1973） | 米尔斯和艾伦（1992） |
| --- | --- | --- |
| 步骤 1 | 扩散的情感：情感是无差别的，大部分是消极的。情感是夸大的、普遍的，并容易激励的、诱发的 | 接受环境和关系的建立：治疗师接受儿童对攻击游戏的需要。孩子是焦虑的。治疗师设置限制 |
| 步骤 2 | 直接的敌意：随着和治疗师关系的澄清与加强，敌意的态度逐渐变得更锋利和具体。愤怒表达得更直接并和特定的人有关。当表达被接受，总体经验上，感情变得不那么紧张，也更少影响孩子 | 限制测试：孩子参与到最小程度的容忍行为和测试治疗师的接受。孩子经历着矛盾心理 |
| 步骤 3 | 愤怒和矛盾心理：愤怒仍然很特定，但一些的矛盾心理出现。游戏在攻击和更积极的表达形式之间波动 | 工作步骤：孩子和治疗师更互动，可能会提升自信。攻击行为减少 |
| 步骤 4 | 乐观的感受：游戏更现实。乐观和悲观的态度更容易被区分 | 最后：孩子从攻击行为变成社会接受的行为。敏感性可能提升 |

## 游戏室里攻击的简易化

在游戏室中允许的攻击表达的第一步是提供物质以鼓励更宽范围的表达。柯德曼（2003）建议使用被归为有攻击性的玩具可帮助孩子表达愤怒和担心，让他们学习扮演象征性的攻击，探索力量和控制的问题，象征性地保护他们自己远离危险，建立值得信任的感觉，探索能保证他们自己安全的方法，并在一个安全的环境中培养自控能力。治疗师为游戏室选择玩具取决于它们可以有多种方式被儿童用到的能力。特定的玩具有典型的攻击标签，并且它们在游戏室中提供不同的目的。这些玩具包括出气筒、武器（枪、剪子、剑等）、玩具军人，以及橡胶球拍、塑料的盾、手铐、绳索（Kottman，2003；Landreth，2002）。游戏室中这些玩具是对攻击的适当表达是十分重要的。游戏室中有许多玩偶和毛绒玩具限制孩子的攻击表达；就像游戏室中有许多枪和刀子限制感情的表达（Trotter，Eschelman & Landreth，2003）。如果在游戏室中没有攻击型的玩具，然而有类似于娃娃、瓶子和毛绒玩具的存在，孩子会接收到这里没有表达攻击驱动力或感情的空间的信息。对一些非常具有攻击性的孩子，这个信息会内化为"在游戏室里没有我的空间"。

治疗师向着游戏室中能够允许和接受攻击行为的目标工作，他们可能打开一个冲动的、重要行为的潘多拉盒子。回顾设置限制环境那章，CCPT的指导方针仍认为情感总是可被接受，但是行为却不是。游戏治疗师们（Willock，1983；Moustakas，1973；O'Connor，1986）已经承认一系列发生在治疗室里的攻击行为，包括吐口水、踢、打、猥亵、咬、叫、投标枪、扔东西、扮演被杀或死亡的场景、破坏物品。对于许多有攻击性的孩子，这些行为并不是一次出现的。有些孩子从一种攻击行为到另一种攻击行为要一个学期，要求来自治疗师的不变的限制环境。

和所有的孩子一样，有攻击性的孩子经常对限制环境有很恰当的回应。第6章提及的限制环境的程序对这些人来说同样是合适的。第一步是提出

ACT 最初的限制环境（Landreth，2002），它包含了承认孩子的感受，交流一个最后的限制，把一个可变的表达行为作为目标。第二步是选择给予，它被最后一步跟随着，很少被使用，是结束这个学期最终的限制。对限制环境持续不断的、始终如一的使用将最终为攻击性感受和需求的适当表达的进程作贡献。

## 治疗师对攻击的反应

或许，对攻击型孩子的游戏治疗简易化的问题干涉最多的是治疗师个人。孩子的攻击行为可能激起他们在游戏中的消极感受，例如感觉没影响、没帮助和不可能。作为一个结果，那些感受可能使治疗师生气和担忧，它经常变成一个治疗师主要的困难。

和攻击儿童工作的最初阶段是探索治疗师对于儿童和治疗角色的信任系统。接下来是一些我帮助治疗师在他们被挑战的时候探索共同的信任：

1. 我的工作是使儿童感觉更好。

2. 每次我看到一个儿童，他／她必须比我们刚认识时感觉更好。

3. 儿童应该遵从规则。

4. 儿童应该遵从最低的损坏规则。

5. 如果儿童没有遵从规则，实施规则是我的工作。

6. 我有力量去控制一个孩子的行为。

7. 如果我没有控制一个孩子的行为，那我就是没用的或者是一个失败者。

这些不仅仅是游戏治疗师的信念，也是成年人关于儿童的一般信念。同意这些信念中的任何一个将导致 CCPT 中的挑战，尤其是对有攻击行为的孩子。有着重复的风险，CCPT 促使所有的需要和感受的表达，认为问题行为是扭曲或者没认识到需要和感受表达的结果。因此，行为是表达，并应该被有影响力的游戏治疗师概念化。一个 CCPT 治疗师关注孩子的目的和如何促进目的的直接表达，而不是关注如何停止或改变一个行为。当然，限制环境是帮助适当表达的一部分，但是治疗师的首要目标是允许表达。另一个对以上可能的信任清单的挑战是对信任的实际运用。对孩子而言，如果没有身体上的强有力的限制，就没有方法"让"他们遵从限制。遵从限制是每个人自己的选择。治疗师的角色是提供限制，但是决定是否待在限制里的角色由孩子来扮演。当一个治疗师接受促进表达的作用，并认识到实施限制的实际局限性时，他将增加他对有攻击性孩子的影响。

一旦治疗师探索与攻击儿童工作有关的意见和信任系统，遵从这个限制环境的程序应该变得不那么情绪化（对治疗师），并有更多成功的结果。然而，治疗师需要保持耐心。一个孩子企图建立新的内部自我代表和与他人关系中的自己是一个缓慢的、复杂的进程（Mills & Allan，1992）。另一个和有攻击行为的孩子工作有用的建议将提升进程：

**移情作用的持续使用。**米勒和艾森伯格（1988）定义移情为"经历与其他人始终如一的情感经历"（p.325）是被另一个人的影响情形所激发的。在移情的存在和攻击的显现之间有一种消极的关系。移情的理解是对有攻击性儿童产生作用的基本要素。通过理解攻击行为并表达它背后的意思来使治疗师证明移情作用。例子包括"这对你来说是非常新的并且你感觉恐惧"和"你感觉你不知道要做什么"。虽然不是证明移情的唯一工具，但感觉的反应能传达一种移情的态度。

**寻找孩子的目的和回应。**一个游戏治疗师应该寻找孩子的意图。孩子试着表达什么？是对于命令、力量、控制、自己的感觉、和其他人的联系的需要吗？这有很多的目的，同时使作为一个单独个体的孩子有价值并回应个体的需要是治疗师的任务。感觉和需要的反应提供移情作用和理解的双重目的。

**继续耐心地设置限制。**当和攻击性的孩子工作时，限制环境会使人筋疲力尽。我已经经历并且观察被80%的治疗师的回应组成的限制环境的咨询。正如之前已提到的，自己调整的进程会非常缓慢。有影响的治疗师相信进程并反复设置限制指导进程实现。一个对治疗师有用的小建议是标注任何进程。对一些孩子而言，限制环境回应从80%到70%是一个显著的收获，应该被治疗师庆祝。对攻击性孩子设置限制，步骤能被更快使用，并且治疗师留下仅有的最终的限制。通过保持耐心、始终如一、重复来放慢进程是很重要的。

　　**始终如一地跟随选择结果。** 选择给予在第 6 章限制环境中有详细的解释。利用攻击性儿童的选择给予，治疗师应该尤其注意保持转移后所带来的结果。当儿童作出一个选择时，治疗师会负责地保证这个结果，比如儿童想要枪或者球。当一个孩子试着引诱治疗师改变结果时，治疗师需要保持专一。最终地，用依靠我们的选择所预言的结果向儿童证明这个世界是一个安全的地方。

　　**检查声音。** 我观察到治疗师设置有效的限制时最具破坏力的行为是声音语调。基于恐惧和焦虑，一个治疗师可能用一种语调，它传递一种需要去控制或一个关于如何处理形势的脆弱性／易损性。设置限制时需要尽可能客观。儿童，尤其是有攻击性的孩子，对音调非常敏感，与实际的语言相比，他们对它的回应更多。治疗师必须传递给儿童一种自信并客观的感觉而使他们去相信遵循限制会安全。

　　**不要接触孩子的身体，除非绝对需要。** 更早的时候，有人指出限制环境步骤能很快地耗尽与攻击儿童的工作进程。当行为和语言强化，一个治疗师很容易发现她自己和一个孩子身体的对抗，感觉需要在身体上控制孩子。在这种形势下，任何向孩子的身体的移动可能说明对孩子的一种威胁。就像其他任何一个人，感觉到威胁的孩子都将试着去保护自己，而这经常看起来是无理的，而不是自卫的。在一个限制环境的情形，向一个孩子身体的移动应该仅仅是扮演，除非这个孩子或另一个人处在真的危险中。这不应包含跑和叫。当治疗师认为需要时，他只能使用自己的身体作为一个障碍物，而不是作为一个无理的身体约束。在治疗师和孩子之间消极的身体的相互作用会破坏治疗进程并需要花费好长时间恢复，如果还能恢复的话。

　　**自制！自制！自制！** 当转变成身体的对抗，预防的控制对有攻击性的孩子来说是有帮助的。当实体环境也传递出事情都在控制之中时儿童会感觉舒服。例如，宽敞的地方很难对这些孩子进行调遣，但是封闭的屋子会提供舒服的感觉。除了经验和观察，我没有证据证明这一点。当有攻击性的孩子被放置在开放的环境中时，他们有混沌的感觉并失去安全感，然而他们在小屋子时似乎更平静。说起小，我不认为是一个密室，而是一个有四面墙的房间。因此，如果治疗师清楚地知道儿童经常表现为有攻击性时，制订一个使孩子能够更有顺序地进入、离开游戏室的方案是最佳的。等待时期和转变对于有攻击性孩子来说不是强项，在和他们工作时应该减少使用。

## 和攻击型孩子的父母工作

研究表明，孩子在婴儿时期和幼儿时期所接受到的父母教育的质量与他们攻击行为的出现、延长（Mills & Allan，1992）有着重要的联系。对有攻击性儿童的工作进程花费游戏治疗的大量时间。进程的及时性被孩子感觉的深度和对攻击行为的需求所影响。建立一个安全的环境对大多数孩子来说会相当快，但有攻击性的孩子有时候要花费更长的时间。我已经和一小部分在长达8~10次咨询中都不能参与到任何游戏中的孩子工作，他们只表现为攻击行为。在相信进程的这段时间里，父母经常对游戏治疗的进程感到焦虑。

通过始终如一的父母咨询来保持父母清醒并被鼓励是很重要的。通过咨询，治疗师不仅仅应该告知父母任何进程，也应该帮助他们寻找在家庭中的进程。因为许多孩子的行为是阻碍的、破坏的，父母很难有机会看到进程的缓慢信号。就像孩子在一天的时间内行为的攻击性回应减少了1~2次，或者达到暴怒的过程更缓慢，又或者制造和父母积极的关系中小的不成功的尝试，这些信号经常被沮丧的父母忽略。

## 和父母工作的几点建议

**1. 持续不断地咨询。**游戏治疗师应该每隔 3~5 次咨询和父母沟通一次；对这些孩子而言，间隔 3 次咨询是最低要求。当孩子在他们的环境表现出攻击性，父母需要额外的支持。

**2. 让父母正常化地看待孩子的行为。**虽然孩子的攻击行为是有挑战性的，有时引发一系列的结果，父母需要确信孩子不是一个怪物或者和其他的孩子完全不同。游戏治疗师能帮助父母解释儿童可能的目的和动机。对治疗师而言，告知父母这些行为并不新鲜也能帮助治疗师使父母安心。第 6 章关于设置限制的例子中提到，当一个有攻击行为的女孩被逐出治疗室时，治疗师随后打电话告知其父母这个事件并用下面的陈述："我知道今天很困难，塔丽卡也非常有攻击性，但我只是想让你知道，这是我们准备好去应对的一些事情，塔丽卡不是我们工作中第一个有攻击性的孩子。我们会一直工作下去，直到她能够找到一个更好的、更亲近的方式去表达她自己。"这些性质的声明让父母知道他们在一条战线上，而且孩子并不是一个不可控的外星人。

**3. 保证问题的解决。**游戏治疗师每周都应准备好与父母描述的危机进行工作。当父母提出特殊的事件，游戏治疗师应该通过实践的细节去帮助发现哪些问题在下次可能会帮助父母。关注点应该是怎样去帮助父母找到预防的方式去应对孩子的行为，而不是关注解释结果或毫无意义地试着使父母对所有的事情都安心。

**4. 游戏角色在治疗中和家里的使用。**有攻击性儿童的父母尤其容易受到影响去了解当一个孩子处在一个攻击行为中时如何进行干涉。他们将解除和分离或通过使孩子参加力量游戏作为典型的回应，而这会引发更多的攻击性行为。父母需要游戏治疗师的支持去指出当一个孩子在一个规律的基础上表现出攻击性时的不同方法。接下来的进程是"行为练习"和被莱维和奥汉隆（O'Hanlon，2001）作为一个研究进程描述的改进的步骤。它们已经是改进之后能适合以孩子为中心的理论去解决一个孩子的问题行为，并且这个方法在第9章父母诊疗时已被简短地提及。

a. 游戏角色跟随一个特殊的事件，如当父母认为孩子有攻击性、无理等。

b. 挑选一个平静的时间段，当父母和孩子放松时。

c. 从开始到结束演完特殊事件。

d. 通过反应感情来保持移情作用，但是通过继续游戏角色直到得到想要的结果。

e. 父母对经历成功和有趣的事情必须保持平静。

接下来是一个特殊的使用游戏角色手法的例子。

*事件：准备上学。* 这天早上和平常一样，杰克的妈妈试着叫他起床。在几次尝试之后杰克不醒，他妈妈从美好的提醒到叫喊和威胁。妈妈最后把杰克从床上拽出来。杰克通过叫喊、踢和辱骂来回应。然后妈妈和杰克为了杰克穿衣服准备去学校而争吵不休。叫喊一直持续到妈妈把杰克放在学校10分钟以后。这个事例中的行为联系步骤包括以下方面：

①在晚上，杰克看电视、玩电脑、出去玩或投入到另一个平静的活动。妈妈也很平静了，因为接下来的几分钟没有紧张的职责。

②妈妈对杰克提出："今天早上我们有一些麻烦，我们需要练习让它更好。我们练习成功后，你能再看电视。"

③妈妈简短地解释了杰克需要在叫他起床、穿衣服和刷牙时不争论，也不叫喊。

④妈妈要求杰克睡觉、关灯，并开始平常早晨的进程。

⑤妈妈小声说："早上好，杰克，该起床了。"

⑥杰克有时会消极回应，此时妈妈应该反应，设置限制，然后重新开始。

⑦"你对我们练习很生气，但是我不是你喊叫的对象。你需要回到床上然后重新开始。"

⑧妈妈继续直到杰克成功地完成了整个早上的程序。这可能花费了相当长的一段时间。妈妈需要保持冷静，不说除让杰克完成任务以外的话。

⑨当一个成功的练习出现，妈妈没有惩罚和教训地继续。

⑩第二天早上，妈妈用"早上好，杰克，到起床的时间了"来开始这一天。

⑪如果杰克起床并通过有最小的中断的方式，行为练习便起作用了。

⑫如果杰克有攻击行为，妈妈试图通过以最小攻击和生气的态度度过压力很大的早上的这段时间。然后，晚些时候，当她和杰克冷静时，妈妈重复行为练习的进程。

行为练习很消耗时间，它也检验父母的耐心。父母需要支持和鼓励去继续行为练习的进程直到改变发生。对于过度需要力量和控制的孩子而言，行为练习可能在很长一段时间内都不成功。然而，如果一个父母继续尽可能地表现出客观和关心，行为练习将会在帮助提升孩子行为的同时也提升父母/孩子的关系。

## 关于攻击和游戏治疗的研究

CCPT 在减少攻击行为方面是有效的这一论断已被初步的研究支持。斯隆（Sloan，1997）发现在 11 个孩子参加攻击控制游戏治疗课程和 11 个孩子参加 10 个传统的游戏治疗课程后，参加攻击游戏治疗课程的孩子相对于接受传统的游戏治疗的孩子，在游戏室中表现得更没有攻击性。科特、兰德雷斯和焦尔达诺（Giordano，1998）发现在接下来的游戏治疗中，11 个参加 12 个 CCPT 个人课程的孩子比 11 个被分配到一个控制小组中的孩子有更少的攻击。在早期关注孩子攻击行为的一个研究中，舒曼（Schumann，2010）调查了 37 个孩子，他们都有攻击行为，并且他们从幼儿园到四年级被老师和家长认为是难题。参与者在《儿童行为评估体系》（Behavioral Assessment System for Children，BASC）的攻击分量下被家长和老师认为是有危险或者临床的标志。20 个孩子参与 CCPT 中 12~15 次的咨询， 17 个参与 12~19 次小组指导，使用基于证据的学校的第二步暴力防范课程。结果反映，教师填写 BASC 的攻击分量表并进行报告，这些测量结果在中等规模效应下，以及父母在 BASC 和儿童行为清单的测量结果在微小规模效应下，两组统计数据均显著地提高了攻击性。雷、布兰科（Blanco）、沙利文和霍利曼（2009）调查了被老师反映在课堂上有攻击行为的 41 个孩子。治疗组收到 14 次 CCPT 咨询，每周举办两次。控制组被放置在一个等待清单中，没有收到任何治疗。根据父母报告的影响尺度，治疗组在攻击上的稳步下降超过了控制组。老师反映两组都有标志性的提高。在事后比较分析中，反映出接受 CCPT 的孩子在攻击行为上的统计显著下降，而控制小组的孩子则没有显著不同。

## 结论

攻击是孩子成长中正常的一部分，是所有的孩子年轻时候的典型表达方式。随着孩子逐渐长大，他们发展能力去满足他们的需要，而不是攻击其他人。然而，有些孩子不学习或者不利用必须技能来达到他们的需求，而是继续攻击行为。游戏治疗允许孩子去表达他们的攻击动机，同时限制他们的伤害行为。通过孩子表达和治疗师共情地接受，儿童会向着一个更加自我提升的方式去应对他们的世界。CCPT 的领域已经被理论和研究证明，当一个孩子经历游戏治疗中提供的环境之后，他的攻击行为会减少。

# 第十一章 团体游戏治疗

团体游戏治疗需要对儿童和游戏过程作出承诺，因此被认为优于个体游戏治疗。斯莱文森（Slavson，1999）在他的文章中强调了这个观点。

> 因为个体游戏治疗中存在成人破坏性敌意和焦虑，而团体游戏治疗中由于其他儿童的出现而形成的相互支持，所以在个体游戏治疗中很少出现较多的游戏。（p. 25）

团体游戏治疗要求游戏治疗师具备丰富的经验和高级的技巧。而游戏治疗师在个体游戏治疗中能够自由控制很多可变的治疗程序。个体游戏治疗中，游戏治疗师控制环境，并决定如何回应每个儿童。互相影响是经常可以预知的，因为游戏治疗师可以预料到儿童如何接受他的每个回应。然而，团体游戏治疗模式要求游戏治疗师接受人类联系的必然性，而治疗师无法控制这个因素。团体游戏治疗不仅需要游戏治疗师在治疗中展现的专业技能，也需要在互相交流中表现出对来访者的认可和接纳。团体游戏治疗为儿童提供了积极和消极的互相影响，具有挑战性的环境，并且允许为不同的儿童提供不同的治疗方案，这比个体游戏治疗需要更多的技巧。与个体游戏治疗相比，团体游戏治疗师的信心有时会受到团体治疗中发生的事情的影响。游戏治疗师也有可能会感觉失控，无力对治疗进行回应，从而减少那些在个体游戏治疗中出现的与来访者的密切行为。要战胜这些挑战，游戏治疗师需要正视团体游戏治疗的价值，并且承认它的疗效远超个体治疗。

# 团体游戏治疗的价值

尽管团体游戏治疗并非对所有儿童都有效，但对一些儿童来说也能有效地改善他们的生活能力。以下是一些相关观点：

1. 儿童的舒适水平。在新环境中，因为有其他儿童的出现，每个儿童与成年人互动的焦虑感都会降低。（Ginott，1961）由于有其他儿童参与，儿童进入治疗环境时会更加舒适。

2. 儿童的参与感。当儿童在互相观察和互动时，他们会感到自己的行为是被允许的。而这种许可的出现可能会加快儿童的治疗进程。（Sweeney & Homeyer，1999）

3. 替代和感情宣泄。通过观察游戏中的其他人，儿童可能会主动展现他自己过去和现在的悲痛。（Ginott，1961）与成人治疗组相比较，一个成年人不论在哪儿谈论有争议的话题，其他人都会分享类似的感觉和经验。相同的进程会出现在团体游戏治疗中，同时还需要介绍确定的材料和主题。

4. 间接和直接学习。通过体验团体治疗，参与者从互相学习中受益。在团体游戏治疗中，儿童学会了为实现个体或团体目标而群策群力解决问题，也学会了此前希望从其他儿童那里学习却没有学到的技能。这些在团体游戏治疗中获得新的技能，可以随着学习经验转移到现实生活中。（Ginott，1961）

5. 游戏治疗师观察的机会。通常在个体游戏治疗中，一个儿童的游戏主题和活动过程是在游戏治疗师的观察下进行的。（Ginott，1961）父母可以记录社会技能的缺失对儿童在学校、家庭等地的消极影响。只有通过这些观察，游戏治疗师才可以观察儿童社会技能的缺失或儿童与人交往的焦虑。团体游戏治疗使游戏治疗师可以整体地看待在环境影响下的儿童。

6. 真实尝试和限制设定。团体游戏治疗建构了一个微型社会，这需要合作的技能。通过团体游戏治疗，当消极体验出现时，儿童可以在安全的环境下尝试使用新行为解决问题。（Sweeney & Homeyer，1999）

7. 积极的相互影响。团体游戏治疗为儿童体验积极的相互影响提供了环境。（Ginott，1961）在操场上，儿童可能在追逐打闹时从消极的相互影响中走出来。在游戏治疗师的帮助和团体游戏治疗的设置要求下，儿童保持身体上的接近，可以了解面临危险时的感觉和反应，还可以了解游戏治疗师的想法。觉察到相互影响的联系可能会增加儿童的积极经验。

## 团体选择

然而大多数儿童可以进行个体游戏治疗，却并非所有儿童都能适合进行团体游戏治疗。有一些儿童表现出的个性和行为特点显示其并不适合团体游戏治疗，例如极端的攻击性。此外，有些儿童的外部生活经历远超其他同龄人，并会利用游戏治疗解决这些经历，例如经历过性侵犯，这会引起其他儿童从未经历过的焦虑。因此，必须有一套普适性团体参与的标准。斯莱文森和施弗尔（1975）把这个标准叫作"社交渴望"（p.107），是与他人相关的潜在可能。吉诺特（1961）详细解释了社交渴望，把它定义为"一个人渴望通过行为举止、穿着打扮、言行一致，获得同龄人的认可，获得并保持在团体中的地位。为了回馈大家的认可，儿童会改变行为"。在团体治疗中，游戏治疗师为不同的潜在团体成员和为了被接纳而自愿改变行为的成员评定社会意识的等级。如果儿童个体没有关于社交及其所接纳的人际关系的意识，团体治疗的模式很少会有效果。因此，可以通过以下问题确定社交渴望的评价：

1. 儿童会注意其他儿童的仪表到何种程度？
2. 儿童会注意其他儿童的行为到何种程度？
3. 儿童会尝试与其他儿童相互影响到何种程度？
4. 儿童会改变自己的行为以获得其他儿童的注意到何种程度？
5. 儿童会改变自己的行为与其他儿童相互影响到何种程度？

6. 儿童会改变自己的行为以获得其他儿童的认可到何种程度？

如果这些问题的答案都是"很大程度"，那么这个儿童表现出的社交渴望证明了团体效果。更有可能的是，游戏治疗师会不断询问这些问题，为儿童的每个答案作出评定。基于全部社交渴望等级的呈现，游戏治疗师需要作出决定，即在进入适当的团体之前，儿童是否需要体验基本标准的团体游戏治疗。

但是，如果是因为儿童不适应团体规则，那么他们很难准确、快速地识别规则，所以这些儿童是否也被认为不适合进行团体游戏治疗呢？恰恰相反，游戏治疗师会考虑作出适当的改变使儿童适应团体游戏治疗。确定团体游戏治疗最有效的方法是在个体独立阶段让儿童优先作决定。接下来的问题是决定儿童进入团体游戏治疗时，需要考虑的因素：年龄、攻击性、依恋性、性侵犯、社会和相关问题。

**年龄**。在游戏治疗领域，关于儿童选择干预方法的合适年龄也有不同意见。小时候，儿童不太可能表现出社会渴望，特别是他们不太可能理解其他儿童。儿童发展的标志是儿童从最初观察周围他人，转移到观察其他儿童的行为，再发展到产生与其他儿童玩耍的欲望，最后到游戏行为根据他人行为进行改变。通常，年幼的儿童根本就不会注意到其他儿童的行为或存在。甚至4~5岁的儿童，可能注意到别人在游戏，但他与他们没有任何关系，因此，游戏作为一个不断变化的过程是不起作用的。不断观察学前组，可能会看到一个儿童在吹口琴，而同时另一个儿童在玩娃娃。如果儿童们都不互相干扰，实际上很少会发生互相影响。然而，这对儿童来说不是常见现象。一些儿童从很小就被社会调节，并为了获得想要的而开始练习社会技能。就像上面的例子，儿童玩娃娃时可能注意到其他儿童在吹口琴，并且他也想要吹口琴。这个儿童就问另一个儿童是否可以交换，并且笑着看着他，或者从他手里抢走口琴。这些行为是由迎合社会性的需要而唤起的，当然也有不同的技能层次。其实并没有确定什么年龄更适合团体游戏治疗。而我们熟知的是儿童在年纪稍大时更容易有社交渴望，如果在正常的范围内发展，全面的社交渴望需求会在 11 到 12 岁时达到顶峰。游戏治疗师可能运用这个知识去发展最初的团体，越过个体游戏治疗，多在 7~12 岁的年龄。

**攻击性**。业内已达成普遍共识，即攻击性儿童不适合团体游戏治疗。然而，这些团体分类的明确标准对游戏治疗师是没有用的。攻击性儿童有攻击性行为，并且有能够促成这种行为的背景条件。攻击性儿童会在团体交往中有所收获。接下来的问题可以帮助游戏治疗师对团体游戏治疗进行适当的评估：

1. 儿童和谁在一起的时候，会表现出典型的攻击行为？

2. 典型攻击行为的自然表现是什么？儿童扔东西、自残或伤害他人？

3. 儿童的攻击性达到了什么程度？（例如：攻击他人并逃跑，掐别的孩子的脖子直到被大人制止）

4. 儿童在什么情况下会表现出攻击性？儿童变得有攻击性是为了满足他的需求还是为了免除权威威胁，是自然的还是无缘无故的？

当儿童与那些不容易被恐吓的儿童在一起的时候，他希望能够按照他的方式去推搡、打闹、恐吓，以此来适应团体游戏治疗。在儿童交朋友与维系友谊方面，团体游戏治疗中的互相影响能帮助儿童学习到必备的某些社交技能。如果一个儿童有严重暴力史并且曾经严重伤害过别人，那么他并不适合参与团体游戏治疗。这样的儿童需要从个体游戏治疗开始，游戏治疗师可以从提供可控的环境开始。如果一个儿童因为没有朋友而对父母表现出攻击性，他可能会成为一个好的团体游戏治疗的参与者，因为儿童在与父母的互动中表现出了对权力和权威的需要。团体游戏治疗可能会强调与社交技能缺失相关的问题，这并没有触及儿童以攻击的方式进行控制的需要。

**依恋**。最开始，典型的因童年创伤或忽视而被遏制的儿童被归为缺少依恋，他们并不适合参加团体游戏治疗。这些儿童能够从对成人的依恋中受益，希望通过长期的关系来消除童年创伤，并且学习如何与一个特定的成年人发展牢固的关系。把有依赖性的儿童放到团体里，必定会引起其巨大的焦虑。因为儿童在努力营造的安全环境中可能会被回应、被关注或被攻击，所以团体游戏治疗可能会加深不信任的问题。然而，最初使用团体游戏替代个体咨询时倡导，团体治疗对那些幼年经历过创伤或忽视的儿童很有益。当儿童可以与成人建立联系了，团体游戏治疗会提供环境将这种联系延伸到其他儿童身上，并且练习曾经忽视的技能。

**性侵犯。**当儿童面对依恋问题时，遭受性侵犯的儿童能够从最初的个体游戏治疗中受益。在成人提供的一致的、治疗性的安全环境中，儿童能够最好地表达与性侵犯共同存在的困惑。遭受性侵的儿童可以使用游戏治疗中获得的经验应对他们的经历，并表达他们对性侵的观点。与同龄人相互交流的过程可能会扰乱遭受性侵的儿童，并使他们不敢完全表达。此外，被性侵的儿童拥有的性知识远远超过大多数儿童的性知识水平。当一个儿童与另一个毫无经验的儿童分享性知识时，结果是使他感到不安或焦虑。然而，这些可以在接下来的个体游戏治疗中得到解决，而遭受性侵的儿童也可以从与同龄人的互相交流中获得巨大收益，不管有没有被性侵，团体游戏治疗都可以达到重新被同龄人支持的目的。

**社交和关系问题。**普遍观点认为团体游戏治疗对那些正在经历社交恐惧的儿童是最合适的。没有朋友或与同龄人有冲突的儿童是团体游戏治疗的首选参与者。尤其当儿童逐渐长大，同龄人的影响变得更重要时，儿童结交朋友和维持友谊的能力对日常发展变得至关重要。儿童与另一个儿童同时被安排在一间房间里，团体游戏治疗为这些儿童提供一种环境，儿童在此可以从相互联系中自然地练习社交技能。在游戏治疗师的参与和促进下，团体中的儿童学到了如何互相观察，他们的需要、感觉、想法和以什么方式表现出来能够支持彼此交流。

# 团体的构成

当游戏治疗师决定让一个儿童参加团体游戏治疗时，最重要的是将这个儿童和其他方面进行匹配。再次，试图列出全部规则是没有意义的。有些观点认为治疗师应该"经常把一个欲望强的儿童与另一个欲望强的儿童进行匹配"或"经常把一个害羞的儿童和一个外向的儿童进行匹配。"我的经验是团体构成的规则是潜移默化形成的，并且不同的事件会引发不同的决定。以下是我在进行儿童匹配时，可能会用到的观点，供各位游戏治疗师参考。

**团体中儿童的数量。**儿童中心团体游戏治疗中包括大量的活动和由每个团体成员共同制定的团体规则。作为送给每个儿童的礼物，会设计语言和非语言类游戏活动，其中也会包含与其他儿童的关系，以及与治疗师的关系。游戏室中大量的例子证明了这些活动和关系。吉诺特（1961）和亚瑟兰（1969）引用了一个由5~8名儿童和一位治疗师组成的团体游戏治疗的例子。这段文字记录非常有吸引力，并证明了同样大小团体所具备的优势。然而，由于种种原因，我发现当儿童中心团体游戏治疗将儿童限制在2~3名时是最有影响力的。与团体成员数量有关系的现实因素，例如，游戏室的大小。在房间里，儿童需要足够的空间与其他儿童相区分，充分表现游戏能力。第二，团体成员的时间安排经常会使游戏治疗师在最初的团体干预中感到气馁和消极；团体中包含更多的成员时，要求有更多的时间安排可能。限制团体的人数能够帮助游戏治疗师提供更有价值的干预，而不是变成超负荷。或许更重要的是，当团体大小超过3个成员时，对治疗师而言，充分协调多样的场景变得困难。虽然儿童能够为彼此担当治疗性代理，而且治疗师也不是这个环境中仅有的因素，但它对于治疗师而言仍然是必须的，治疗师为儿童提供这样的态度，包括真诚、共情和无条件积极关注。对于许多治疗师而言，当超过2或3名儿童在场时，关系相互作用的多样性、声音等级和活动水平都可能会干涉治疗师的观点。

**性别构成。**性别和年龄是与另一个人直接联系时需要考虑的因素。对年幼的儿童，4~5岁时，性别很少会在游戏和语言中成为一个问题。男孩、女孩混合，并不会有干涉彼此的表达。在不同儿童间年龄小能够较广泛地接纳各类儿童，包括性别上的不同。当儿童逐渐长大，在性别方面变得更加确定，在游戏和言语表达中的不同会变得更强、更独特。当然，这对于所有的男孩和女孩来说都不是问题，仅是一个一般化发展的过程。长大的女孩和男孩在不同的性别这方面变得更加羞涩，尤其在游戏类型的关系行为上。男孩趋向于参加攻击性、象征性的游戏类型，而同龄女孩一般不会参加此类游戏。当女孩长大，她们更多使用语言扩张的形式建立联系，而男孩会变得少语，而是更好地通过行为建立联系。由于这些差异，团体游戏治疗经常要求如果儿童超过6岁时，游戏团体要由性别相同的成员组成。同性别团体将在某种程度上比混合性别的团体更鼓励团体成员间的表达、理解和接纳。

**年龄。**此前的工作中，年龄是考虑儿童能够能从团体治疗中受益的因素之一。如果治疗师已经确定儿童年龄适合参加团体治疗，那么这位治疗师必须为这个儿童（们）考虑最有影响的匹配年龄。普遍的指导方针是最好匹配儿童的年龄差在一年内。儿童在彼此的关系中是历史性分层的，而年龄在领导和接纳中是主要的决定因素。把相同年龄的儿童放在一起，就避免了不同年龄固有的不平等合作。"一年内"的指导方针是一个成功的典型，并且在我的经历中是工作起来最有效的。然而，也有例外。一个年长些的害羞的、经常被欺负的儿童可能会匹配一个更能接纳的年幼儿童，年幼的儿童将帮助这个年长儿童建立被尊敬的感觉。年幼的、冲动的儿童可能通过与年长的儿童的相互影响获得成熟。治疗师认为这两种跨越年龄限制进行匹配的模式是独特的。

**兄弟姐妹。**兄弟姐妹构成的团体是团体游戏治疗中的一个特殊情况。

将兄弟姐妹安置在同一个团体中需要有较少竞争性的指导方针。兄弟姐妹团体游戏治疗中经常混合性别和年龄。在兄弟姐妹团体的例子中，应使用一套独特的决策程序来确定适合团体的要素。这些要素要与兄弟姐妹相关，例如兄弟姐妹之间的对抗，或兄弟姐妹间的攻击，能追踪到发生在父母和儿童间的一种个人关系的消失。把一个努力获得个人关系的儿童和一个从一个环境变到另一个环境中依恋他人（父母）的儿童放在一起是禁忌，他们会竞争与依恋对象（治疗师）的关系。这种问题可以利用个体治疗进行干预，当然，也需要父母干预。兄弟姐妹共同存在的另一个问题是家庭创伤。他们可能已经经历虐待、忽视或被父母遗弃。这种情况下，兄弟姐妹团体游戏治疗经常是一种有影响力的干预方式，因为它为儿童提供了一个和治疗师相处的安全环境，并允许兄弟姐妹去表达对创伤的回应，同时在兄弟姐妹之间，团体游戏治疗师将匹配另一对恰当的兄弟姐妹团体。

**人格、行为和文化特点。**团体构成中最有挑战的因素是需要根据儿童的人格、行为和文化特点匹配儿童。这个孩子有很强的攻击性？这个孩子太沉默寡言？一个外向的儿童会帮助或抑制一个腼腆的儿童参与活动？失去父母的儿童能够帮助其他人，还是带他人走进他们自己的悲惨世界？当我把两个美国黑人儿童和一个西班牙儿童放在一起，种族会起不同作用吗？一个贫困的儿童能和一个享有特权的儿童建立关系吗？当治疗师匹配儿童团体时，有很多种类型的问题，他们将会自己找到答案。更可能的是，作出匹配决定的核心是和儿童在一起时发生的特别事件会使答案变得不同。在确定这些类型时，我发现以下这些问题对帮助作决策有用：

- 一个儿童能否逐渐跟随另一个儿童的发展而发展？换句话说，一个儿童的特点能否作为另一个儿童的典范？
- 一个儿童能否彻底压制到另一个儿童？一个儿童的特点，例如攻击性或失落感，能否强大到打倒另一个儿童？

- 当处理文化差别时，例如种族、语言或社会阶层，能否将基本背景不同的儿童混合在一起，以至于儿童很可能因为其他人的存在而沉默？例如，如果一个美国黑人儿童在她的成长过程中获得的知识就是和其他的美国黑人儿童在一起，她能和两个白人儿童、一位白人治疗师建立关系吗？或这个构成会抑制她表达自己的能力吗？

## 团体游戏治疗过程

有很多专业的方法和理论认为系统和团体咨询之间相关。在许多团体定向上，会有一种驱动力促使团体经验结构化，这样能给来访者带着很少的焦虑、引领团体凝聚力和最终目标快速进入交往中。团体游戏治疗的焦点经常是个别儿童（Ginott，1961）。儿童能够自由地、独立地与其他人一起游戏。当进行个体游戏治疗时，治疗师需要跟随儿童，仅仅作为治疗之外的一个人。如果团体目标或规则是由团体成员共同制订的，而不是由治疗师单独制订的，那么其他儿童和儿童之间可能存在的相互作用被认为是团体游戏治疗的治疗因素，尤其当存在更高水平的社会需求时。

在团体游戏治疗中，治疗师缺少组织凝聚力有两个原因。第一个原因是儿童中心游戏治疗依赖于个体的理论知识。团体领导模型促进行为，包括给团体中的人自治权，让儿童充分自由表达，促进学习，鼓励独立，接受儿童的创造性，充分承担责任，提供并接受成果，鼓励并依靠自我评价，并且在发展和他人的关系中获得奖赏（Bozarth，1998）。每一个儿童先天就具有自我实现潜力，会使用一个对自我和其他人有效的方法。罗杰斯（1970）相信团体过程比治疗师的行为和言语更重要，强调对态度能力的需求，这超越具体治疗回应。事实上，当治疗师感觉他必须引导或促进一些符合最终目标的过程时，治疗师可能会推动团体的发展。成员，甚至是儿童，又使用一种能为他人治疗的方法，这和治疗师的角色相区分。他们对彼此的方法会感觉是真实的，并且会自然地感受到共情，尤其当儿童有相同的环境、人格特点或存在的问题时。作为共情角色的"专家"，治疗师的工作是与儿童建立联结，这个角色对于儿童而言通常是完全自然的。

缺少对凝聚力关注的第二个原因是儿童发展的本质是倾向自我关注的。当儿童拥有自由游戏的机会时，他们就希望能转移到自己的方法上。根据年龄和社会渴望的水平，他们会进入或离开其他儿童的世界，但更喜欢自我指导（一个以个体为中心的治疗目的）。治疗师组织团体凝聚力的需要，经常会让儿童感觉不自在，就像他们不得不玩"长大游戏"一样。在练习时，当一位治疗师提供更多的结构化内容，这通常会被转化为为了维持结构化而需要更多的限制，更少的灵活性和治疗师更多的教育。一旦治疗师的指导增加，儿童的指导就会减少。那些自然而然发生的儿童和儿童之间的交往和玩耍，现在却变得虚伪了，而且这是有利于治疗师的却不是有利于儿童的。儿童无法体验自然交往及其结果，同时也放弃了自然地建立社交技能的机会。例如，在团体治疗中两个儿童都想要相同的玩具，他们会争抢玩具，然后最终转变为几种使用他们自己资源的解决方法，此后这种方式可能会被拓展到学校操场上。当治疗师开始干涉并传授几种社交技能来解决问题时，儿童经常遵守并像他们被告诉的那样去做，却无法将在咨询中为了遵守权威人物而不得不做的事情与同龄人交往之间进行联系。

关于团体游戏治疗的文章很少。我猜测，文章之所以很少是因为儿童中心团体游戏治疗没有被广泛使用；当它被使用时，它并不像个体儿童工作过程那样清晰。我相信团体游戏治疗不被广泛使用有很多不同的原因，至少不是因为团体组织安排的简单活动对治疗师而言是浪费时间的。其他的原因在之后的章节中特殊问题方面再进行阐述。当一种干预不被广泛使用时，会面临在干预使用期间，对于过程中发生了什么难以理解的挑战。这在团体游戏治疗中真的存在。

我们理解团体治疗过程最好的资源是重新阅读罗杰斯（1970）关于团

体的文章。尽管罗杰斯特别强调与成人开展团体的经验，但是他概括的团体过程会有一部分适合儿童的团体游戏治疗。这个过程开始于（a）团体中没有直接责任而引起的摩擦，然后（b）开始出现最初对个体的表达或探索，接下来（c）对过去感觉的表层描述，转移到（d）对组内其他成员悲观感受的表达，以至于建立安全感（e）来表达和探索对个体有意义的事物，引导（f）在团体中表达当下人际交往感受，这会在团体中发展（g）一种治愈能力和培养（h）自我接纳和改变的开始，专心关注（i）表面的破裂，这欢迎（j）私人的反馈，导致（k）对抗，形成（l）团体咨询之外有帮助的关系，然后（m）基本冲突出现（另一个人的真实经历），鼓励（n）积极感受和亲密的表达，最后促进团体中行为改变（Rogers，1970）。

对儿童而言，这段描述似乎很深奥，但仍然存在一些其他的适合儿童游戏治疗过程的表达。（a）儿童会使用较少方法就能进入团体游戏治疗中，最容易与自己或其他人开始游戏；（b）很少会有自我认为有意义的事件或想法，并且（c）用言语直接表达具体的事实（"我妈妈在监狱"）；（d）团体成员间的交往开始发生，可能会引起消极的相互作用（例如，攻击性玩具或在游戏中编造故事）；（e）游戏行为和故事情节会反映儿童正在挣扎的问题；（f）儿童通过游戏来反映自己的想法和感受；（g）允许组里的其他人看到真实的自己并强调接纳，不管有没有启发；（h）结果是儿童更加充分的自我接纳，包括想法和感受；（i）儿童现在能成为自我，反映出积极和消极的特点；（j）儿童之间的交往增加；（k）儿童之间真诚的反应和（l）咨询内外温暖的感觉和友谊增加；（m）引导彼此（遇见者）完全的接纳；（n）对其他人表达能感受到的积极感受的能力；并（o）为以稳固的友谊为目的的行为作出改变。在团体游戏治疗中能看到这个模式，当允许团体转移到它自己的目的时，给过程足够的时间去发生和促进——不是被治疗师干预的。

# 团体实例

我发现本章如果只选择一个案例来证明团体游戏治疗过程的特点是很困难的。凭借我的经验，我选择了一个典型案例，它最能证明为每个儿童提供无条件积极关注是很有意义的，并相信团体过程具有启动自我实现的趋势。

我是在 3 月份认识雅各布的，那时候他还在一年级。因为我曾经在这所学校里做过咨询，所以这所学校的咨询师告诉我雅各布是个有选择性缄默的孩子，从上幼儿园开始就不说话。在大概两年的时间里，学校尝试了各种方法来让雅各布说话。他们实在别无选择了，所以这个咨询师问我是否愿意让雅各布参加游戏治疗。当我见到雅各布的爸爸妈妈时，他们是对很上心的父母。他们说雅各布在家里时是非常爱说话的，但一旦到了学校，甚至看到任何和学校有关的人，他就立刻停止说话。回顾雅各布的过去，他的父母讲了几个有困难的发展里程碑。当他 9 个月的时候，雅各布的妈妈试图给他断奶，雅各布拒绝使用任何瓶子，最终因脱水住院而告终。当雅各布开始走路的时候，他因为摔倒而打自己的头，并且 6 个月内拒绝再次尝试。当他再长大一点，他的完美主义达到了极点，他将摧毁任何不能满足他的标准的物品，然后转向攻击型发怒。他是一个天生的艺术家，在 7 岁时，他会为了画画花费远远超过他这个年龄应有的大量时间，直到它们完美。这很明显，雅各布相当地固执并消极应对改变。雅各布的父母和我一起讨论了关于一般性焦虑的特点，就像固执和完美主义，这些行为的出现适应了雅各布的过去和现实的环境。

回顾在校的历史，雅各布的妈妈不能想起他从什么时候停止说话或他是否曾经在学校说话。她想起他的学前班老师因为他对她或其他的儿童不说话而表达过关心。到了一年级时，雅各布的老师发现如果雅各布的妈妈来学校，他就会说话。所以，他们想出了一个计划，让雅各布的妈妈一周来学校三次，让雅各布大声地对她朗读，这样就能达到老师要求的朗读水平。这对于他妈妈而言是一个困难，她在经济上需要全职工作，但又不得不每周腾出几个小时的时间来学校。另外，这个计划没有办法解决其他学科或雅各布缺乏与同伴交往的问题。

我立刻开始在咨询诊所中与雅各布进行个体游戏治疗。在治疗过程中他不说话，但他会安静地进行交流，他会使用指点和表演姿势与我交流。他也描述并试图拼几个单词来告诉我确定的事情。雅各布立即被游戏室中的两点吸引，一个是他辨认出酷似马里奥的玩偶，一个电子游戏的主角；另一个是电视人物的模型，齐娜，一位公主勇士。在他的游戏中，马里奥经常遇到麻烦，齐娜不得不去解救他，并指出一条能帮助马里奥走出可怕困境的路。在每次咨询结束的时候，雅各布都会很确定地在黑板上写"退出和保存"，用一个电子游戏场景来反映他对继续下次咨询的渴望。在随后的咨询开始时，他会写"游戏继续"。每周一次个体游戏治疗，雅各布和我进行了几个月。他先是在学校进行了两个月，然后暑假到了。在暑假期间，我们每周会见彼此两次，并且游戏让他非常开心，表明他通过放松的身体姿势来减少焦虑以及增加与我的不用言语的交流。

秋天，当他开始第二个学期时，我提前告诉他妈妈我仍然不确定他是否愿意在学校里说话。没有任何惊喜，一直到 10 月份，雅各布在学校里也不和任何人说话。11 月，他的妈妈说雅各布在家里放松了，表现更少的焦虑行为，更少的完美主义，并且没有发脾气。然而，她说他的老师非常担心，因为雅各布想要参加一所招收三年级学生的初等学校的考试，但他们没有准确的方法评估他现有的理论水平。我建议我们把游戏治疗移到学校中，我要求她允许雅各布选择另一名儿童参加到他的游戏治疗中。她同意了。在我们下一次咨询中，我问雅各布是否愿意选择另一名儿童加入他的游戏治疗中。他可以选择他年级里任何一位儿童，之后我会去询问这名儿童的父母，问他们是否愿意让他或她加入他的游戏中。第二天，雅各布的妈妈告诉我雅各布选择了一个儿童，她非常担心，因为这个男孩是雅各布从来没有一起玩或在家里谈到的。她不确定这是否会有帮助，因为雅各布和这个儿童从来没有真正说过话。我也赞成她，这似乎是一个奇怪的选择，但我让她（并试图说服我自己）去相信他的选择并给他一个机会。我与这个男孩和他的父母征求意见，他们在确定这对他们的孩子没有任何危害之后，就完全同意让他参加了。

当这名新的男孩，亚伦，加入治疗后，我对于他的存在感到非常兴奋。他善言谈并且幽默。他对游戏治疗很好奇，并立刻试图想要参与到雅各布的游戏中。没有说话，雅各布向亚伦展示了所有玩具并试图引领马里奥和齐娜做游戏。第一次团体咨询很有鼓励，我期望积极的改变。在我们第二次团体咨询时发生了一件奇怪的事情。亚伦不再说话。整个咨询中，无论是雅各布还是亚伦都没有说一句话，但他们一起玩耍。我非常担心，设想可能出现的最坏的结果就是我可能使亚伦选择成为一个缄默的儿童。在接下来的几周时间里，我提出我的疑问和担心，搜索我的心理学知识和接触过的游戏治疗，但我决定坚持干预一段时间后再去看看事情会如何发展。在第三次和第四次咨询时，他们还是没有说话但游戏开始改变。两个男孩都精心设置把马里奥置于危险中的场景。亚伦扮演耀西（Yoshi）角色，作为马里奥的一个伙伴。雅各布把马里奥放在危险的位置上，并且亚伦作为耀西将会发现一个帮助他的方法。当这些场景气氛变得紧张时，雅各布不再关注齐娜。他并没有承认；他只是停止和齐娜玩耍。在每次咨询的最后，他会证明一个论点并仍旧写上"退出和保存"。

在第五次咨询时，亚伦又开始说话。他没有解释他为什么不说话；他只是自然地用言语回应雅各布的无语言。8个星期之后，雅各布的妈妈约我见面。她非常兴奋并汇报说老师看到雅各布在操场上讲话了。老师看到他和亚伦小声说话。接下来的两周，这些情形频繁出现，雅各布现在和几个班级成员说话，甚至和他的老师进行一些讨论。在我们的第10次咨询时，两个男孩开始玩另一个精心设计的马里奥陷入困境的游戏。这次马里奥没有任何帮助而是依靠自己走出来。当马里奥安全了，男孩们的庆祝打破了整个场景。雅各布在一块巨大的板上写"游戏结束"。亚伦用热情并放松的语气说"结束了"。在这两周，老师反馈雅各布现在和其他的儿童说很多话并能够完全参加到课堂中。

这次，我们到了这个学期的结束，我通知雅各布的妈妈我们的咨询即将结束了。她和我讨论雅各布可能会在他成长的焦虑中不断挣扎，会在新的环境中激发出不同的焦虑行为。我也尤其担心这个秋天他将要进入一所新学校，并解释雅各布在新的环境中可能会重返沉默。我让她如果有任何问题可以打电话给我。在9月初，我收到了雅各布妈妈的一条语音信息，让我打给她但是没有说任何其他细节。我立刻想到最坏的情况并猜想他在新学校里又不说话了。当我回给她时却没人接听。我觉得这是我自己的错误，我拿起电话打给学校，因为我也恰好认识这所学校的校长。她已经了解了雅各布的处境并通过他妈妈知道了我和他的关系。当不能从学校咨询师那里了解情况时，我要求直接和校长对话。当她接听的时候，我询问关于雅各布的情况，她解释说："你可能不相信，但我只是在咖啡馆外面走了走。我必须告诉雅各布停止，因为他和他的朋友们说得太多了。"我们两个大笑并拥抱，不一会儿雅各布的妈妈给我回电话告诉我雅各布在学校里表现得非常好，并且她对他的进步感到非常开心。

在这个小例子中有几点被证实。第一，雅各布对一个他能在其中充分表达他的挣扎的环境进行回应，在这里他会表现出对于自己解决问题的担心或焦虑。他用齐娜方法作为援救的方法，可以看出她是一个母性的援救者。第二，当进行团体咨询时，雅各布比那些对他进行治疗的专家们懂得要多。这天，我不知道雅各布怎么知道，但是他凭直觉选择一个展现出每一个正常发展特征和定义的、对雅各布又强烈接纳的儿童。第三，亚伦能够提供雅各布改变的所有必须的条件。他直观地为他不说话表达共情和接纳。并且最后，通过团体过程，而不是通过结构设计，雅各布能够发展自我认识的感觉去适应他的环境。他能指出如何解救他自己，并且他需要通过他的关系去做到这一点。

## 团体游戏治疗中的特殊问题

就像本章介绍部分进行的讨论一样，团体游戏治疗有可能在游戏治疗师内部制造出新的害怕、担心、挑战和自我怀疑。治疗师可能在提供治疗所需的态度品质和提供简单的问题诸如对噪声或混乱程度的容忍，甚至更个体的问题诸如当儿童开始提出彼此需要时，缺少控制交往的能力或感觉被团体过程所落下这两者之间有冲突。接下来是一些具有挑战性的问题，这些是我和其他游戏治疗师在工作时观察了几年总结出来的。

**噪声和混乱。**虽然很多治疗师都懂得个体游戏治疗室如何应对噪声和混乱，但是当这些在团体游戏治疗的领域发生的强度成倍增加的时候，这常常令治疗师感到沮丧。治疗师一般很难和儿童在现实中相处，因为他们（治疗师）因为混乱和噪声分心。通过问题解决管理难题来处理这个问题，就像是治疗师在游戏治疗过程中要留下足够的时间清扫房间或变换使团体混乱的确定的工艺品。如果这些简单的方法是没有作用的，游戏治疗师可能需要探索她在本质上关于混乱的舒服水平，家庭背景如何影响这个问题，以及它如何影响她现在的生活方式。

**配对和时间。**因为这么多的相互影响发生在一次团体游戏治疗中，治疗师经常发现它会挑战保持回应和能量的匹配水平。尤其是新的游戏治疗师会发现儿童之间相互作用之后的"战争"是在当下的治疗中挑战他们自己的能力。当治疗师学习对更多的相互作用和更少的本性活动进行回应时，这个问题通常随经验增加而减少。持续在团体中体验，治疗录像中会记录这样的时刻，关于咨询回应的讨论能够帮助治疗师增加此时的能力。

**控制问题。**控制需要可能是游戏治疗师的危险人格的需要之一。如果治疗师有很强的控制需要，这个需要可能会使个体游戏治疗面临挑战，而这将会使团体游戏治疗面临更大的挑战。当游戏治疗师展现出控制环境、控制相互作用以及控制儿童游戏的需要，以至于治疗师直接将治疗过程向需要的结果引导时，游戏治疗会不允许儿童朝着自己定义的对他们更有帮助的方向前进，因此而产生消极的影响。在团体游戏治疗中，儿童会直接挑战那些控制他们游戏的需要、活动水平、限制、治疗师的观点和其他关注治疗"成功"的行为。最后，如果治疗师希望能够控制儿童，那么他们都会迷失并且治疗过程中止。虽然在游戏过程里限制是必须的，设置限制是提升儿童治疗过程的需要，而不是通过治疗师控制儿童。在督导中，我不断鼓励治疗师们，他们可能在团体过程中希望能够控制儿童，并通过督导更有效地提升他们的能力。治疗师逐渐认识到"控制"是一个难题，于是将围绕控制问题展开个人冲突的探索，并且他们有能力直接解决自己在专业目标上的需要。

**限制设置。**毋庸置疑，在团体游戏治疗中设置限制是特别需要关注的领域。因为有更多儿童参与游戏治疗，所以有了更多限制的需要以及对如何设置限制的关注。典型的关注点包括游戏治疗师的限制设置，包括"在团体游戏治疗和个体游戏治疗中，这种行为是好的吗？""当我知道我们已经设置了限制时，我能够允许他们走多远呢？""我有多少责任帮助他们解决问题，还是对他们设置限制？""当治疗中超过一个儿童时，我该如何强制执行限制？"等。对于这些问题没有恰当的答案，答案通常建立在一件接一件的小事基础上。这些基础中潜藏的信息是治疗师要问这个问题："我担心事情会失去控制，变得没有治疗性。我要怎样阻止它发生？"游戏治疗师现在需要探索能力以及自信的感觉，也是在使用无条件积极关注这种态度品质。当咨询中有这么多问题并且需要不断探索的时候，是尤其残酷的。在团体游戏治疗中设置限制要求治疗师能够快速作出回应，但是如此快速回应一个人更可能伤害到另一个人。除了咨询，游戏治疗师可能从前期的工作中受益匪浅，例如头脑风暴出的可能的场景以及解决难题使用的最好方式。

**理论系统的挑战。**限制设置直接和治疗师对儿童自我指导的所持的信念息息相关。到底需要体验引导需求，还是相信儿童能够自我指导自己行为的能力，对这个问题的探索，团体游戏治疗室是最大的实验室。对儿童中心游戏治疗师而言，这是一个特别重要的问题。儿童中心游戏治疗师相信儿童有能力管理自己行为可能带来的结果，尤其在个体游戏治疗中。然而，在团体游戏治疗中，当游戏治疗师必须阻止两个儿童进行身体攻击时，就会挑战这个信念系统。治疗师必须作出决定，是需要介绍问题解决方法，还是继续允许这样的攻击行为（仍然当身体攻击出现时采取干预）直到儿童出现积极的本性并且发展能够使他们达到自我现实的内在感受的能力。游戏治疗师可以挑战将团体游戏治疗的经历作为一次探索和识别儿童信念系统的机会，这能够帮助治疗师成为一个更强大、更有效促进改变的专家。

**治疗师的角色。**当治疗师选择成为游戏治疗师时，他们往往是因为受到能够作为促进儿童改变的专业人士的观点吸引。游戏治疗师经常与他们的个体来访者发展亲密的人际关系，因为儿童允许治疗师，并且有时只允许治疗师能去看看他们的整个世界。在团体游戏治疗中，因为其他儿童的存在和相互作用而存在的模式中，这些儿童将作为其他儿童改变的关键人物。经常地，治疗师在介绍和发展新的应对技术时，将把一个"后面的座位"留给团体中的儿童。虽然团体游戏治疗师在环境中作为一个协调的角色并促使团体成员间的相互作用，但是与个体游戏治疗相比，直接的相互作用和卷入是有限制的。通常而言，治疗师在这个角色上会感到失望并且喜欢个体游戏治疗中有更多的亲密联系。当这个问题出现时，高级治疗师会在游戏治疗中探索他们的个人需要和动力，以及这些需要可能如何消极地影响他们的能力。

# 结论

吉诺特（1961）警告说"游戏治疗，尤其是团体游戏治疗，为测试治疗师的稳定性提供更多的机会，并带来更多成年人接纳的忍耐边缘"（p.128）。高级游戏治疗师认识团体游戏治疗的价值和益处，同时也理解个人的力量和责任在有效促进团体过程中的必要性，为一个儿童提供一种接纳表达的环境。团体游戏治疗提供给儿童个体一个机会去表达个人的力量和挑战与在其他将提供成果、接纳和希望支持的儿童中存在的自我重视是有关联的。通过团体过程，每个儿童能够在自我关怀和环境之间建立一致性，在一种典型的儿童设置的微观环境中，这里有正常同龄人的存在和交往。高级游戏治疗师提供一种环境，这里团体成员为自己和团体成员选择方向，了解这种设置将引起自我实现趋势的释放。与个体游戏治疗相比，团体游戏治疗设置中，治疗师体验和交流为改变而进行的必须的态度品质更多。参加团体干预的高级游戏治疗师是真正和个人力量整合的，并且关注每个团体成员，重视给予他们每个成员及整个团体这一整体共情和无条件积极关注。

# 第十二章　校园游戏疗法

　　校园游戏疗法是帮助辅导小学生心理的首选治疗模式，它具有启发式的意义。所有从事校园心理治疗的心理健康专业人员，应该为陷于学业、情感、行为困境中的儿童提供帮助。对于学校而言，聘用心理健康专业人员就是为了帮助儿童的学业取得进步。因此，当评价他们的校园工作时，他们就会用校园游戏疗法来凸显自己成果。普遍认为，情感与行为因素会有助于学业进步，也有可能会阻碍其进步。因此，游戏治疗师就会时不时地强调情感和学业之间的良性关系。

　　在美国,关于儿童心理健康服务这方面,已经被贴上了"危险"的标签( 关注校园健康，2004；Mellin，2009 )，并且有相关数据表明，如果学生得到了这方面的帮助，他们更有可能需要接受校园设置内的心理健康治疗的服务（Foster，Rollefson，Doksum，Noonan & Robinson，2005；Rones & Hoagwood，2000 )。美国咨询协会、美国学校咨询员协会、学校心理学家协会以及美国校园社会工作协会（2006）也证明了校园儿童心理治疗服务的重要性。吉列姆（Gilliam，2005）发现学龄前儿童的开除率不仅比学龄儿童高，而且他们的社会情感需求往往被忽视，并未得到过关注。此外，小学阶段儿童的校园生活是不快乐的，他们往往对事情不上心，心思悬而不定，常常产生被排外的感觉（美国贫困儿童中心,2006 )。

　　从历史上的观念来看，游戏治疗师阐述了游戏疗法与促进学业成就之间的关系，也就是说，如果环境给予儿童安全感，能使得学校和他们之间建立积极的关系，他们能够以轻松快乐的心态自由学习，那么他们在学业上就更容易取得成果。当学生能够接受他们自己，以及培养自我关心情怀，他们就会更容易敞开自己的胸怀去向别人学习。兰德雷斯（2002）说过，"校园游戏疗法的目标在于帮助学生能够从经历中学习，并从中受益"（p.148）。亚瑟兰（1949）在其早期关于游戏疗法和儿童智力之间积极相关的研究中表明，游戏疗法允许儿童克服情感限制，即那些阻碍他们情感的表达，以此挖掘他们的潜力，并使之得到完全发展。

早期关于 CCPT 促进学业进步的研究表明，游戏疗法有助于提高智力，以及提高儿童在课堂上学习的能力（Axline，1949；Dulsky，1942；Mundy，1957；Shumkler & Naveh，1985）。此外，研究人员（Newcomer & Morrison，1974；Siegel，1970）总结说，如果学习能力较差的儿童进行游戏疗法，不仅可以有力证明此模式的积极作用，还能减少儿童的学习困难。过去 10 年，游戏疗法的研究集中在破坏性的行为问题，没有任何关于智力和学业成就之间的研究。雷和布兰登（2010）反对把校内的行为举止问题作为游戏治疗研究的自变量，因为 CCPT 集中在儿童内心世界的研究。

近期在小学内进行了几项 CCPT 的研究，在校园里形成了游戏疗法的持久模式（Fall，Balvans，Johnson & Nelson，1999；Fall，Navelski & Welch，2002；Garza & Bratton，2005；Muro，Ray，Schottelkorb，Smith & Blanco，2006；Ray，2007；Ray，Blanco，Sullivan，&Holliman，2009；Ray，Schottelkorb & Tsai，2007；Schottelkorb & Ray，2009；Schumann，2010）。这些研究探索了儿童外在行为及其之间的关系，尤其是对 ADHD（儿童注意力缺陷）、攻击性以及师生关系的探索研究。近来，布兰科（2010）进行了实验性研究，游戏疗法对一年级学生的影响被视为学业风险。他总结说，一些儿童接受了 16 次的游戏疗法，他们与那些没有接受此治疗的儿童相比，在学业上获得了更显著的进步，揭开了游戏疗法与学业进步之间紧密关系研究的里程碑。回顾在校园环境中进行的 21 个 CCPT 研究，布兰科（2010）还提出，游戏疗法有助于满足儿童发展的需要，并且它已经成功地被用于处理校园内各种潜在的心理问题。

# 校园游戏疗法的定义

地域与校园环境的差异决定了"校园游戏疗法"的不同定义。具体而言，校内咨询领域并不倡导"治疗"这样的字眼出现，因为一些表面的想法就会造成在咨询领域与治疗领域的行为差异。为了一个固定的定义，我建议将"游戏疗法"用于任何一个场景。然而，有时候学校将之拒之门外仅仅是因为这样的称呼，因此我也用过其他的称呼，比如，玩具咨询法或者游戏安慰法。

正如之前所强调的那样，将游戏疗法用于校园的目的在于提高学生的学业成绩。因此，很多人大力倡导将它的定义与学业成绩联系在一起。以下是两个例证：

> 我曾试图将心理咨询师与儿童之间的关系建立在使用玩具安慰的基础上。儿童往往不能用言语将问题表达出来，于是我就试着建立一个嬉戏轻松的环境与儿童相处，这样一来，便于处理他们的心理问题，清除影响学业进步的障碍。
>
> 游戏疗法是一种在玩耍的状态下，以及儿童能自然流露情感的前提下，处理他们心理问题的方式。我设置的环境能让儿童去探索如何了解自己和如何与周围的环境相处之间的关系。尽管此方法也会发展儿童的模仿能力、责任心、决策的能力以及自我控制的能力，但是这些能力都会成为他们学习的垫脚石。

关于例证给出的定义，这里有几个要点要说明。首先，有一个具体的描述，那就是儿童可以玩玩具。其次，强调儿童在游戏中自我表达的能力比直接口头表达要强。再次，在两个定义的例子中，都暗示了心理咨询师的作用。这也有助于父母、教师、管理者明白游戏治疗师的积极作用。最后一点，通过使用普遍的校园语言，比如学业、学习、责任心以及自我控制，使游戏治疗与校园有了联系。使用校园语言表明游戏治疗师将自己作为这个促进学生学业进步的工作团体的一部分。这些要点对于其定义都极其重要，这样校园管理者才更容易接受它。

## 校园游戏疗法的基本原理

游戏疗法，无论是用于校园还是用于其他环境，都是相似的，而且在此书中，也有全面的研究。提供此疗法基本原理的独特之处就是，建立起情感介入需要与儿童学业进步之间的关系。再者，通过校园语言，用同一个基本原理进行交流，会更加有利。美国校园咨询协会国际模式（美国校园咨询师协会，2005）为校园的咨询工作，概述了一个分配系统，包括4部分：指导课程、个人规划、应答服务以及系统支持。应答服务就是学校咨询程序针对儿童的急切需求或担心给予回应，并且还包括给出建议。作为一种应答服务，游戏疗法是一种具有发展意义的合适的方法，能够使儿童在非言语环境中及时获得帮助。游戏疗法的目的在于，帮助儿童建立强大的自我认识意识，接受现实的资源限制，以及承担行为的后果，对自我以及自我行动有更强的责任心，自我独立性更强，相信自我，有自我控制的意识，并且学到各种各样的模仿技巧。

## 与学校行政机构合作

在学校开展游戏疗法项目，首先要做的就是与学校管理者进行商谈，通常是首先与校长取得联系。倡导校园游戏疗法的咨询师应该首先与校长商谈此疗法的相关事宜。鉴于学校机构，校园咨询师向校长作相关报告，校长也会根据相关情况对校园咨询师的工作职责提出建议。在第一次与校长交谈时，关于游戏疗法的介绍能帮助校长初步了解此疗法。与校长讨论此疗法时，咨询师没有必要将此疗法表述得多么独特，或者披上神秘的面纱。就像之前给出的定义一样，作一个简明扼要的阐释，或者强调这是处理儿童心理问题最合适的方法。当校园心理咨询将它作为整个校园心理咨询项目的应答服务时，它会满足所有的要求。如果牺牲其他校园心理咨询的组成部分，而过多地强调游戏疗法，校园心理咨询师有可能需要对其他心理健康部门的职责作出细微的调整。因此校园心理咨询师强调，在许多综合性学校的心理咨询项目中，游戏疗法只是其中的一部分。

其他学校心理健康专家们承担着学生学业咨询服务，有时候不仅要回应校长，也需要回应权威，因此对于游戏疗法的讨论还应该主动联系学校行政管理者。当学校所有工作人员有着相同的目标，并且为了实现这些目标行动起来的时候，学生就会从中受益。校园心理咨询师、社会工作者、心理学家，以及签署过合同的治疗师与管理者持续对话，旨在说明游戏疗法对学生学业成绩的提高具有重大意义。

另一个获取学校管理者支持的方法就是提供使用此疗法有效性的证明材料，包括前期研究、评估计划以及评估数据。第十五章包含了对游戏疗法研究的总结，此总结涵盖了80年来的相关研究。研究目的是希望通过提供游戏疗法具有有效性的证据来帮助这方面的心理治疗师。我试图列出一个简明的大纲帮助游戏治疗师及时得到工作支持。

评估计划对于确保实施校园游戏疗法极其重要。学校提供证据支持使学校处在一定的压力之下，不仅为了获得校园心理健康机构的支持，更重要的是又能在其介入下，离学校所定的目标更近一步。游戏治疗师通过发展评估计划来实现目标，能建立他们的工作与校园环境的关系。当儿童进行游戏治疗时，游戏治疗师应该有决定程序的方法。第八章讲到一些实施步骤的方法。用于校园中的一些具体的评估方法包括这几个方面：学生成绩、教师报告、标准测试、纪律规范以及心理或行为测试。成绩与标准学业测试并不能很好地证明游戏治疗过程，因为这些成绩具有主观性，并且在收集成绩与测试时，要花费一定时间。国家教育部门认为纪律规范的数据作为一种评估方法，很容易得到认可。纪律规范数据包括一个儿童因为纪律问题被叫出教室的次数。数据为管理者或者学校进一步实施措施提供了标准，比如，交替人员配置或者暂停执行。因为游戏疗法对儿童的行为与自控有着巨大的影响，纪律规范问题也会因为进行游戏疗法而得到很大的改善。此外，由于纪律规范通过有组织的数据收集而制订，所以这些数据被视为既主观又有据可循。纪律规范的改善对当事人的影响巨大，因为它证明用在指导上的时间在增多，处理纪律问题的时间在减少。心理测试也是一种有效的评估数据资源，尤其是正如老师报告的那样，它能够评估行为问题的减少，或者改善可能给学习带来负面影响的消极情绪。最后，学习往往依靠老师完成的简单的评估问卷。校园心理健康专家通过设计 5~10 个问题再次开展问卷调查，这些问题包括儿童在校内遇到的困难，然后把这些问题在游戏疗法进行前后分别发给老师。尽管这种评估方法并未得到常规支持，但是它给学校管理者提供很好的证明，即将校园游戏治疗项目持续下去具有有效性。

## 与教师合作

只有在私立学校上学的儿童父母才会提供给儿童进行游戏治疗的机会，在学校里，老师对儿童的影响力是巨大的。儿童每天和老师相处 6~8 个小时，使老师成为仅次于父母或者生活保姆之外的最重要的成年人。此外，老师是最先注意到某个孩子需要心理健康辅导的人。为了更好地帮助儿童，培养游戏治疗师与教师之间的积极关系有着重大的意义。

在游戏疗法的介绍中需要提及对老师进行职业培训。游戏治疗师在职业培训期间，比学年初始时节省了大量时间。管理者珍视早期职业培训时间，一个游戏治疗师必须有证据证明能争取到更多的时间。如果能够节省大量时间，那么他就要确保介绍的时间会节省至少 30 分钟。学年开始之前，任何与儿童私人互动的时间就是游戏治疗师向老师介绍此方法基本原理与定义的时间。他也将介绍规定的步骤，以及向老师示范处理学生心理问题程序的个案。玩具的使用也是有用的，它们允许老师知道在治疗过程中发生的事，使其对此有明确的认识。在以后的时间里，这些游戏治疗师应该给老师提供有价值的数据，来支持此方法的进行，包括介绍此方法是如何帮助老师的。图 12.1 给老师和管理者提供了评估数据结果表的例子。这个例子中，游戏治疗师强调老师作的报告中显示，参与到此治疗项目中的儿童在课堂上的行为具有较少的攻击性。

游戏治疗后儿童在校的攻击性行为

2009—2010 学年

参与项目儿童: 富兰克林小学 35 人；林肯小学 14 人

性别与种族:

| 学校 | 富兰克林小学 | 林肯小学 |
|---|---|---|
| 男 | 25 | 12 |
| 女 | 10 | 2 |
| 非裔美国人 | 6 | 1 |
| 高加索人 | 16 | 7 |
| 西班牙人 / 拉丁人 | 11 | 4 |
| 双人种 | 2 | 2 |

教师对于攻击性强度的报告表（由教师完成）

教师报告说参与了游戏治疗的学生在班上表现出的攻击性在减弱。

| 分组 | 干预前平均数 | 干预后平均数 |
|---|---|---|
| 游戏组 | 68.84 | 66.00 |
| 控制组 | 65.55 | 65.00 |

估测边际均值数据 1

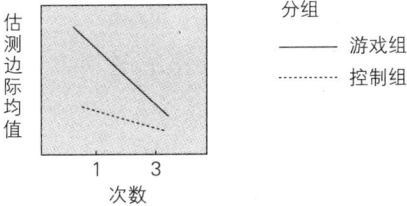

儿童攻击性行为强度检测表（由父母完成）

参与游戏治疗的父母表示，与控制组的儿童相比，游戏组的儿童在家的攻击性行为在减少。

| 分组 | 干预前平均数 | 干预后平均数 |
|---|---|---|
| 游戏组 | 67.87 | 65.13 |
| 控制组 | 61.76 | 60.59 |

估测边际均值数据 1

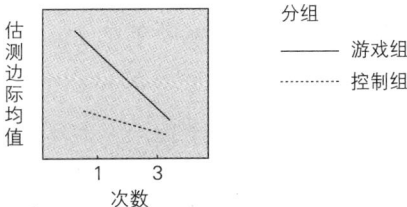

图 12.1 学校数据样本

　　尽管展开有组织的游戏活动并不是以个人为中心的，但是对于老师来说，强调的是在校园环境中，能轻松地做游戏，并且能享受其中。一些游戏活动能引导孩子更好地与他人交流以及表达自己的情感。校园游戏疗法也希望能给老师提供一些游戏材料，比如在游戏暂停的时候，能给老师提供小型的沙盘游戏，或者可以使用的手工玩具。这些游戏同样能够减轻老师的负担，并且在个人经验的基础上，这也表明游戏的治愈本质。作为一个校园心理咨询师，我发现老师们很喜欢这种小型的沙盘游戏。许多老师停下来，很快又开始重新忙于计划对话。在我所服务的一个校园里，让我无比高兴的是，小型的沙盘游戏开始出现在一些教师的办公桌上。

　　一旦老师开始操作游戏治疗项目，游戏治疗师必须继续与老师交流，保证项目的可行性。当老师指出某个孩子需要游戏治疗时，就老师对学生的关心而言，游戏治疗师应该立即回应老师，并进行交流。然后，游戏治疗师再将计划告知给老师，并尽快与学生联系。但是，有时候，有很多学生在等待游戏治疗师进行游戏治疗，这样就不得不延迟几周再与学生联系。这种情况下，游戏治疗师就会把预计的联系时间告诉老师，到时候再联系学生。在游戏治疗师已经在为某个儿童进行游戏治疗时，仍然要与老师取得联系，并且把老师放在协助治疗的中心位置。对于儿童的进步，要与老师进行定期探讨，并且对儿童保密。针对具体的儿童，还应该给予老师支持，提出可行的建议。下面是一个例子，在3次游戏治疗后，游戏治疗师与老师进行探讨。

　　　　游戏治疗师："史密斯女士，我要向您反馈一些关于迈克尔的信息。我在游戏治疗中已经见过他三次。他已经表现出一些你关心的行为举止。我想我会越来越了解他。最近，你有没有关注他在教室的一些情况？"

　　　　老师："我很高兴，您已经开始关注他了。当他不能随心所欲地做自己想做的事情时，他就会爆发。昨天，有个学生把他课桌上的一块黄色橡皮擦拿走了，迈克尔就开始对他大吼，因为他想要那个橡皮擦。我不得不让他单独在教室后面的课桌旁坐着。"

游戏治疗师："是的，我注意到他很容易受挫，总是以很生气的方式回应别人。但是，当我同样以生气的方式回馈他，比如：'迈克尔，你真的生气的话，就不会得到你想要的东西'，这样，他就会平静下来。"

老师："真是难以想象，因为当我叫他不要生气时，他会变得更加生气。"

游戏治疗师："我仅仅是很平静地跟他说，'你似乎真的很生气'这句话能使他镇定下来。我想知道这种办法是否在教室内也起作用。"

老师："我不知道，但是我会试一试。"

游戏治疗师："那时候请告诉我它是怎样起到作用的。我知道他可能会有受挫感，尤其是当你要关注那么多孩子时。我会继续关注他，接下来几周会把情况反馈给您。"

这种情况下，游戏治疗师主动与老师联系，告知老师她所关心的事情正在处理中。并且游戏治疗师也意识到老师的受挫情绪，会站在老师的立场上理解老师，而不是给老师提出一连串的建议，仅仅是分享在游戏治疗过程中起作用的方法。因为老师并不喜欢听非教师提出的课堂建议。为了能使老师听取自己的意见，游戏治疗师会温和地说出自己的想法，不论这样是否能帮助到老师，他们从来不会像学校里的专家那样直接说出自己的想法。最后，要确保老师继续支持这个学生，老师也需确定下次联系的时间。要注意的是，这样的互动应该不少于 5 分钟。当然，出于尊重老师，体谅他们有限的时间，应该既简洁又有效率地进行探讨，有些情况出现的时候，游戏治疗师与老师探讨的时间需长些，而不是更加频繁地与老师进行探讨。

在校内，游戏治疗师与老师之间常会发生这样的事，即老师不同意学生进行游戏治疗。在这种情况下，老师的想法都是相似的，他们认为："学生的表现已经很差了，作业也没有完成；那么他们就不应该进行游戏治疗。""我不允许学生在已经表现得如此差的情况下，还进行游戏治疗，并且从中还能得到奖励。"为了避免这样的事情发生，第一件要做的事就是预防。如果游戏治疗师在治疗的过程中实施了教育指导，与老师进行协调互动，并且与老师保持有规律的交流，那么"不允许今天进行"的情形就会很少发生。有时候，虽然游戏治疗师提出所有的预防措施，但是老师仍然不同意让表现差的学生进行游戏治疗。这时候他们就需要坚定地回复老师，继续和老师讨论此疗法的优点所在，甚至是对于表现最糟糕的孩子来说，都是有益的。下面就是在这种情形下，游戏治疗师与老师对话的一个例子。

> 游戏治疗师：（走进教室）"我来这里见安东尼娅。"
>
> 老师：（当着全班同学的面，用生气的语调回答）"安东尼娅今天不能够去参与游戏治疗。我必须提早结束她的休息时间，因为她在班上大叫，现在她闹着不做作业。"
>
> 游戏治疗师：（当着全班同学）"听起来，这一天过得真不容易。我能和你去走廊上聊一聊吗？"
>
> 老师：（很明显，老师已经被游戏治疗师惹生气了，但是还是去了走廊）"她今天表现成这样，还要我同意她去参与游戏治疗，根本不可能。"
>
> 游戏治疗师："看起来她真的很棘手，实在让人心情很糟糕。"
>
> 老师："真的太糟糕了。她不应该得到任何奖励。"
>
> 游戏治疗师："看起来您认为她参与游戏治疗是为了得到奖励，但是其实，这是为了她能处理这些在课堂上出现的问题，比如她一直很生气，固执得不愿意做作业。游戏治疗后，她便能以新的态度融入到班集体了。"
>
> 老师："我认为这是不可能的。她已经违反了很多规定。"
>
> 游戏治疗师："无论怎样，这都会让你感到困窘，但是我们上周谈论的时候，你也说过，自从她参与了游戏治疗，那些糟糕的行为出现得越来越少。如果我们一开始就把这种治疗方法当作是一种奖励形式，我想我们也就不能再取得什么进步了。"
>
> 老师："好吧，把她带去吧。"

这种情形下，对于游戏治疗师来说，老师与游戏治疗师之间的互动有几个明显的特征。首先，游戏治疗师立即让老师不要继续当着全班同学责骂儿童，或者以对话的形式惩罚儿童。其次，游戏治疗师通过理解老师的感受，对老师表示关心，与老师达成"同盟关系"。再次，游戏治疗师要坚定地把游戏治疗继续下去，甚至在老师强调之后，也不放弃。最后，游戏治疗师在游戏治疗中，要指出定期参与的好处，以及中途结束游戏治疗的后果。经过理智、平静地反思与解释，游戏治疗师直到实现目标之前，会说服老师或者让老师信服他们。我极力赞成在这几种情况之下，游戏治疗师与老师在更为轻松的气氛下，进行更进一步的交流，这样一来，他们之间的关系会越来越紧密。

## 与父母合作

即使在学校里，对于孩子是否参与游戏治疗，父母也是具有最后的决定权的。通常和私立学校相比，公立学校里的游戏治疗师与父母的联系较少，而他们之间如果保持一种积极的关系，则有助于游戏疗法的发展。尤其是校园游戏治疗师要主动与父母保持联系，并且想办法获得他们对此疗法的支持。

儿童游戏疗法的第一步就是得到父母的同意与协助。为了得到父母的同意，学校有各种要求与程序需要校园游戏治疗师遵守。图 12.2 是校园心理咨询师提供的游戏疗法的知情同意书。因为学校并不属于健康保险承保和责任法案的管辖范围，所以校园心理咨询知情同意书并不那么正式，内容也没有那么详细，但是仍然要包含需告知的要点，服务内容的说明以及保密的条件也要包括在其中。

亲爱的父母，

我是迪伊·雷，是富兰克林小学的校园顾问。我写信给您是因为您和您的孩子已经同意参与富兰克林小学的咨询。在附上的小册子里面对此有解释，我使用游戏治疗的方法进行咨询。游戏治疗是借助游戏，为青少年、儿童进行心理辅导，游戏其实是儿童的一种自然语言。在游戏治疗中，我与您的孩子一到两周会见一次面，为了达到情感与行为的双重进步，设计适合孩子的游戏。

　　这种咨询关系是保密的，所以您的孩子与我分享的信息都是保密的。很少有情况，我会把秘密说出去的。除非从这些信息中，我发现会存在对自身或别人产生伤害，或者法律要求我将信息说出来，我才会说。

　　我很乐意您随时与我交流关于您孩子在游戏中的表现情况。即使我无法与您分享您孩子所说或所做的细节，但是我们可以讨论您孩子所关注的事情是什么以及他的进步。

　　如果您希望讨论咨询的事宜或任何其他的问题，您可以联系我，电话是×××××××××。

---

我已经阅读并知晓这份心理咨询知情协议书，我同意我的孩子参加富兰克林小学的心理咨询辅导。

儿童姓名：

---

父母／监护人签名：　　　　　　　　日期：

---

**图 12.2　心理咨询知情同意书**

　　校园游戏治疗师也会使用小册子作为交流的媒介。尤其是在介绍游戏疗法的定义与说明两方面非常有用。图 12.3 就是校园心理咨询手册，强调了校园心理咨询师对游戏疗法的使用。小册子制作速度快，可以通过发放复印件以及公布在校园网站上的形式进行传播。确保父母能够获取这些信息，校园心理咨询程序与游戏疗法能够帮助他们明白校园心理咨询师与游戏治疗师的角色目的就在于帮助他们的孩子解决心理问题。

富兰克林小学校园心理咨询项目

欢迎来到富兰克林小学！我是迪伊·雷，是富兰克林小学的心理咨询师。在校园里，我们提供许多服务帮助孩子，使他们感到快乐，并使他们在校能有好的表现。

• 游戏治疗是为了帮助那些存在情感与行为问题的孩子。

• 团体游戏治疗帮助儿童掌握社交技巧。

• 班级辅导给富兰克林的全体学生提供社交与情感的教育。

• 作为孩子的监护人，父母亲对孩子的教育有助于支持父母更好地对孩子负责。

游戏治疗

有的孩子感到悲伤、生气、或是愤怒。孩子感到悲伤时，他们时常不能好好学习，他们难以集中注意力上课，也不能很好地完成课堂作业。

而且，孩子可能会自我挣扎，给老师和校长带来麻烦。

游戏治疗是一种让心理咨询的方法，帮助孩子在游戏中用自身的语言向他人倾诉自己。正如成年人常常流露自身的感受，孩子在游戏中经常流露自身的感受。

在游戏治疗中，校园心理咨询师将为儿童设计一个环境，能使他们在这种氛围中探索如何看待自己，以及如何与环境相处的关系。经过了游戏治疗，学生会发展模仿的技能，培养他们的责任心，作出决定的技能以及自我控制能力。这些能力都有助于他们在学校获得更多成功。游戏治疗帮助孩子在课上的注意力更加集中，学到的东西更多。

班级辅导

在每个学年，校园心理咨询师会多次拜访班级。拜访期间，她会呈现一节关于某个主题的课程，比如社交技巧，特强凌弱的行为，保护自身安全，或者作出对的决定的能力。班级辅导的目的是为了提供给富兰克林小学全体学生预防措施的教育。

父母亲的教育

在学年期间，学校心理咨询师将为父母开设教育项目。这些项目会基于学年开始时父母完成的调查中提出的需求。

有任何问题或建议请与我联系：

校园心理咨询师：迪伊·雷

(940) 555-2055

Dee.ray@franklinelementary.sch

图 12.3 学校咨询手册样本

将进行游戏治疗的房间向父母、老师和管理者开放，允许相关人员在第一手资料的基础上感受游戏疗法的过程。

当父母被邀请晚上到学校参加活动，比如，家庭招待会、老师见面会或者父母组织会议，游戏治疗师会允许他们进入开展游戏治疗的房间。我建议标注出游戏室内可以选择使用的玩具，就好似幼儿园的房间。将用于培养儿童的玩具进行分类，并且注明类别，比如逼真玩具、攻击性玩具。对于每一个标签，都需要简要地说明其出现在游戏治疗室的原因（参照第5章）。在他们参观的过程中，问及游戏疗法的材料与程序，游戏治疗师都应该积极地解答他们的提问。

在许多地区，校园游戏治疗师可以不经过父母任何一方的同意开展游戏治疗。尽管这样做能更加自由地与学生交流，但是我建议，如果目前还没有与父母联系，就根据游戏疗法的程序尽快联系父母。学生开始参与游戏治疗的时候，都是很激动、热情地谈论自己的经历。据说那些不知道父母是否同意他们参加游戏治疗的儿童，在游戏过程中会一直担心父母某一方的态度。应该是游戏治疗师告知父母，而不是儿童。游戏治疗师尽快与父母一方取得联系，对游戏的相关内容与要求进行说明，以保证儿童能继续参与游戏治疗。我会极力推荐游戏治疗师通过信件这种会送到家里的私人联系方式与父母进行联系。此外，首次与父母联系时，校园游戏治疗师需要制订计划，在长期的游戏治疗过程中，定期和父母联系。校园里时常会出现这种情况，即与父母的交流时间是不固定的，大部分时候都是通过电话进行交流的。每一位游戏治疗师尽量每5周或6周以个人的形式与父母通过电话取得联系。定期的交流减少了产生误会的可能性，同时，在校园生活的进程中，父母也能与孩子一起参与到游戏治疗中。

# 游戏疗法执行所需的空间与材料

第五章讲到进行游戏疗法时理想的游戏室所需的空间与玩具，而对于游戏治疗师来说，这些都是难以实现的。可喜的是，游戏疗法无论在小房间还是大房间都可以开展。游戏室的必备要求包括地面上有能放置玩具的架子，房间内有充分的空间便于大家活动，至少保证能随意移动。而那些例如水槽、无地毯的地板、持久的墙漆等设施可有可无，这些都是理想化的条件。校园游戏治疗师能在会议室、书房、餐厅或者活动板房里成功地进行游戏治疗。校园游戏治疗师的办公室，较大的与较小的办公室都有。在小的空间里，校园游戏治疗师在设计空间方面应该具有创新能力。架子用于放玩具，既能够让儿童拿得到这些玩具，还不会占据游戏需要的空间。桌子也尽量用小型的，为游戏的进行腾出更多的空间。用的会议桌可以比手工桌子大两倍。如果某个游戏治疗师幸运地被安排在教室，分隔物或者架子可以用来将教室分成几个部分。一个例子就是，用书架将教室均分为四部分，分别用于课桌区域、游戏治疗区域、指导区域以及会议区域。

然而，许多校园游戏治疗师对不同的学生进行心理辅导，所以他们在学校里没有固定的工作地点。便携的游戏室允许游戏治疗师在任何空间进行心理治疗。玩具可以储放在大的手提袋里或者塑料箱子里，如果有轮子更好。在游戏治疗期间，游戏治疗师会把玩具有条理地放好。如果游戏治疗师在工作时需来回走动，下面是一些需要考虑的要点，以便实现游戏疗法的效果。首先，尽量给儿童提供不变的场景进行游戏治疗。即使借用的房间是为了进行30分钟的游戏治疗，而游戏治疗师也应该在同一个教室为接受心理治疗的儿童进行每一次的游戏治疗。为儿童提供同样的场景有助于给予儿童安全感，这样也能更好地提高游戏疗法的有效性。对于空间不固定的校园游戏治疗师，另一个需要考虑的就是保密。游戏治疗师要坚持无论什么空间，只要是在游戏治疗中使用的，在那个时间段，都只属于接受治疗的儿童与游戏治疗师，这样确保为儿童保密。如果是在食堂窗帘后进行的，就要与合作的管理者与监督员确保此空间没有正被别人使用，在治疗过程中，其他儿童与工作人员都听不见里面说的话。

建议诊所与校园的场景设置用一样的材料。在第五章有相关的说明。进一步考虑到校园场景所需的具体游戏材料，包括不同年龄的孩子所需要的游戏材料，以及具有积极意义的玩具。在小学，游戏治疗师就可能需要设计适合 5 岁孩子或者 12 岁孩子的治疗内容。室内的材料应该对大年龄跨度的孩子都有用。对于用于 5 岁孩子的游戏疗法，奶瓶的作用很大，但是它对 12 岁的孩子是没用的。尽管闪光胶笔可能会有助于年龄大些的孩子表达情感，但是 6 岁的小孩觉得好玩会把它们扔了或者弄脏。在年龄组中整理材料以及制订相应的游戏治疗，有利于校园游戏治疗师开展活动。除了游戏治疗师与四、五年级学生见面的周一与周二的时间以外，一些手工的材料就会锁在箱子里；而周三与周四与幼儿园以及一年级的孩子见面时，会把一些玩具车摆出来。空间与材料的广泛利用，对在小学内进行游戏治疗的有效性有着很重大的意义。

如果没有侵略类玩具，关于校园空间与材料的讨论就不会有结果。我的经验表明，在学校游戏治疗室出现侵略类玩具的难度比在诊所更大。出于对较少发生在学校的暴力事件的担忧，老师、父母、管理者可能对玩具枪、刀、绳或者手铐出现在游戏室里持有消极的态度。高级游戏治疗师通过利用恰当理由的例子来预测学校对侵略类玩具的态度："枪代表极限的攻击性形式，给孩子提供一种代表无能与愤怒的象征途径。""玩具绳通常用于与游戏治疗师交流亲近感，表示一种珍贵的关系。"如果游戏治疗师主动表示关心后，仍然不允许使用攻击性玩具的话，就要换成攻击性弱的玩具，当然，同时还要能满足孩子的需求。例如，可以将粗棍子和线作为枪，将跳绳或者绑绳作为手铐。这种情况下，游戏治疗师的创造力就被激发出来了。

# 组织校园场景下的游戏治疗干预

　　每个校园设计的场景都是独特的，包括数百甚至数千的儿童，他们都能从游戏疗法中有所受益，但是只有一两个心理健康专家能实现它。显然，大部分儿童并不需要游戏疗法解决他们的情感与行为问题，但是大多数儿童都能在体验中收获一些东西。作为一名心理咨询师，很难决定游戏疗法的参与人数以及参与名单。校园游戏治疗师的角色就如同校园社会工作者或者心理专家，对其工作也有其他要求。考虑到校园里学生数量庞大，只有一小部分人有机会参与到游戏中。为了使校园里的游戏治疗师不会丢失其角色，以及给学生提供游戏治疗，我拟订出一种作出决定的优先选择方法，这样就使儿童参与的游戏疗法有秩序地进行。表 12.1 列出了这种作决定的方式的一般步骤。

表 12.1　校园游戏治疗优先选择计划步骤

| 步骤 1 | 计划游戏咨询开展的次数 |
|---|---|
| 步骤 2 | 列出所有备选的学生 |
| 步骤 3 | 收集学生的信息，包括老师、父母的报告以及校园档案 |
| 步骤 4 | 决定是否任何一个学生都能指派外界代理或私人执业者 |
| 步骤 5 | 将学生根据案例的严重情况以及对校园生活的危害程度进行排名 |
| 步骤 6 | 根据可行的时间安排，使学生以小组或个人的形式开展活动 |
| 步骤 7 | 6 次之后，对每个学生作出评估，决定他们接下来的进程 |
| 步骤 8 | 如果学生在 6 次咨询之后取得合理的进步，可以暂停他的咨询；将下一位学生加入咨询中，否则前一个学生继续新一轮的 6 次咨询 |

　　因为我的临床背景以及校园游戏治疗师的经验，我决定制订一个候补名单。我计划了一下，看看一周之内能进行几次游戏治疗。在我工作的时候，一周进行 12 次，每次持续半个小时。这说明在个体游戏治疗或者小组游戏治疗中，至少有 12 名学生可以参与。我在的学校有 650 名儿童在读，我已经发现至少有 50 名儿童需要立即干预。基于老师、父母亲的报告、儿童的

行为表现，以及缺乏被转校的机会，我优先选出 50 名学生。采用校园优先选择的方法，把有可能被送到另一所学校的学生列在名单的前面，那些正经历情感问题的学生排在后面。通过制订个体与小组的游戏疗法，这样，我每周能见到 18 名学生。我的目的就是给 18 名学生中的每个人都提供 6 次的时间，再对每个学生的心理问题进行重新评估。这批学生的治疗告一段落后，我就会把名单下面的同学加到游戏治疗中。出乎意料的是，这种方法很有效，一年之内，这 50 名学生再加上新加入的学生都参与了游戏治疗。正如所期待的那样，有 5 个学生一整年都在参与游戏中，因为他们有着严重的情感与行为问题，而且在校外他们的父母不能进行指导。

作为一位心理咨询师，对于提供游戏治疗服务，我感到自己的能力很有限。但是作为学校唯一的心理健康专家，我用这种优先选择的方法，尽可能使多数学生都能够适应这种方式。游戏治疗师可能会考虑每周进行多次的游戏治疗，而不是传统的方式。近期的一个研究强调每周进行两次治疗，共持续 8 周，取代每周一次持续 16 周的形式（Ray，Henson，Schttelkorb，Brown & Muro，2008）。在有限的时间里，每周多次进行游戏治疗有助于集中游戏治疗师的治疗计划。

与临床环境下进行游戏治疗相比，在校园里进行有一个最大的优势就是治疗能够暂停。在校园里，治疗的停止不会引起什么担忧，不像在临床环境下那样。治疗停止的时候，基于对学生进展的观察，游戏治疗师需要作出评估。有时候，游戏治疗师觉得停止治疗只是为了观察学生在停止参与之后其情绪的发展，这是一种冒险。在学校进行的一个好处就是，治疗师很容易就能在停止后观察学生的稳定性。如果停止学生进行治疗的时间过早了，治疗师能立即让学生重新进行治疗，而不对学生产生任何伤害。关于停止任何治疗的时间，还有最后一点需要说明，有时候学校用半学期或者暑假的时间作为治疗停止的催化剂。就如同在临床领域，停止治疗有利于观察，在第八章有相关的说明。关于治疗停止的时间，并不能随意地以时间标志作出决定。

# 治疗情况

易变性可能是校园游戏疗法最主要的问题。一些对临床实践的要求，比如治疗师的出勤情况，准时出现在治疗现场，对治疗相关信息的保密，治疗不中断，这些因素在校园环境中可能被忽略，学生的感受不被看重，也缺乏自治性。校园游戏治疗师必须在治疗现场，为计划好的游戏治疗做好准备。和私人所进行的治疗一样，校园游戏治疗师定期进行治疗。一些读者感到困惑，为什么我要对这么明显的一点加以说明。据我的经验而言，我发现从结构来看，校园里的治疗阶段与临床的有很大区别。校园治疗师可以被叫去参加教师会议，但是从不会把计划时间表拿出来探讨。校园游戏治疗师可能会不止一次尽力对学生进行评估，而不会再安排时间继续对儿童进行心理辅导。或者，有时候，游戏治疗师晚于计划时间一两个小时去接学生。我对这样的差异很不解，因为一个以这种方式对待顾客的心理专家是不可能会把案件处理好的，但是，无论如何，在校园里这种方式已被接受了。但是我深刻地感受到这种方式是不尊重学生，心理专家的这种行为是不堪的。校园游戏治疗师应该尽全力按计划表准时进行学生的心理辅导。这样有助于提升治疗师与学生之间的信任。这是有效治疗发生转变的基石。当治疗师因为意外情况不能按时参加游戏治疗，就应该私下联系学生，调整治疗计划。这是对顾客最基本的尊重。

另一些不利于活动进行的因素包括缺乏保密性以及对治疗时间的失控。保密性是对学生而言的，而且是每一个心理健康专业活动的道德标志。在学校，有文化风俗不鼓励保密性，如果游戏治疗师没有分享学生参与游戏治疗的细节，就会被孤立起来。而且，学生在心理治疗过程中，对治疗关系的信任对治疗的成功有着重大的意义，心理治疗师的行为就恰好能反映出这种信任。他们不仅要对学生的信息进行保密，还要对治疗场景的设置负责，确保儿童所做的游戏是保密的。如果正在餐厅的窗帘后进行游戏治疗，那么治疗师就要确保在治疗进行期间，没有其他人在场。如果在一个封闭的块状房间里进行游戏疗法，就要确保在架子的另一边没有进行阅读指导。窗户应该关闭，门上应该贴有"禁止打扰"的字样。校园游戏治疗很容易受到影响而被中断。平常的说话声、教室里或办公室的手机铃声，以及没有锁的门都会引起接二连三的中断。校园游戏治疗师应该与办公室的管理人员探讨相关规则，与老师说明问题，并分享活动时间安排表，使被打扰的可能性降至最低。

将学生在教室与游戏室之间进行场地交换，对于治疗师来说具有一定的挑战性。即使最小的儿童能很快地适应校园环境，就算转移到另一个地方进行游戏治疗，也不会不舒服，但还是希望治疗师去教室接儿童参加游戏治疗。接儿童从这几个方面来说，有利于场地的转移。首先，这样一来，治疗师能够确保游戏治疗按时开始。其次，接儿童参加治疗，对于治疗的进行时间与阶段问题或者出现治疗中断的情况，就能避免老师、学生、治疗师之间出现交流误解。最后一点就是，这样一来，在进行场地交换的过程中，治疗师与学生在治疗开始之前能有机会先熟悉对方。

尽管在治疗某个阶段结束时，发出结束的指令对整个场景都是很重要的，但是，在校园环境中出现这种情况，其目的是很明显的。当某个学生在一次治疗结束时离开场地，期待他能保持学习的态度回到班级中。5分钟与1分钟的预警时间使学生又转移到一个场景，这种期待太高，因为这与游戏室的环境有很大的区别。有时候，学生已经参与了一个情感丰富的治疗，然后又要他们与校园环境重新建立起联系，对他们而言，是很困难的。我发现走路通过校园，或者有时候跑着通过校园，让儿童回去拿丢在老师办公室的东西，有助于让儿童再次回到校园环境中。此外，我会在走廊上主动与学生进行关于学习的对话，比如："你的数学家庭作业有多难？"或者："这周有听写考试吗？"也就是说，这样做有利于儿童把注意力集中在他重返的班级环境中。有一种特殊情况，我设计了这样一个场景，让一个年幼的小孩目睹他的父亲狠狠击中自己脑袋的场景。之后，这个男孩很多次拿起枪指着自己的脑袋，然后又把枪放下。在5分钟的警告之后，他又拿起了枪，对着自己的脑袋开枪。然后，他就倒下了，静静地躺着直到这一阶段游戏快要结束前几分钟。这一阶段治疗结束之后，他就立马离开这个房间。我叫他跟我一起穿过校园把文件给两个老师。在去送文件的过程中，我们花了10分钟讨论即将到来的数学考试以及他在做乘法时遇到的难处。当他到教室时，也就准备得差不多了，能够再次踏入教室了。

## 记录与教育计划

由于 CCPT 的人本主义本质，一些游戏治疗师就尽力把行动集中在校园里，包括文书工作，这能反映出行为要求。校园心理领域有一个传统，那就是避免在校园里记录。由于心理咨询的保密性，校园心理咨询师可能会避免记录，以免被校领导或者父母询问。然而，大部分的许可部门以及现今的学校都要求或者至少鼓励为孩子保存记录。因为联邦法律也允许教育记录，而且各州有权利决定教育记录的含义，所以仍然建议校园游戏治疗师对治疗作最简单的记录，但没有必要将每一个细节与每一句话都记录下来。校园的心理记录是为了将提供的服务都记下来，看看进展。在一个短时间的治疗阶段也可以实现。表12.2展示了校园游戏治疗师记录的治疗笔记。

表 12.2 校园游戏治疗记录样本

| | |
|---|---|
| 2010 年 3 月 15 日 | 马库斯参加了30分钟的个体咨询。在整个咨询期间，他都焦躁不安。心理咨询师与学生都在努力想办法以更合理的方式去处理他的攻击性行为。 |
| 2010 年 3 月 21 日 | 马库斯进行了30分钟的个体咨询。他今天很开心，并且说他这周过得不错。他开始用不同的技巧处理班级关系。 |

接下来是校园心理咨询笔记的4个特点。首先，它们是与实际情况相符合的。其次，记录的内容简短，不用记录多余的细节信息。再次，主要集中在学生的进步上，从教育目标与观察行为两方面来平衡。最后，避免

存在转述现象，无论是口头的还是行为上的。游戏材料最终的列表，作为游戏治疗师的记忆辅助工具，记录游戏的连续性，但是对于校园管理者或者法律审查员来说，这些没有价值。这几种记录的方式用于记录学生在游戏治疗的出勤率以及进步，但是不会泄露对治疗师与学生关系产生负面影响的信息。

在校园里，教育与行动计划的作用一样。因为教育计划的用法普遍，游戏治疗师从游戏疗法的目标与学校文化的集合中受益。结合儿童中心的哲理与原则使其达成一体化。教育与行动教育要求治疗师使用具体、详细与易懂的语言。尽管游戏治疗师希望为孩子提供一个自由评价又能培养自我评价能力的环境，但是行动计划就能反映出这种环境的结果。利用治疗师对游戏疗法的了解，不限制学生的行动计划就能得到发展。表 12.3 是一个书面教育计划的例子。在表 12.3 的范例中，比利要参与每周的游戏治疗，游戏治疗师对其进行为期超过一年的评估。在这一年期间，第一个目的就是要求他向治疗师将负面的情绪都表达出来，比如，生气时踢袋子，在治疗期间大叫，撕毁图画以及其他的发泄方式。提供合适的游戏治疗干预，达成这一目的的可能性还是很大的，有助于他取得进步。第二个目标就是，一年之内，比利必须以攻击性陈述方式表达 3 次愤怒。而且，达成此目标的可能性也是乐观的，因为他有时早已经以合适的方式表达出来了。此目的就要求老师观察他的行为，并且鼓励老师注意比利表现出来的积极行为。学习行为语言，有利于游戏治疗师将游戏疗法与标准的行动校园文化结合在一起，在限制的场景中，给孩子提供人性化的选择余地。

表 12.3　教育／行为计划样本

| 短期目标 | 掌握程度 | 评估过程 |
|---|---|---|
| 比利将合理地表达消极情绪，在咨询师评估期间，一周一次，为期一年 | 80% | 咨询师观察；学生会议 |
| 比利将合理地表达愤怒，通过在评估期间在课堂上坚持主张 3 次，为期一年 | 80% | 老师观察 |

## 结论

校园游戏疗法充满挑战，但是很少给游戏治疗师提供机遇，使得他们根据学生的需要，进行一整天的游戏治疗干预。校园游戏治疗师并不依赖于父母是否参与治疗中，或者参与父母的探讨。相反，使用自然的场景，儿童一天能在里面待 6~8 个小时，为他提供必要的心理健康辅导。学校提供了一种集体的方式帮助儿童，游戏治疗师能够将理论与实践结合在一起形成一个系统的方法，达成教育、心理、行为与情感的支持。在校园里，儿童能够参与到校园游戏治疗中，在校园环境中培养自我尊重感。校园游戏治疗师的角色是唯一的，在这种环境下的治疗关系，为发生改变提供必要与充足的条件，有时，难免会忽视儿童的个人需求。

# 第十三章　社区和私人诊所中的游戏治疗

游戏治疗是一种应用于多种环境下的心理健康模型。由于穷尽所有因场景不同而产生的差异超出了本书范畴，所以本章只列举在社区和私人诊所条件下游戏治疗的限制。游戏治疗师在各种场景下开展的游戏活动有时对成年人和儿童都适用。通常来说，游戏治疗应用于已提供其他服务的情景，比如已经提供了法律与医疗援助。对于游戏治疗师来说，他们必须设定一定的环境，使工作有组织、有计划地进行，并且保证能提供给儿童有效的需求选择。儿童中心游戏疗法应与环境相协调，而且在此种情况之下，不涉及医疗模式的参与。然而，现实情况是，儿童中心游戏疗法在不同的场景中进行时，根据行为举止的结果，治疗师能够作出相关诊断，开展治疗计划以及督导其治疗。尽管儿童中心游戏治疗师可能并不认为医疗模式会起作用，但是他们最终会教导学生，指出如何将基于人性化的原则与实践和医疗模式下的报告形式相结合。

## 场景

第五章介绍了对游戏治疗室空间大小以及所需材料的要求。对于社区环境中进行的游戏治疗，心理治疗师认为他们必须保证环境能满足游戏的完全发挥，包括等候室、家庭治疗室、评估室、浴室以及存档室。实际用于进行游戏治疗的场景要考虑很多的细节，比设计成人办公室场景要考虑的细节还多。

**等候室。**对于大多数心理健康咨询室来说，等候室是一个基本要求。

大部分为成人设计的等候室，有舒适的椅子、明亮的灯光，还准备了杂志。对于专为游戏治疗准备的等候室，需要考虑如下几个方面。一些简单的实践规则，比如，不要放置易碎的或者昂贵的物品。等候室应该为儿童提供一些娱乐活动，使游戏治疗更有趣，或者准备一些娱乐活动，当父母与工作人员商讨时，儿童有事可做。并且为不同年龄阶段的儿童提供不同的玩具。然而，要注意的是，玩具的数量要适中，一般类型的玩具即可。否则如果等候室的玩具太有趣，而且在游戏治疗室中没有这些玩具，很难让孩子离开等候室进入游戏治疗室。当等候室人多，工作人员又繁忙的时候，就可以回放电视剧，有助于管理现场的孩子。如果允许的话，不要播放很普遍的电视，应该播放专门给儿童看的那些电视剧。那些新闻或者广告都会使儿童感到烦闷。所以，应该将电视回放的记录保存下来。如果游戏治疗师能够聘一名工作人员管理孩子，看他们有什么需要，如果能帮在咨询的父母照看小孩就更好了。但是现实情况是，他们并没有这样做，而是在咨询室与等候室各放置一面镜子，游戏治疗师能够兼顾父母与孩子。

游戏治疗师必须考虑等候室的空间大小以及布局。空间太小，孩子与父母都不自在，所以要提供一个能满足孩子走动的空间。不倡导使用又大又开放式的房间。因为孩子通常对来回走动、声音以及空间都比较敏感，当他们处于一个开放的大空间时，会更加敏感，很容易焦虑不安。如果又有电视播放的声音、人们的说话声、孩子接二连三到来的声音，那么他们有时会大声回话，或者表现出自我保护的一些行为。过于敏感的那些孩子可能对场景外的其他孩子表现出攻击行为。等候室如果有封闭的房间、安静的出入口，将有利于工作的顺利进行。

除此之外，还有一个需要考虑的是，在没有意外情况发生的条件下，应该将孩子在等候室的时间控制在一定范围之内。他们对空间与自由活动有着明显的要求。当他们被限制在一定时间长度之内时，就会表现得消极。在我的私人诊所里面，我们都尽力为孩子和父母提供一个舒适的、称心的以及认可的环境。这样一来，每次会面，父母有时会早到，并且希望能再待一会儿。一些比较典型的情况就是，父母接私人电话，他们的孩子在等候室玩的时候看书，或者和管理人员交流都是可以允许的。此外，游戏治疗师可以让是兄弟姐妹的儿童相继来接受游戏治疗，或者在游戏治疗之后，开展父母教育会议。在这种情况下，如果游戏治疗师与父母在进行商讨，儿童在等候室可以待得更久一些。在我看来，对于孩子来说，30分钟的等候时间算是合适的。超过了这个时间，他们就会烦躁不安起来。游戏治疗师强调开始与结束游戏作为进入咨询室的主要目的，就可以减少孩子待在等候室的时间。如果游戏治疗师意识到某位家长有其他要求或者需要停止活动，在商谈期间，就应该和家长把情况说清楚。

**咨询室。**游戏治疗师在游戏治疗进行的过程中，需要满足多样化功能的不同房间。供游戏治疗开展的房间既适用于3岁小孩，也适合10岁大的孩子。有些游戏治疗师运气就不错，既有适合小孩的游戏房间也有适合大一些的孩子的活动室。建议为评估工作的进行准备一个房间。房间里放一些吸引力较大的材料或者在墙壁上挂一些艺术画，不利于评估工作的正常进行。游戏治疗师进行认知与心理评估时，一个简单的小屋子里面放一张桌子几把椅子就可以了。同样地，对于家庭咨询或者家长教育，游戏治疗师至少需要一间屋子。而对于家庭咨询来说，一间房子是不太合适的，因为房间里提供给家庭的玩具会时常分散儿童的注意力。一个更大的游戏治疗室里面放置一些椅子，以及为家庭游戏治疗所需要的室内设计和艺术壁画提供足够的空间。建议担任监督责任的游戏治疗室，为每个游戏治疗室都安上双面镜，并准备电子录音。

**洗手间。**与其他治疗室的设计不同，儿童游戏治疗室需对游戏室有全面的考虑。洗手间必须要离游戏治疗室近。只有出现一些燃眉之急时，儿童才会意识到自己不得不去洗手间。所以游戏治疗室附近一定要有洗手间。当然，可以在办公室的里面修一个洗手间，但是有时现实情况是，洗手间修在走廊。这时，游戏治疗师就应该将游戏治疗室选在距离洗手间最近的地方。当然，洗手间里面要有儿童随手可用的设备，在没有成人的帮助下可以自己拿到肥皂和手纸。洗手间还应该有多余的空间允许游戏治疗师等上洗手间的儿童。不建议对3~5岁的儿童进行游戏治疗时，游戏治疗师在有厕所和水槽的房间外等候上洗手间的儿童。游戏治疗师有自由决定是否同意父母陪儿童上洗手间。在治疗进行期间，这样做不仅会因为不得不陪孩子而中断工作的进行，而且还会再次问候父母以及再次与父母分开。当游戏治疗师与想上洗手间的儿童性别不同时，出于一种礼貌考虑，最好还是让父母陪孩子上洗手间。

**存档室。**对于所有的心理健康专家来说，游戏治疗师必须要对儿童的治疗记录保密。要保证其他任何人不能知道档案的内容。在正常办公之余，游戏治疗室必须保证存档的柜子要锁好。另外还需要考虑，准备更大的空间存放儿童的档案，成年人的档案相对少一些。根据州法律，要求游戏治疗师保存儿童 18 岁之前的某些档案。对于有些治疗师保存儿童档案的时间达 20 年之久，引起一些潜在的空间问题。许多游戏治疗师采用先进的科学技术，已经将儿童的档案转成电子版，这样有利于解决存档问题，但仍要考虑其他方面，比如要避免网络渠道获取档案信息，或者电子版受损。

## 市场化的游戏治疗实践

市场化的游戏治疗包括教会公众游戏治疗是什么，以及它的作用所在。当前的科学技术为游戏治疗室提供了丰富的工具，帮助他们无论以经济的方式还是昂贵的方式都可以分享信息。游戏治疗师还想要利用当地的现实资源或者广告，以及一些现代化的方式，比如网络市场和社交网络网址。

**现场展示与讲习班。**或许最好的方式就是建立符合当地特色的实践方式。现场展示就要求游戏治疗师与潜在接受治疗者之间的互动。在儿童治疗的领域中，他们给游戏治疗师提供能被视为专家的机会。并且没有如此多的机构能按计划找到在行的演讲者，尤其是在家长的圈子中寻找。我建议，负责现场展示工作的游戏治疗师，拟写演讲者要讲的所有话题，并且对每个话题作出相应的解释。当游戏治疗师与机构中的社区成员会面时，就可以宣讲所准备的主题明细。例如这些组织，比如教会、校园、妈妈团、爸爸俱乐部、商会以及其他组织都是现场展示的潜在对象。对于市场来说，创新是关键所在。比如，在对此活动支持较少的组织，游戏治疗师可以选择对如何减少父母过度压力的话题进行一个简要的讨论。

**个人社交网络。** 当开展游戏治疗实践时，游戏治疗师主动与那些与孩子有联系的社会成员会面。给当地的儿科医生办公室准备礼物是一个不错的办法，也因此就顺其自然地与他们聊天。也包括其他与孩子有关的社会成员，比如保幼人员、校职工、玩具铺老板、牙医、矫正牙医、职业心理治疗师、视频游戏零售商等。当地的校园咨询室对游戏治疗的参与者有很大的帮助。校园心理咨询师也极其需要参与者资源。如果他们认为某位游戏治疗师在行业内享有很大的名气，他们就会直接将父母送到那儿。

**游戏治疗师投入大量的资金制作小册子。** 尽管使用网络资源宣传成本低，但是小册子是一种可见的市场宣传方式，而且还能将小册子订在一起，贴在冰箱上，父母时常采用此方式记住相关事宜。游戏治疗师通过使用小册子以及其他宣传品的方法，使实践视角具体化。儿童中心游戏治疗师不仅提供了适合儿童为中心的科学定义，而且更具体地帮助父母。由于表象在一定程度上反映本质，游戏治疗师有必要让父母理解她所做的也是为父母最关心的事服务的。比如，一个有作用的小册子能列举出具体的表现：注意力困难、攻击性以及失望等，游戏治疗师都能提供有效的治疗法。游戏治疗的关系网提供了一些资源，说明游戏疗法的目的，以及此方法如何起到作用的，以及在他们的网站中的游戏治疗有利于解决一些具体问题。虽然游戏治疗并不是以儿童为中心的，游戏治疗师可以利用这些资源在市场上发展自己的项目。

**视频与网站市场。** 目前的科学技术条件下，游戏治疗师可以使用电子工具促进实践发展并且介绍游戏治疗。大部分治疗诊所与办公室都开设网站营销自己的项目，同时给潜在的参与者提供更多的资源。在我的诊所，我们与教育管理者以及一些心理治疗师进行探讨，介绍说明游戏治疗，并且将此方法介绍给父母与儿童。我计划并且准备了两段视频，就是为了介绍游戏治疗，还意识到此方法有利于游戏治疗的市场化。这些视频出自我丈夫之手，有一个小剧本，也具有一定的艺术含量，这些视频也存在我的电脑里面。第一个视频是向父母介绍游戏治疗及其对孩子的作用，简单易懂。第二个视频是向儿童介绍游戏治疗，在游戏治疗师与第一个家长探讨之后游戏治疗开展之前进行。表 13.1 与表 13.2 是这两个视频的脚本。在本章节讨论这些视频是为了：①表明在没有足够资源以及缺乏科学技术领悟能力的情况下，科学技术可以用于游戏治疗的市场营销；②这些视频有助于加强游戏治疗师的联系，利用网站给家长和儿童介绍游戏治疗。游戏治疗还提供了一个专业的视频，游戏治疗师能从中得到练习以及在练习中得到提高。

**表 13.1　介绍给家长的游戏治疗脚本**

| |
|---|
| 大家好，我是迪伊·雷博士，我是一名游戏治疗师，接下来要为大家介绍一些关于游戏治疗的信息。<br>您现在可能正在担心您的孩子。他们可能悲伤、生气或者困惑。<br>或许您不能理解孩子现在做的事。<br>我们相信孩子在游戏治疗的过程中会表达自己的感受，正如您表达自己的感受那样。<br>在游戏治疗中，游戏治疗师会与您见面探讨您所担心的事，并且向您具体介绍游戏治疗。<br>然后，游戏治疗师会每周在游戏治疗室与您的孩子见面。<br>在游戏治疗室，治疗师会反馈孩子的感受，帮助孩子积极发展自我，以及使他们避免出现不合适的行为举止。<br>通过这些，游戏治疗师正在帮助您的孩子学会以一种合理的方式表达自己的感受，孩子会从中受益。同时，您也会看到孩子行为举止的变化。<br>不能确定游戏治疗师进行游戏治疗的时间，它因不同的儿童而异。游戏治疗师会与您保持联系，告诉您游戏治疗的新进展。<br>如果您需要帮助，可以随时联系游戏治疗师，共同探讨您所关心的事或者您目前的处境。<br>有任何问题，请一定要咨询游戏治疗师。<br>我们期待在游戏治疗中与您见面。 |

**表 13.2 介绍给孩子的游戏治疗脚本**

大家好，我是迪伊，一位游戏治疗师。我将要为大家介绍一些关于游戏治疗的信息。

你们知道，有时候你们会感到快乐，有时候又会感到悲伤、生气。

有时候你们会让自己陷入困境中而且你们自己却不知道是为什么。

当你们在玩耍的时候，心情或许会好一些。

游戏治疗就是孩子们的天堂。

你们会看到一个成熟的人成为你们的游戏治疗师。

游戏治疗师不在的时候，你们可以进屋子玩玩具。

在游戏室里，你们可以随自己的爱好玩玩具。

由你们自己决定游戏治疗师和你们玩还是和你们说话。

我们把你们在游戏室的时间叫作特殊游戏时间。

我相信游戏治疗会让你们感到快乐，因为你们是与关心你们的人在一起玩，并且决定自己要做的事。

有些游戏是有趣的，而有些游戏是严肃的，但选择什么游戏由你们自己决定。

相信你们在游戏治疗的过程中会收获快乐。请随时向游戏治疗师咨询你们不懂的地方。

期待在游戏治疗中和你们见面。

　　**社交网络。**社交网站对于游戏治疗师来说已经成为非常有用的资源，给市场营销实践提供最小限度的资源。许多潜在的参与者可以进入网站，并且网站上也有可参考的消息，还可以在专业的社交网站上交流。为游戏治疗师提供了无尽的资源，展示信誉，进行活动实践。具有代表性的社交网站是脸书（Facebook），许多商业都采用了这种手段进行市场营销。此外，游戏治疗师需要进一步考虑社交网络的局限性，因为它的保密性可能达不到应有的标准。

# 管理任务

　　**诊断法。** 由于诊断是给参与者贴上标签，游戏治疗师把参与者看成是各种症状的集合体而不是一个人物个体，因此儿童中心游戏疗法并不建议使用诊断法。正如之前所说的那样，儿童中心游戏疗法并不是在虚拟环境下进行的，那些用于心理健康的普遍医疗模式只用于现实生活中，虚拟世界不会出现。因此，儿童中心游戏疗法要求在某些环境中使用诊断法。需要注意的是，许多儿童中心游戏治疗师没有选择使用医疗模式，而是用练习实践的方法服务于参与者。尽管这样做可能会很有成效，也符合游戏治疗师的信仰模式，但现实情况是，不同类型的参与者在没有保险的条件下接受心理健康服务，结果导致参与者没有任何选择，只有从第三方保险中寻求帮助。

　　某位儿童中心游戏治疗师只有在被要求对参与者提供服务的情况下使用诊断法，这样可以将诊断法归为一种管理任务，对治疗关系不会产生任何影响。即使游戏治疗师反对使用诊断法，但是当他们处于被要求使用诊断法的场景时，必须对诊断法有足够的了解。诊断法就是为了找到限制最少，最具有描述性的话语说明每一种情况。当对儿童进行游戏治疗时，游戏治疗师寻找更适合的诊断法，比如适应障碍，以及其他可能成为咨询的注意力中心的条件。基于诊断法的可选择性，在对儿童进行游戏治疗时应该对成长作一个假设。举例来说，我在进行一次培训工作，提前准备让心理咨询师进入心理健康领域。要求诊断法作为培训的一部分，并且要将它用于每一位参与者，但是我鼓励手下的工作人员准确使用诊断法。如果是儿童在接受游戏治疗，家长会担心，孩子会对家长受到束缚产生怎样的反应，但是儿童没有表现出有问题的征象，轴1和轴2有一个"无诊断"迹象。尽管建议家长对孩子有预防性护理，但没有必要诊断儿童对家长的关心。

　　**治疗计划。** 正如大部分医疗模式任务，对于游戏治疗师来说，治疗法也是一个问题。希望游戏治疗师拟出一个提供诊断的治疗计划，对治疗时间作出包含预测相关的症候，以及参与者的目的。对成年人进行游戏治疗时，以人为中心的心理咨询师按计划与参与者进行游戏治疗，假装顾及参与者，来完成此任务。游戏治疗的对象是儿童时，在儿童什么都不了解的情况下开展活动，也不用从孩子那里得到什么反馈。游戏治疗师通过说明父母所担心的问题，假设设定的目标儿童也很容易能达成，从而拟出一个治疗计划。图13.1是为一个7岁孩子拟订的治疗计划。威格（Wiger，2009）已经对此治疗计划的版式进行了修改。

在图13.1的治疗计划例子中，在游戏治疗师联系约瑟夫·莫拉莱斯3个月之前，他就被建议去参与游戏治疗，最近他姐姐去世了。约瑟夫的妈妈很担心他，因为他总是不断给每个见到的人说她姐姐去世的事。自从姐姐去世了之后，他一受挫就没有耐心。如果玩具不按他所想的那样，他马上就很生气，就泄气，还经常大吼，扔玩具。当他遇到不顺心的事时，就用自己的头撞墙，这样的情况一周发生好几次。每一个提到的问题在治疗计划表中都作为症状记录了下来。作为报告问题，游戏治疗师已经把这个重复陈述的去世故事呈现出来了。但是需要注意的是，这可能是约瑟夫悲伤的一种自然方式，而不应该被视为一个问题。治疗计划的目的就是让约瑟夫表达更多，而不是制止他不断重复故事的行为。对于另外两个问题，提出的目标很容易实现。儿童中心游戏治疗师意识到，设立如此容易实现的目标仅仅是出于管理目标而言。而约瑟夫真正要实现的目标就是，为他提供一个环境，在这个环境下，他能够发现自己所面临的危机，把此经历融合到他对自身的看法，形成一种不能拒绝的混乱的意识。每一个治疗策略，都要用到儿童中心游戏疗法中，并为计划目标所服务，但是更重要的是实现治疗法真正的目标。此外，游戏治疗师意识到家长与儿童关系的重要性，于是会为家长提供咨询，帮助约瑟夫。基于家庭的支持，允许游戏治疗师开展家庭定期会议，为悲伤的过程提供一个安全的环境。

| 治疗计划 |
|---|

儿童姓名：约瑟夫·莫拉莱斯　　　　出生日期：2004 年 2 月 4 日　　　　　日期：2011 年 3 月 9 日

出现的问题：姐姐去世，由于受挫而自我伤害　　　　　　　　　　　游戏治疗师：迪伊·雷

轴 1：V62.82 丧亲　　　　　　　　　轴 2：无

所需服务：

计划的游戏治疗周期

| 干预 | 1~2 | 3~7 | 8~10 | 11~20 | 21~40 | 41+ |
|---|---|---|---|---|---|---|
| 评估 | | | | | | |
| X 个人 | | | | | X | |
| X 家长咨询 | | | X | | | |
| 亲子游戏治疗 | | | | | | |
| X 家庭 | | X | | | | |
| 小组 | | | | | | |
| 其他 | | | | | | |

| 问题 / 父母的担忧 | 目标 / 目的 | 干预 |
|---|---|---|
| 重复谈论姐姐去世的事 | 参与游戏中的非语言活动<br>通过说话或者游戏与治疗师互动<br>通过说话或游戏来表达自己对姐姐去世这事的看法而不是重复讲姐姐去世 | 儿童中心游戏疗法 |
| 低程度挫折 | 在活动中增强承受挫折的能力<br>√在游戏周期里增加活动时间<br>√减少吼叫与扔东西的次数到 1 周 1 次 | 儿童中心游戏疗法<br>家长咨询如何对待孩子的问题<br>例如：表现问题与解决问题 |
| 受挫时，头撞墙 | 减少撞墙的次数到零次<br>√目前次数：1 周 3 次<br>√3 个月：1 周 1 次<br>√6 个月：0 次 | 儿童中心游戏疗法<br>家长咨询中使用限制设定和反映技术<br>开展其他的家庭交流活动 |

我已经与我的游戏治疗师探讨过以上的干预计划，他已经理解并且赞同这些方法，在儿童游戏治疗过程中，会以积极的态度开展工作。

家长 / 监护人签字：杰西卡·莫拉莱斯　　　　　　　　　　　　　日期：2011 年 3 月 9 日

治疗师签字：迪伊·雷　　　　　　　　　　　　　　　　　　　日期：2011 年 3 月 9 日

图 13.1　游戏治疗计划样本

周期总结。一个游戏周期内活动的高水平就在于多类型的语言与非语言的交流。当游戏治疗师每周都忙于各种游戏治疗活动，活动周期笔记也很难及时完成或者按质完成。用提示性语言记笔记比用提醒性语言记笔记更能帮助游戏治疗师保持管理记录。图13.2是一个简单的游戏治疗周期笔记，最适合游戏治疗进行的场景。要注意的是，得克萨斯州立大学的琳达·霍姆特耶（Linda Homtyer）博士与北得克萨斯州立大学的苏·布兰登博士是游戏治疗周期总结概念的创始人，用提示性语言帮助游戏治疗师记笔记。举例所用的总结方法采用的是DAP方式，DAP是数据、评估、计划英文单词首字母的合成（Wiger，2009）。数据反映父母当前的问题，其中可能包括任何一种新环境的刺激，或者最近的行为问题，还包括方式鉴定以及游戏治疗师对游戏活动的观察。游戏活动时间包含儿童的语言表达以及游戏过程中的行为表现。评估包括游戏治疗师对游戏周期的评估，或者游戏动态以及参与者实现目的的进程。至于游戏治疗的目的，评估是通过对活动周期动态的概念化达到的。最后，游戏计划部分从游戏治疗师得到更多建议，以及根据活动周期计划时间。

图13.3是关于约瑟夫·莫拉莱斯的一个完整的游戏治疗周期总结。约瑟夫·莫拉莱斯是在之前的治疗计划中接受治疗的儿童。如图所示，周期总结与计划表相配合，涉及诊断法与行为问题。如数据所示，治疗方法是儿童中心游戏疗法，母亲与游戏治疗师分享对孩子头撞墙之事的关心也记录在表中。记录游戏治疗过程中有意义的言语表现，对孩子、父母、游戏治疗师以及他们之间的关系都起到很重要的作用。约瑟夫在玩沙子的时候，在讲姐姐去世的事，但是没有得到任何回应。根据语言表现，游戏治疗师记录了活动周期的限制问题。在这个周期的治疗中，记录的唯一限制性问题是约瑟夫不愿意离开游戏室，不想离开的原因是他想给爸爸做一幅图片。记录了很多次设计的限制性问题。对于玩具/游戏行为，所有能在游戏室玩到的玩具都呈现出来了。根据场景的不同，这部分也作出相应的变化。每一个玩具都标上了×，加强游戏治疗师对发生在游戏治疗室内的事件的印象。

┌─────────────────────────┐
│ 儿童游戏治疗周期总结 │
└─────────────────────────┘

日期：_____　周期：_____　开始时间：_____　结束时间：_____　持续时间：_____

儿童 / 年龄_____ / _____　咨询师_____

诊断 / 出现的问题_____

Ⅰ. 数据

干预_____目前的问题_____

有意义的言语表现：____

限制条件：____

保护儿童（身体与情感安全）　　　　　　　　　　结构：

保护游戏治疗师 / 保持对治疗师的接受 / 与治疗师关系的维持：　　现实测试：

保护房间 / 玩具：

玩具 / 游戏行为：____

_锤子 / 圆木 / 木头工具　　　　　　　　　_照相机 / 闪光灯

_沙盒 / 水 / 槽　　　　　　　　　　　　_医疗工具 / 绷带

_戏剧 / 木偶　　　　　　　　　　　　　_乐器

_厨房 / 餐具 / 食物　　　　　　　　　　_游戏 / 碗 / 圆掷 / 球

_画架 / 画 / 黑板　　　　　　　　　　　_轿车 / 货车 / 公交车 / 救护车 / 飞机 / 船 / 自行车

_豆袋 / 坐垫 / 枕头 / 床单 / 毯子　　　　_动物：家禽 / 动物园 / 鳄鱼 / 恐龙 / 鲨鱼 / 蛇

_击袋 / 泡沫拍　　　　　　　　　　　　_士兵 / 枪 / 刀 / 剑 / 手铐 / 绳

_装扮：外套 / 羽绒服 / 鞋 / 夹克 / 帽子 / 面具 / 魔杖　　_可搭建的玩具 / 砖 / 墙

_工艺 / 时间 / 记分人　　　　　　　　　_沙盘 / 微型图画

_洋娃娃屋子 / 洋娃娃家人 / 瓶子 / 橡皮　　_其他：_____

_收银机 / 钱 / 手机

游戏治疗的描述：描述游戏行为、顺序以及儿童所受到的影响。

_____

Ⅱ. 评估

游戏主题：圈中下面的一个 / 多个中心主题

| 探索 | 关系 | 无助 | |
| 力量 / 控制 | 培养 | 修补 | 无能力 |
| 依赖 | 悲伤与失去 | 恢复 | 无助 |
| 报复 | 放纵 | 杂乱 / 不稳定 | 焦虑 |
| 安全 | 保护 | 完美主义 | 其他：_____ |
| 精通 | 分离 | 整合 | |

概念与进程：____

Ⅲ. 计划与建议：圈中下面的建议

| 游戏治疗的下一个周期 | 日期 / 时间：_____ | 家长资源 |
| 父母咨询的下一个周期 | 日期 / 时间：_____ | 医疗评估 |
| 家庭周期 | | 心理评估 |
| 兄弟姐妹组游戏治疗 | | 校园咨询 |
| 小组游戏治疗 | | 专业咨询 |
| 最后的游戏治疗 | | 需求记录 |
| 家长咨询 | | |

_____ / _____
游戏治疗师签字（有证书）　　日期

**图 13.2　游戏治疗周期总结**

儿童游戏治疗周期总结

日期： 2011 年 4 月 14 日　　周期： 5　开始时间： 16:30　结束时间： 17:20　持续时间： 50 分钟
儿童 / 年龄： 约瑟夫·莫拉莱斯 /7　　咨询师： 迪伊·雷
诊断 / 出现的问题： V62.82 丧亲 / 姐姐去世

### Ⅰ. 数据

干预： CCPT　　目前的问题：妈妈说约瑟夫一伤心就会用头撞墙，一周好几次

有意义的言语表现：
约瑟夫经常讲述姐姐的去世："她掉进游泳池里面，没有出来，她现在在天堂，我确定她没有死。"对父母的反应没有任何回应。

限制条件：
保护儿童（身体与情感安全）　　　　　　　　　结构：　游戏结束后，约瑟夫没有离开。
　　　　　　　　　　　　　　　　　　　　　　　　　　他想为爸爸做一幅图片，
保护游戏治疗师 / 保持对治疗师的接受 / 与治疗师关系的维持：现实测试：最终完成这幅画之后离开。
保护房间 / 玩具：

玩具 / 游戏行为：

| | |
|---|---|
| X 锤子 / 圆木 / 木头工具 | _照相机 / 闪光灯 |
| X 沙盒 / 水 / 槽 | _医疗工具 / 绷带 |
| _戏剧 / 木偶 | _乐器 |
| _厨房 / 餐具 / 食物 | _游戏 / 碗 / 圆掷 / 球 |
| X 画架 / 画 / 黑板 | _轿车 / 货车 / 公交车 / 救护车 / 飞机 / 船 / 自行车 |
| _豆袋 / 坐垫 / 枕头 / 床单 / 毯子 | X 动物：家禽 / 动物园 / 鳄鱼 / 恐龙 / 鲨鱼 / 蛇 |
| _击袋 / 泡沫拍 | _士兵 / 枪 / 刀 / 剑 / 手铐 / 绳 |
| _装扮 / 外套 / 羽绒服 / 鞋 / 夹克 / 帽子 / 面具 / 魔杖 | _可搭建的玩具 / 砖 / 墙 |
| _工艺 / 时间 / 记分人 | _沙盘 / 微型图画 |
| _洋娃娃屋子 / 洋娃娃家人 / 瓶子 / 橡皮 | _其他：_____ |
| _收银机 / 钱 / 手机 | |

游戏治疗的描述：描述游戏行为、顺序以及儿童所受到的影响。

约瑟夫的游戏治疗主要是和沙箱中的马玩耍。他把马埋了，这样其他动物就不会咬马而使他内心受伤。救火车和救护车来了，但是都不能帮助这匹马。在整个这期活动中，马都被困在沙里面。他在整个玩沙的游戏中都非常快乐。在离游戏结束还有 5 分钟时，治疗师对他发起了警告，他开始慌张了，因为他没有时间为爸爸做图片了。

### Ⅱ. 评估

游戏主题：圈中下面的一个 / 多个中心主题

| | | | |
|---|---|---|---|
| 探索 | 关系 | （无助） | |
| 力量 / 控制 | 培养 | 修补 | 无能力 |
| 依赖 | 悲伤与失去 | 恢复 | 无助 |
| 报复 | 放纵 | 杂乱 / 不稳定 | 焦虑 |
| 安全 | 保护 | 完美主义 | 其他：_____ |
| 精通 | 分离 | 整合 | |

概念与进程：
约瑟夫的游戏治疗很相关。他通过重复讲述姐姐去世的事情表达内心的痛苦。他很无助，但是没有一个人能帮助他。他开始从姐姐去世的事件与其他事件中走出来。他还试图取悦自己的爸爸，展现自己的价值。

### Ⅲ. 计划与建议：圈中下面的建议

| | | |
|---|---|---|
| 游戏治疗的下一个周期 | 日期 / 时间： 2011.4.21 16:30 | 家长资源 |
| 父母咨询的下一个周期 | 日期 / 时间： 2011.4.21 16:00 | 医疗评估 |
| 家庭周期 | | 心理评估 |
| 兄弟姐妹组游戏治疗 | | 校园咨询 |
| 小组游戏治疗 | | 专业咨询 |
| 最后的游戏治疗 | | 需求记录 |
| 家长咨询 | | |

迪伊·雷
游戏治疗师签字（有证书）

图 13.3　游戏治疗周期总结范例

基于对游戏治疗的描述，治疗师对游戏治疗进行过程中出现的事件作了一个简单的概括。此次，约瑟夫的游戏治疗主要是和沙箱中的马玩耍。他把马埋了，这样其他动物就不会咬马而使他内心受伤。救火车和救护车来了，但是都不能帮助他，然后离开。在这次整个咨询过程中，马都被困在沙子里面。他在整个玩沙子的游戏中都非常快乐。在离游戏结束还有5分钟时，治疗师对他发起了警告，他开始慌张了，因为他没有时间为爸爸做点什么。他违反了游戏规定时间，为爸爸做了一张图片。在游戏过程中，他很紧张。作完周期总结之后，需要评估，要求游戏治疗师确认过程中所展示的游戏主题。在此次活动中，游戏治疗师把"无助"作为主题，因为马不能解救自己，别人也不能帮助它，它只能困在沙子里面。在概念总结时解释了这个主题，并且与儿童中心游戏疗法联系在一起。约瑟夫从姐姐去世的实践中汲取经验，形成自己的观点。一位游戏治疗师观察到约瑟夫在游戏结束时的慌张，是因为他想通过给爸爸礼物让爸爸高兴。最后，总结计划提供了几个建议。游戏治疗师为下次的游戏治疗写计划，在计划执行之前与父母探讨协商。

**监管文件。**儿童游戏治疗要求充分了解游戏治疗师，他是否有可以为孩子作决定的资格。游戏治疗师应该及时了解与父母立场有关的州法律，既包括对单亲或者受限的父母监管的特殊问题，也有亲生父母的法律权利。当父母监管方面出现问题，儿童参与的档案也必须包括监管人同意的文件。游戏治疗师对监管文件的熟知比在治疗过程中的主动性更重要。如果父母已离婚，要保证这样的文件不应该提供给游戏治疗师。父母离异会对游戏治疗造成麻烦，因为没有任何的法律保障。在这些情况下，游戏治疗师就要在个人对游戏治疗中的积极性的基础上，作出决定。有些情况是这样的，父母中的一人从来都没有出现在孩子的生活中，其行踪也不清楚。当一个家长在文件中签字没有法律效力时，游戏治疗师必须谨慎地作出决定。监管是一个要重视的问题，当儿童离开其他照顾他的人时，比如祖父母，他们的同意是没有法律保证的。大部分情况下，我都要求祖父母让其中一位家长在同意栏上签字，而且在第一次游戏治疗开展之前，通知祖父母或者监管人与游戏治疗师交流。再者，这样就将监护文件存档是不够的。游戏治疗师还应该了解所有与参与者有关的法律，熟知哪些法律权利或者规定可能影响治疗法进行过程中的决定。

**传达通知。**给儿童进行的游戏治疗包含很多系统性的、复杂的部分。在整个游戏治疗中，游戏治疗师要努力去发现潜在的协商伙伴。校园工作人员、精神病医师、儿科医生、专业治疗师、律师与保管人都没有法律权利，祖父母以及已和孩子疏远的家长是游戏治疗师应该考虑的方面，并且要尽快与他们取得联系，进行交流。通知祖父母或者其中一位家长与别人交流，必须在与其他人取得联系之前。

# 方案评估

方案评估对于一个成功的游戏治疗非常重要。方案评估审查了基于特殊环境的定量与定性数据的游戏治疗。方案评估评价游戏治疗在什么样的计划中给儿童带来什么样的好处。方案评估通过指出游戏治疗的不足与其发展方向为游戏治疗师指明了道路。基于整个方案评估的成功结果有利于支持私人与公众的资金投入。资金投入更倾向于提供给有治疗成果的部门。积极的评估结果也能服务于市场以及提供新的动力。

由于方案评估基于收集评价的数据，以及其他硬性资料的资源，所以儿童中心游戏治疗师可能对如此具体而有限制的评价方式，采取谨慎的态度。然而，方案评估还能包含定量的方式，采访父母、治疗师以及在游戏治疗中的其他人。有关参与者的轶事对结果也有很强的暗示性。定量与定性方法的结合来进行评估不仅能用于部门工作，还能用于个人的实践。

我强烈建议收集游戏治疗实践中的数据。持续70年的游戏治疗研究（见第十五章），证实了儿童中心游戏疗法能使儿童的行为发生变化，这些儿童是指那些对传统评估方式敏感的儿童。第八章讲的是支持作出治疗决定的数据收集法。这些方法也能用于方案评估。尽管行为改变对于游戏治疗师来说并不那么重要，而每个孩子的自我意识倾向对他们来说更重要一些，但是这些现象的进步是相似的。从评估发展的这一点来说，由于缺乏对改变的内在过程的权衡能力，归为行为变化的权衡。幸运的是，在游戏治疗中，行为变化是在儿童中心游戏疗法的影响下产生的敏感变量。

# 第十四章　游戏疗法的督导

从积极的方面看，专业发展和个人成长之间的区别是主观的，并且没有意义；但是它们也具有潜在的危害性，并且会使我陷入不一致之中，因此我无法将其视为是健康的或者有效的。（Worrall，2001，p.207）

儿童中心游戏疗法（CCPT）督导的目标是为游戏治疗师的成长提供一种促进的环境，使游戏治疗师个人一致性需求达到较高水平，以提升对儿童的无条件积极关注和共情的经验和沟通。督导的督促阶段重点强调游戏治疗师作为一名咨询师与儿童或来访者建立关系的经验。虽然在督导中会强调咨询技能和临床概念，但是最重要的是游戏治疗师有能力与儿童建立有效的治疗关系。游戏治疗师能够体验和提供的治疗态度的质量越好，游戏治疗越有效。

## 督导师资格

如同游戏治疗师需要特定的经验和教育，游戏治疗督导师在成为督导师之前也应该取得一些资格认证。本书的第四章为游戏治疗师的实践介绍了相关的知识、技能和经验。督导师也应该积累这些经验，这是优秀的游戏治疗师为了成为游戏督导师所应该做的准备。除了游戏治疗师应该取得的那些资格证以外，游戏治疗督导师需要在自身的态度、教育和经验这三方面具有更长远的目标。

**同一性。**游戏治疗督导师应该与这个职业保持同一性，或者说在任何条件下都能够清晰地认识到自己对于自我同一性的了解水平。正如第 4 章讨论过的一样，同一性更像是一种性格特质，会限制个体能否成为一名新游戏治疗师。它越来越重要，游戏治疗督导师为了达到示范和促进新的游戏治疗师在此领域不断成长的目的，也需要体验到自我同一性。

**无条件积极关注。**与心理咨询师和来访者一样，督导师也需要为被督导者提供高水平无条件积极关注。因为督导师的责任之一就是评估游戏治疗师的治疗有效性，无条件积极关注被视为督导过程中的关键点。然而，无条件积极关注要求督导师在技能层面上将被督导者无条件地作为一个人来看待。督导师会不断向被督导者传递这样的信息："我尊重并且接受你作为一个人。我认为你的技能是专业的。在这里，我和你是两种不同的角色，但当你内心承认你的技能是个人价值体现的时候，我和你之间彼此只存在干预。"通常，和大多数情况一样，被督导者会将督导师对技能的评价和对其作为一个人的评价结合起来，特别是新手和专注于内心世界的被督导者。当被督导者能知觉到积极的关注时，他们更可能在技能上有所成长。无条件积极关注对督导师来说可能具有挑战性，因为无条件积极关注作为改变的必需品这一信念，与督导的伦理责任，即保护在治疗领域中的未来的来访者，是并列存在的。

**共情。**督导师和被督导者之间共情的沟通对被督导者降低焦虑的能力，以及对于治疗部分进行探索的需求和表达自我怀疑都是至关重要的。幸运的是，和大多数的来访者之间的关系不一样，督导师们曾经经历过类似的督促过程，所以建立共情沟通的时候更加有把握。督导师也曾和同情斗争过，特别是当被督导者对于游戏疗法产生怀疑的时候。此时，督导师为了提高共情，并决定这个被督导者是否或者何时应该放弃成为一名游戏治疗师，督导师会与支持性的同事进行咨询。

**督导师的学历。**为了成为督导师，游戏治疗师需要参加督导师训练。督导模式和方法有很多。督导过程有理论和研究依据，优秀的游戏治疗师会注意到这些理论和研究，并且将之融合成为一种个人督导的形式。

**理论和实践教育。**游戏治疗督导师需要学习在督导过程中会使用到的所有的元理论。如果督导师愿意接受对一位与他理论流派不同的被督导者进行督导，他需要事先学习被督导者所持的元理论。当然，督导师应该充分相信督导过程中所使用的游戏治疗元理论。

**对督导过程进行督导。**虽然很多游戏治疗师都可以获得关于督导过程的学习，但是对督导过程进行督导却很少见。典型地，一次3个小时的大学课程会给新手督导师们提供一些督导学习。这种训练类型比较适合新手督导师。如果一位新手督导师没有找到任何一门大学课程是适合自己的，那么他应该与一名经验丰富的督导师建立督导关系，并且有固定的督导时间。这种督导关系应该持续进行，直到新手督导师具备了各项能力。督导过程是一种新的治疗经历，而且由于特定的贡献和挑战，具有个性化特点，不同于那些只要求最初督导的咨询。

**游戏治疗经验。**尽管很确定会提及游戏治疗经验，但是游戏治疗督导师还是应该具有更丰富的促进游戏治疗的经验。我在犹豫是否需要特别区分不同时间或者年限的需要，但是游戏治疗师应该具备一定的时间长度和丰富的内容训练的经验。游戏治疗督导师依靠他们的经验看待长期或者短期中呈现不同问题的来访者。最后一点，那些从未从游戏治疗中获得成长的督导师们不应该对游戏治疗师的进行督导。这背离了伦理（提供一种没有受过训练的治疗服务），而且身心领域不会接受。

**不断发展的游戏治疗经验。**随着时间的变化，心理健康领域也在变化，来访者的问题也在变化，周围领域的系统文化也在变化。对于一名游戏治疗督导师来说，要最大限度地帮助被督导者成长，也需要关于最新理论的训练。游戏治疗督导师通过游戏治疗促进成长的方法来不断进行专业的成长，以扩展和维持自身的知识和技能。

# 合作性督导

从个人中心的角度来看，在督导师和被督导者之间希望通过督导的外部约束力量来建立一段平等关系，其中包含彼此之间相互合作的努力。梅里（2001）总结分析出了督导作为一种合作性的关系需要以下 5 条规则：

1. 从人类的自我实现倾向上来看，人类具有自我指导和履行责任以及自我强化行为。

2. 当一种民主的关系建立时，督导师和被督导者对于发现意义具有同等重要的贡献。

3. 督导过程作为一种合作性的咨询激发了与治疗问题的更深层次的接触，因为知识的所有形式都被尊重，并且被认为是有意义的，包括直觉。

4. 被督导者的自我防御性减少是由于对个人价值的评价减少。

5. 督导师和被督导者在合作性的体验中将彼此看作合作伙伴。

以上这些规则是游戏治疗师督导过程中建立关系的根本。一段有意义的督导过程的根本是督导师和被督导者之间对于平等关系的探索。当两者都感到他们贡献同样多时，这种关系会显示出更高水平的意义，而且丰富了被督导者的探索。

# 督导过程的步骤

督导过程被认为是一个成长的过程，督导过程包括督导师和被督导者之间进行的有意识的匹配，并且建立在督导师的经验水平、世界观以及对咨询的觉察力上。博德（Border）和布朗（2005）通过描述在督导中通常出现的这 3 个阶段（经验水平、世界观、咨询的觉察力）总结了督导过程各种发展性的模型。在督导的第一个阶段（经验水平），被督导者是具体的，并且更喜欢确定的结构和方向。督导师具有基础指导性，并且关注在督导过程中强调的具体技能。督导师会从事教学，同时也会为被督导者提供大量的支持和鼓励。督导的第二个阶段（世界观）的变化之处在于对被督导者这个人的关注。被督导者更倾向于对咨询师和来访者之间的关系元素进行探索，就如同个人对来访者的反应一样。督导师会遇到一些状况，这时可以灵活地回应被督导者，导向更直接的督导关系。督导师和被督导者会一起讨论从来访者那里总结的知识以达到综合练习的目的。督导师会激发被督导者慢慢体验到对独立的需要。在督导的第三个阶段（咨询的觉察力），督导师成为被督导者的同事或者咨询师。有一个假设认为被督导者会识别成长的领域然后发起督导讨论。被督导者会从注重外部评价变为注重对于内部价值的评价。督导过程中的讨论会以被督导者的个人成长和专业认同的融合为中心。

督导过程一般包括被督导者从对于外部评价需要（例如赞同的反馈）转移到内部评价（例如对人格和专业特点的评价）。同时，督导师在被督导者成为一个有效的咨询师的历程中，从一个直接的、具体的老师变成一个平等的协作者。在督导过程方面的研究支持了这种观察到的成长过程，并且要求督导师的角色需求是变化的。

## CCPT 督导过程的发展历程

CCPT 督导过程要求在个人中心理论上有扎实的练习，要求督导的过程反映出治疗过程，这种治疗过程是指督导师从同一性开始，逐渐提供无条件积极关注和共情的操作过程。通常的督导文化能够观察到被督导者的成长和对于督导师不同角色的需要的变化等级。对于一名 CCPT 督导师来说，融合个人中心方法和观察督导过程，对提供有效的督导过程是非常重要的。为了进行这些观念上的融合，我已经为 CCPT 督导师建立了一种描述和阶段模型，这可能对于大多数的游戏治疗督导过程都是非常实用的。表 14.1 呈现了简短的模型摘要（大纲），以下文段中会呈现详细的描述。

**表 14.1 游戏疗法督导的过程**

| 阶段 | 督导过程中被督导者的动态 | 在游戏治疗中被督导者的动态 | 督导师个人的态度素质 |
|---|---|---|---|
| 1. 关注的技能 | 具体的，规则约束（制度化）；<br>寻求清晰的回答；<br>总结概括特定案例的倾向；<br>对评价很敏感；<br>寻求表扬；<br>过度自我批评或者过度自信；<br>焦虑 | 生搬硬套式回应；<br>缺乏影响力；<br>没有能力平衡儿童的影响；<br>很容易因内部的做事方法分心；<br>焦虑；<br>答复时恐慌 | 强烈表达共情的愿望，包括提供一些明确的回答以降低被督导者的焦虑；<br>无条件积极关注和一致性的表达较少 |
| 2. 试验和提问 | 个人中心理论问题；<br>关注指导性方法；<br>寻找如何使之有效的证据但是缺少发现证据的经验；<br>对督导表现出来的情绪反应比较防御 | 在没有督导知识的情况下尝试新方法；<br>可能对于儿童允许放任缺少限制；<br>最有可能发生危害的一个阶段 | 强烈的共情交流；<br>在督导关系和遭遇的困难上共同成长；<br>体验到无条件积极关注，但是由于被督导者的"什么都可以"的误解受到限制 |
| 3. 理论决定转变为实践 | 妥协信念系统；拒绝或者接受 CCPT 理论；<br>如果支持 CCPT，则进行过程、模式和主题的探索；<br>个人对于游戏治疗中关系的感受探索是开放的；<br>如果不同意 CCPT，间接地表示尊重 | 在治疗中更多处于安慰水平；<br>能够达到一致性的新水平；<br>能够在一段时间内体验；<br>如果不是 CCPT，可以从新理论的督导知识中练习技术 | 表达一致性、无条件积极关注和共情具有同等水平；<br>被督导者会认为自己更加适合 |

续表

| | | | |
|---|---|---|---|
| 4. 游戏治疗师更加专业化 | 督导过程转变为咨询；<br>被督导者开始讨论；<br>由被督导者的问题来主导，典型的问题包括被督导者关心如何作为个体游戏治疗师，或者是建立特定游戏治疗关系；<br>以无条件积极自我关注为中心；<br>如果不是同一个 CCPT 理论，被督导者进行训练或者督导体验到与新的理论结盟；<br>使用之前的 CCPT 督导师作为顾问 | 治疗期间会有一段时间出现有规律的问题；<br>共情和无条件积极关注能以一种无约束的形式体验到；<br>能够从正确的共情中萌发一些概念；<br>能够确定有了自信 | 督导师和被督导者互相表达一致性、无条件积极关注和共情的强烈水平；<br>认识到在为来访者提供无条件积极关注时会受到无条件积极自我关注的限制 |

**阶段 1：关注技能。**在游戏治疗督导过程的开始阶段，被督导者会关注技能和规则。被督导者通常是以一系列封闭式的提问开始："我可以从椅子上站起来吗？""在房间里有什么明确的限制吗？"被督导者倾向于归纳督导师针对一个案例的回答，并且没有批判性地将督导师的回应应用到其他的案例中。被督导者非常在意督导师的评价，并且经常希望得到督导师的赞扬。如果督导师没有表扬他们，他们通常会很失望，并且将没有受到表扬理解为批评。被督导者通常也会过度自我批评或过度自信，也会对督导师产生防御（比如"我会在你之前进行自我批判"或者是"我的所有表现都是正确的，所以没有什么应该批评我"）。

在游戏治疗期间，处于第 1 阶段的被督导者经常会采用生搬硬套的、已经记住的语句来回应儿童，使用类型回应比如说满意的反应，建立责任感等。他们在治疗期间可能缺少影响力或者是过度活跃，这与儿童所需的影响力或者是儿童的不同精力水平是不匹配的。被督导者很容易被自己固有的行事方式分心。有时被督导者不去回应儿童是因为他们正在努力思考一个"正确"的回应，或者是他们可能因为他们内部正在进行的关于以前咨询过程中对回应的批评而分心。他们的焦虑水平不断变化，对于儿童的言语或者行为从极端不一致（每一个回应都笑）到回应中有一点否认。经常地，处于最初阶段的游戏治疗师，当儿童表现出治疗师在训练或者督导中没有学习过的意料之外的行为时，就会出现慌乱。这种慌张的结果，典型的表现可能是治疗师在治疗期间出现一个没必要的限制，比如说提高他们的声音、跳起来，或者可能突然就停止一段时间。

　　督导师对处于第 1 阶段的被督导者的督导方法就是提供最大限度的共情。在这个阶段，督导师要不断地向被督导者反馈感受，并且给被督导者提供额外的时间。这个阶段中一部分共情沟通是为了在具体水平上回答被督导者提出的问题。虽然督导师想要平衡此种共情表达的方法与某种层面的无条件积极关注，以此否认被督导者的一些回答，但是否认这些回答，仅仅会增加被督导者的焦虑水平，同时限制被督导者的成长。例如，当提出被督导者在游戏治疗室内应该有的典型、清晰的限制时，会帮助被督导者减少在房间时的焦虑。尽管督导师总是通过督导过程体验无条件积极关注和一致性，但是在这个阶段，无条件积极关注和一致性的沟通对于督导师来说受到了限制。通过已给出的具体回答与被督导者共情，督导师会放弃一些层面上的无条件积极关注，这会交替地激发督导师允许被督导者为了培养个人的方法进而与未知博弈。一致性的交流也可能会受到限制，因为被督导者能力有限，没法在这个阶段有建设性地听取督导的担心。对于游戏治疗督导师来说，注意到被督导者能够确信地进入下一个发展水平是值得慰藉的，在下一个发展水平中，被督导者会增加在治疗条件下有效性的表达。

　　**阶段 2：试验和提问**。在第 2 阶段，游戏治疗师开始询问 CCPT 的起效方法。因为当今社会文化拒绝溺爱，CCPT 游戏治疗师经常反对那些主导文化的限制和行为主义者。学习了早期游戏治疗经验中的技能之后，游戏治疗师经常会开始探索他们自身关于儿童中心理论的"想法"。我强调"想法"这个词语，是因为在这个阶段，游戏治疗师仍然很少探索整个过程中与自我相关的感受。督导师在这个阶段的讨论经常会因为 CCPT 间接的自然属性或者是否需要更多的直接的方法，从而聚焦到 CCPT 是否是有效的。一些较快接受了 CCPT 理论的被督导者有时会问在游戏治疗期间是否需要限制和结构。被督导者会去寻找 CCPT 有效性的证据，但是缺乏经验，这些缺乏的经验具体来说就是理解游戏过程、识别主题以及注意每一次游戏治疗中的进步。被督导者可能会对督导师对他感受的反应产生防御，并且否认自己有明显的焦虑情绪、无能以及对个人意识的无价值感。

处于第 2 阶段的被督导者在游戏治疗中经常在没有督导知识的情况下进行尝试。在这个阶段，督导师会惊讶地听到治疗师在说明事实之后的反应或言语。在一些场合下，被督导者会隐藏自己新的反应，只有当产生严重的消极结果时才会暴露出来。例如，我的一名被督导者曾经允许一名儿童往地板上倾倒很多桶水，这样能够让儿童在地板上滑溜（这是一种我说过不允许的行为）。在这之后的第三个咨询时，这名儿童摔倒了，撞到了头部，被送到了急诊室。作为这名被督导者的督导师，我对在游戏治疗室里面发生的行为完全不知情，因为在整个督导过程中，被督导者选择向我介绍另外一位来访者的情况。从另外一个方面而言，我的另外一名被督导者在与一名 5 岁儿童进行游戏疗法期间，这名被督导者要求儿童画出自己在一个特定场景中的感受，然后问该儿童他下一步会怎么做去避免在那种特定场景中的这种感受。尽管这种行为不算太过分，但是这很明显不符合 CCPT 做法，而且这位游戏治疗师在那次咨询开始之前并没有跟我讨论对这名儿童使用的新的治疗方法。我发现在这个阶段，有 3 种类型的游戏治疗师的行为比较普遍。在被督导者成长过程中，我得承认这个阶段是治疗师和儿童之间最容易产生危害的阶段。

在第 2 阶段，督导师会进一步延伸与被督导者的一致性交流。督导师会真实表达对自我和被督导者的感受。督导师可能会这样表达，"我感觉你给予儿童很多自由之后会感到有点紧张"。督导师在这个阶段也可能遇到困难，比如说，"我明白你觉得自己需要进行尝试，但是当你没有跟我说你改变了方法的时候，我感到没有受到信任"。共情的表达和第一阶段一样强烈，并且如果被督导者变得特别独立的话，对于督导师更多的是一种挑战。在这个阶段，督导师对被督导者对独立需要的认识和接受是至关重要的。对于任何元理论，成长中的游戏治疗师会质疑假设和应用，这应该是治疗师健康成长的一部分。无条件积极关注通过接受治疗师的独立性来体现。然而，在这一阶段，无条件积极关注的方式会被游戏治疗新手误解为在允许游戏治疗室里进行任何行为。督导师需要意识到这种可能产生的误解。

**阶段3：理论决定转变成实践**。经历过关注技能和试验的阶段之后，被督导者逐渐进入一个新的阶段，在这个阶段，有效果的理论方法被接受。在督导过程中，被督导者采取一种游戏治疗信念系统，即可以接受或者拒绝CCPT理论。如果游戏治疗师否认CCPT理论，但是督导师认可这种能够影响专业实践的个人成长，那么游戏治疗师一般能够尊重以一种间接的方式成为一名游戏治疗师，并且以这种方式与儿童相处。一般会先将游戏治疗师训练为在某种层面上非常重视非定向性的典型的CCPT治疗师，包括必要非充分的条件是他们自身的信念系统。如果他们的督导师对开放性的接受度高，非CCPT治疗师需要花费精力整合他们新接受的理论与实践。对于这些在本阶段接受CCPT理论的治疗师，督导过程集中在理解方法、模式和CCPT的主题上。被督导者们有精力并且好奇如何能够更好地使CCPT中的治疗因素发挥作用。督导过程成为相互合作的过程，督导师和被督导者一起探索每一个接受游戏疗法的儿童的CCPT过程。处在这个阶段的被督导者也关注与游戏治疗相关的个人反应，经常会将新的意识融合到实践中去。

在游戏治疗期间，本阶段的CCPT治疗师会处在新的舒适水平，允许他们能够以一个"人"的身份进入治疗室中。他们达到了能够体验到每一种态度的新水平，特别是在治疗期间的一致性。在本阶段中，他们在治疗期间体验到了"当下"的状态，治疗师和儿童之间是一种有效的、无约束的关系。如果被督导者不接受 CCPT 疗法，而且朝向一种新的理论发展，他们利用这个阶段从新的理论来源中练习技术，然后发现什么是最适合他们的。和阶段 2 不同，本阶段的被督导者会在他们使用一种新的技术之前事先与督导师讨论这个技术。

在第 3 阶段，督导师能够以一种相对平等的方式与被督导者探讨和沟通所有的态度。被督导者重视督导师保持一致性的能力，同时督导师在这方面能够起到模范作用。能够感受到督导师和被督导者之间的共情，并且对此相互沟通。督导师现在可以完全对被督导者表达强烈的无条件积极关注，允许被督导者去探索多种理论，并且能够和被督导者以一种合作的、平等的方式进行练习。

**阶段 4：游戏治疗师体现出专业性。** 督导过程的第四阶段，督导过程会以咨询的形式出现。被督导者首先发起督导过程，通常会从游戏治疗师思考如何作为一个人去进行实践或者是从关注一段特定的游戏治疗关系开始。被督导者将督导师作为一个可以询问意见的人，通过交流游戏治疗中更深层的自我感受来询问督导师的意见。被督导者也会经常体验无条件积极自我关注被限制的感受以及它对于游戏治疗师实践的影响。在本阶段，非 CCPT 方向的被督导者会寻找新的督导过程或者是体验与自己目前理论一致的练习。被督导者可能会将现在的 CCPT 督导师作为一名持续的、规律的咨询师。

在治疗期间，CCPT 方向的被督导者在一段时间内会有规律地体验到一致性。游戏治疗师的共情和无条件积极关注的表达变得真诚并且随着游戏治疗咨询的进行而变得不用刻意去注意。在游戏治疗之后，会自然地以准确表达共情为基础，对来访者进行临床概括。治疗师的自信根源在于以一种权威的方式成为自我，同时对儿童以及儿童的父母和照料者表达自我。

在这个阶段，督导师和被督导者都具有高水平的一致性、共情和无条件积极关注。督导师和被督导者之间的无条件积极关注仅仅受到自我无条件积极关注的限制。在督导（咨询）过程中，督导师和被督导者都互相理解并且认为彼此是平等的伙伴。

对于早期阶段的游戏治疗师来说，每一次督导过程都要求督导师从一致性经验中出发，并且要辅以高水平的语言上共情和无条件积极关注的沟通。在中等阶段，被督导者能够从与督导师之间不明显的交互作用中感受和意识到共情和无条件积极关注。在之后的阶段，督导师和被督导者都能感觉到一致性的合理水平，并且能够彼此传达共情和无条件积极关注的信息。

莫斯塔卡斯（1959）是对游戏治疗师的成长最好的总结者，以下是他的描述：

> 对于一个注意力集中的人来说，他希望能够通过常规的训练不再在教室里或者治疗室里表现得像一名教授，并且不再重复书本中的抽象概念和此前专家的规定，而是开始体验儿童治疗中新鲜、特别的关系，这个过程要经过很长时间的训练才能达到。有时对于"训练中的"治疗师来说，是一个困难、痛苦的过程，因为即使是以一位教授的能力来看，最重要的维度也就是他自己自发的自我。
>
> （p. 317）

## 督导过程中的其他问题

**使用录像**。CCPT督导过程是通过观看游戏治疗过程的录像来进行评估的。众所周知，自我报告的准确性不高，而录像记录则限制了督导师体验儿童非言语交流的能力。录像记录使督导师能够观察到影响游戏治疗过程的因素，就如同允许被督导者在督导师在场的时候再次体验治疗过程。在督导过程中再观看录像可以促进督导师对游戏治疗师在治疗过程中所体验到的情绪进行联结。情感联结可能会促使被督导者更深层地探索一致性状态，促进了被督导者在督导过程中的成长经历。

**督导过程中的个人成长。**CCPT 督导过程极力强调督导师对游戏治疗师个人成长的影响。布莱恩特·杰弗里斯（Bryant Jeffries，2005）指出由于现代化治疗训练越来越多地集中在知识和做法上，但是其中有一个变化，即促进可能成为咨询师的人（适当的人选）成为一致性的人，为来访者提供无条件积极关注和共情。CCPT 督导过程强调基本技能的获得，这是为了在最初的成长阶段减少游戏治疗师的焦虑并且确保来访者的安全。随着被督导者在成长中的进步，督导过程逐渐变得看重被督导者对个人价值、感受以及先前有效的游戏治疗实践的融合。梅里（2001）建议以牺牲探索态度和价值的代价来注重被督导者的外在表现，这加强了被督导者注重外部评价以及依赖督导师。评估被督导者的成长水平，然后提供有助于被督导者成长的督导过程是督导师的责任。一些督导师特别重视来访者，为了避免因督导关系和强调被督导者的个人成长而造成被督导者感受到潜在的压力强度。默恩斯（Mearns，1995）写道，一些督导师陷于一种被叫作CAP 的游戏中：概念化（C 即英文 conceptualize）来访者的行为，分析（A 即英文 analyze）来访者的性格因素，和预测（P 即英文 predict）来访者未来的行为。这个游戏避开了督导师和被督导者之间的有意义的遭遇，导致最小化了来访者作为平等的人在督导关系中的体验性和独特性。督导过程强调被督导者作为一个人应该去尊重自己所感知到的来访者的人性和角色，而不是将来访者作为一个需要仔细分析的客观物体。通过督导过程探索游戏治疗师的个人意识，在深层的个人水平上可能会产生问题并且担心治疗师。当督导师感觉到被督导者的问题超过了督导关系的范围，CCPT 游戏治疗督导师会提醒被督导者可能需要进行个体咨询。

**治疗师的先前经验。**督导新手游戏治疗师的过程中，一个独特的特点是他们通常不是新手治疗师。因为游戏治疗是一种治疗形式，而不是以一种许可证或者是学位证来呈现的，可能被督导者在对游戏治疗感兴趣或者练习之前已经是心理健康教授。因此，心理健康领域的被督导者以一种没有塑造过的信念系统参加督导过程，游戏治疗的被督导者经常会持有与督导者的治疗方法一致或不一致的固有信念系统，或者习惯性的练习。督导师会通过督导的知情协议来灵活应对这些情景，该知情协议上明确地对来访者的参与提出了期待。被督导者应该知道督导的元理论，督导师也会对这个理论进行全面解释。另外，督导师应该对被督导者提出明确的期待，包括被督导者对新工作方法的开放性和个人探索方面的期待。

**督导过程记录**。游戏治疗督导过程的另外一个问题是督导过程中笔记的使用。目前的实践表明，支持督导师在督导过程使用笔记。正如这一章节描述的一样，CCPT 督导过程综合了被督导者对来访者案例的回顾和对个人成长的探索。被督导者的来访者档案应该反映出对于任何一个特定案例的督导过程。督导师也希望获得每一个被督导者的不同档案，当被督导者在督导过程中全神贯注于个人成长的时候，督导师会记录下来。

# 结论

游戏治疗督导过程提供一种环境，被督导者在该环境中能够发起、探索以及整合他们的想法、感受、价值以及之前的经验，使之成为一种在实践中有组织的方法和途径。CCPT 督导师寻找高水平自我同一性，表达无条件积极关注和共情的愿望非常强烈。治疗师必备的态度的榜样作用对于被督导者的成长非常重要。随着被督导者不断地感知和接纳督导师所表现出来的态度，他们会主动地去评估内部的自我实现倾向的可能性。另外，随着被督导者体会到督导师正在表达共情和无条件积极关注，被督导者会体验到一个双向的进步，即他们可以对他们的来访者表达一样的态度。沃洛（Worrall，2002）指出，有效的督导师会潜移默化地促进游戏治疗师的个人成长。CCPT 督导过程需要通过对被督导者的训练使其从督导师那里获得大量个人资源，具备治疗师所必须的条件，以此来满足来访者对于游戏治疗师数量和治疗服务需求的扩大。

# 第十五章　儿童中心游戏疗法的证据研究

儿童中心游戏疗法的研究已经有 60 多年的历史了，为不同的年代、年龄、种族、背景的人提供了有效性治疗的证据并且呈现出各类问题。从 1947 年到 2010 年年初，共有 63 项针对 CCPT 治疗有效性的研究。表 15.1 是每 10 年发表文章数量的信息。

本章根据研究的问题类型和严格程度对 62 项 CCPT 研究进行纵向的分类描述。研究分类包含的原则是：①研究干预中实施的儿童中心游戏疗法以非定向性、自我指向，或者依据亚瑟兰、罗杰斯、兰德雷斯等人提出的以及儿童中心游戏疗法的步骤来区分；②这些研究发表在杂志、学术报告以及图书上；③游戏治疗是以儿童为中心进行干预，而不是父母或者家庭干预；④研究运用了多种实验设计。我们根据研究者实验研究的严格程度的不同对每一个研究进行了区分。我使用鲁宾（2008）的概念化框架，将他以证据为基础的实践证据等级运用到对个人研究的识别中。具体来讲，研究被分为三种类别：真实验设计研究、准实验设计研究以及质性研究。真实验设计研究是指研究设计采用最严格的标准，包括被试的随机分配，控制组和实验组的比较，明确的方法论和实验处理描述，以及注重实验的内外部效度。准实验设计研究是指实验中运用比较组或者是控制组，并且有明确的方法论，以及对内部外部效度的处理，但是没有对被试进行随机分配。质性研究是指以前测评估和后侧评估来提供游戏治疗有效性的证据，有明确的方法论但是通常情况下没有运用对照组和控制组。在本章介绍的 62 项 CCPT 研究中，其中 29 项是真实验设计研究，20 项是准实验设计研究，剩下 13 项是质性研究。

表 15.1　CCPT 每 10 年发表的文章数量

| 年　份 | 发表的数量 |
|--------|-----------|
| 1940 | 5 |
| 1950 | 8 |
| 1960 | 3 |
| 1970 | 13 |
| 1980 | 7 |
| 1990 | 8 |
| 2000 | 17 |
| 2010 | 2 |
| 总计 | 63 |

表 15.2 以研究问题的类型进行分类，简短地介绍了与游戏治疗相关的研究结果。研究问题类型包括多元文化论（$n=5$），外化问题行为 / 破坏性的行为（$n=12$），多动综合障碍（$n=1$），内化行为问题（$n=7$），焦虑（$n=8$），抑郁（2），自我概念 / 自尊（$n=9$），社会行为（$n=12$），亲子关系 / 师生关系（$n=5$），性虐待 / 心理创伤（$n=6$），无家可归（$n=2$），残疾 / 身体状况（$n=11$），学术成就 / 智力（$n=14$），演讲 / 语言技能（$n=5$）。一些研究同属于多种分类中，因为研究的结果不只与一种领域相关。

表 15.2 以研究问题来分类的 CCPT 研究成果

| 作者 | 研究分类 | 被试 | 研究结论 |
| --- | --- | --- | --- |
| | | | 研究问题：多元文化论 |
| Garza & Bratton（2005） | 真实验设计 | 29名：年龄是5~11岁 | 作者将那些被老师识别出具有行为问题的西班牙裔儿童随机分配到独立的CCPT干预那些小组中。每组每周要接受30分钟的干预，持续15周。儿童父母报告的数据统计结果显示，接受游戏治疗的儿童在外化行为上显著性地减少，在内化问题上呈现中等程度的改善 |
| Post（1999） | 准实验设计 | 168名：年龄是10~12岁 | 作者发现那些平均参加了4次非定向游戏治疗的高风险儿童（82%是非裔美国人），能够维持同等水平的自尊而内在控制，然而通过库珀史密斯（Coopersmith）的自尊量表和修订过的智力归因责任归因问卷在自尊和内在控制方面在统计上却显著下降 |
| Shen（2002） | 真实验设计 | 30名：年龄是8~12岁 | 作者将来自台湾经历过地震的偏远地区儿童被试随机分配到CCPT组或者是控制。这些儿童在适应不良上的得分均处于高风险状态。CCPT组的儿童进行了为期4周的游戏治疗，共进行了10次，每次40分钟。结果显示，CCPT组的儿童与控制组的儿童相比，表现出焦虑水平显著降低，并且也表现出显著的治疗效果，以及在自杀风险上显著降低 |
| Trostle（1988） | 真实验设计 | 48名：年龄是3~6岁 | 作者以能力评定量表以及观察量表进行测量。通过同评定量表进行测量，发现参加实验组的波多黎各儿童为被试，实验组进行10次非定向性的游戏治疗，同时通过自我控制，在自我控制上显著提高，发现实验组比控制组的儿童具有更高水平的装扮性和现实的游戏行为，女孩相比，变得更加容易接受他人。控制组参加无结构的自由游戏治疗，这与实验组恰好相反 |

| 作者 | 研究类型 | 样本 | 结果 |
|---|---|---|---|
| Wakaba（1993） | 质性研究 | 3名：年龄是4~8岁 | 3名口吃的日本男孩参加了为期5个月的非定向性游戏治疗，每周1次，每次1小时，之后作者发现，这3名男孩子在口吃的症状上都有所缓解 |
| 研究问题：外化行为问题/破坏性行为问题 | | | |
| Dogra & Veeraraghavan（1994） | 准实验设计 | 20名：年龄是8~12岁 | 有攻击性行为的儿童跟他们的父母接受了为期16次的游戏治疗咨询和家庭治疗，作者发现，这些儿童与控制组相比在责任性自我、家庭、学校、社会、身体、性格上的总体适应性和儿童行为测量量表上显著性增强。根据绘画测验和儿童行为测量量表，实验组在对于自我、家庭、学校、社会、身体、性格上的正向改变。实验组儿童在以下方面的症状都有所缓解：打架和欺负弱小的行为，针对成年人的暴力，违规、发脾气，父母对儿童身体上的惩罚，父母对儿童的忽视以及儿童厌恶学校，在无词反应和毅力 |
| Dorfman（1958） | 准实验设计 | 17名：年龄是9~12岁儿童 | 针对适应不良的儿童进行平均19次的来访者中心游戏治疗，用罗杰斯人格适应性测验进行测量，作者发现，实验组的儿童适应能力提高，同时能够在后续的研究跟踪进中维持适应能力。在治疗期间和后续的研究跟踪中，实验组的儿童在平均适应量表的句子填空题上得分有显著性的提高 |
| Fall,Navelski, Welch（2002） | 真实验设计 | 66名：年龄6~10岁的儿童 | 被试是特殊儿童，每次30分钟，有两种随机分配方式，第一种是进行为期6次的CCPT治疗，第二种是没有任何干预。作者将被试随机分配到这两种情况下。结果显示，两组间在自我效能上差异早不显著，但是在教师评分上显著，与控制组的儿童相比，实验组的儿童问题行为减少，社会问题也变少 |
| Fleming,Snyder（1947） | 准实验设计 | 7名：年龄是8~11岁的儿童 | 经过了12次非定向性的团体游戏治疗后，用罗杰斯的人格适应量表对被试进行测量，与控制组相比，实验组中的女孩在人格适应性上有显著性的提高 |

续表

| 作者 | 研究分类 | 被试 | 研究结论 |
|---|---|---|---|
| Garza,Bratton（2005） | 真实验设计 | 29名：年龄 5~11岁的儿童 | 作者将那些被老师识别出具有行为问题的西班牙裔儿童随机分配到独立的CCPT干预或每组小组中。每组每周要接受30分钟的干预，持续15周。儿童父母报告的数据统计结果显示，接受游戏治疗的儿童在外化行为问题上显著地减少，在内化问题上呈现中等程度的改善 |
| Muro,Ray,Schottelkorb,Smith,Blanco（2006） | 质性研究 | 23名：年龄 4~11岁 | 研究者进行了一项重复测量的独立样本设计的实验。这些儿童参加了为期一个学年的个体CCPT，总共32次。三点评分测量显示在综合行为问题、老师与儿童关系压力、ADHD症状特点方面都有显著性的改善 |
| Ray（2008） | 质性研究 | 202名：年龄 2~13岁 | 作者采用数据统计的方法，对在学校进行临床心理咨询并且每周接受个人CCPT的问题和治疗的时长，将这些儿童呈现出的问题和治疗的档案组进行分析。根据这些儿童的档案分到不同数据组中作为自变量，父母孩子关系压力作为因变量。CCPT在外显行为问题、内隐外显综合行为问题以及非临床类的问题方面在统计上显示出显著性效果。结果也显示，随着治疗次数的增加，CCPT的显著性效果也增加，特别是在咨询治疗次数为11~18次，显著性的效果最大 |
| Ray,Blanco,Sullivan,Holliman（2009） | 准实验设计 | 41名：年龄 4~11岁 | 作者将被教师识别出具有攻击性行为改变的儿童分配到CCPT条件或者控制条件下。在CCPT条件下的儿童参加了为期14次的单独游戏治疗，每周2次，一次30分钟。根据父母的报告，CCPT组的儿童攻击性行为上比控制组的儿童表现出中等水平的减少。事后比较分析显示，分配到CCPT组的儿童在攻击性行为上有显著性降低，分配到控制组的儿童在统计上没有显著性的差异 |
| Schmidtchen,Hennies,Acke（1993） | 准实验设计 | 28名：年龄 5~8岁 | 作者发现，有行为问题的实验组（参加30次非定向同性的游戏治疗）与非游戏治疗控制组（在一个大组里面参加接受社会福利教育）相比，实验组儿童比控制组儿童在行为干扰上有所降低，个人能力有所增强 |

| | | | |
|---|---|---|---|
| Schumann（2010） | 准实验设计 | 37名：年龄5~12岁 | 该研究的被试是被教师识别为有攻击性行为的儿童，作者将这些被试儿童分配到个体CCPT治疗咨询或者是以理论基础为指导的课程中。CCPT条件下的被试儿童进行12到15周的游戏治疗，指导课程下的儿童被试进行8到15周的小组指导。无论是参加CCPT还是有理论基础的指导课程的被试儿童，结果显示在攻击性行为、内向问题和外化行为问题上均有显著性减少 |
| Seeman, Barry, Ellinwood（1964） | 真实验设计 | 16名：2年级和3年级 | 该研究的被试是有攻击性行为、内向的儿童，这些被试儿童参加为期37次的等时长的非定向性游戏治疗，在教师评分量表进行的研究跟进中，作者发现，这些儿童的问题出现了边缘显著的改善；攻击组的儿童与控制组的儿童相比得分都低于儿童平均值。在信誉测验中，实验组的被试儿童在社会经济收益中有良好的改变 |
| Tyndall-Lind, Landreth, Giordano（2001） | 准实验设计 | 32名：年龄4~10岁 | 作者比较了兄弟姐妹小组游戏治疗条件下以及控制条件下连续的个人游戏治疗和连续的个人游戏治疗的差异。其中兄弟姐妹组的CCPT包括每天45分钟的治疗，共进行了12天，每天1次。结果显示，兄弟姐妹组游戏治疗条件下的儿童显示在整体的行为、外部化行为和内向行为、攻击性、焦虑、抑郁方面有显著性提高 |
| Ray, Schottelkorb, Tsai（2007） | 真实验设计 | 60名：年龄5~11岁 | 作者将符合ADHD诊断标准的儿童随机分配到游戏治疗条件下或者有效的阅读指导条件下。两种条件下的儿童分别参加了为期8周的16次单独咨询，每次30分钟。游戏治疗条件下的儿童接受单独的CCPT。结果显示，两组儿童都在ADHD症状上有显著的改善，在学生的特点、焦虑和学习困难方面都有显著性的改善。CCPT组的儿童比指导组儿童在学生的特点、情感障碍以及焦虑或者沉默寡言上有显著性的改善 |

| 作　者 | 研究分类 | 被　试 | 研究结论 |
|---|---|---|---|
| | | | 研究问题：内化行为问题 |
| Baggerly, Jenkins（2009） | 质性研究 | 36名：年龄5~12岁 | 本研究的研究设计是前测—后测独立样本设计，被试儿童是无家可归的儿童。这些儿童接受了每周1次的个体CCPT，每次45分钟，在本研究持续的一年中接受了11到25次不等的治疗，平均每个被试儿童接受14次治疗。结果显示，儿童在内部自我控制和在档案中记录的自我约束特点的发展上有显著性的改善 |
| Brandt（1999） | 准实验设计 | 26名：年龄5岁 | 作者发现有行为适应困难的年幼儿童在参加了7到10次游戏治疗之后，用儿童行为清单量表进行测量，与配对样本的控制组相比，在内部行为问题上有显著性的改善。内部问题症状包括沉默的抱怨，对身体的抱怨、焦虑，抑郁，实验组儿童的父母压力有所改善。实验组和控制组在自我概念上没有区别 |
| Dorfman（1958） | 准实验设计 | 17名：年龄9~12岁 | 针对适应不良的儿童进行平均19次的来访者中心游戏治疗，用罗杰斯人格适应性测验进行测量，作者发现，与控制组相比，实验组的儿童适应能力提高，同时能够在后续的研究跟进中维持适应能力。用句子理解平均测验分测验对被试儿童进行测量，结果显示在治疗期间和后续研究跟进中得分都呈现出显著性的改善 |
| Fleming, Snyder（1947） | 准实验设计 | 7名：年龄8~11岁 | 经过了12次非定向性的团体游戏治疗后，用罗杰斯的人格适应性量表对被试进行测量，作者发现，与控制组相比，实验组中的女孩在人格适应性上有显著性提高 |
| Garza, Bratton（2005） | 真实验设计 | 29名：年龄5~11岁 | 作者将那些被老师识别出具有行为问题的西班牙裔儿童随机分配到独立的CCPT干预小组中。每组每周接受30分钟的干预，持续15周。儿童父母报告的数据统计结果显示，接受游戏治疗的儿童在外化行为问题上显著性减少，在内化问题上呈现中等程度的改善 |

| | | | |
|---|---|---|---|
| Tyndall-Lind, Landreth, Giordano (2001) | 准实验设计 | 32名：年龄 4~10岁 | 作者比较了兄弟姐妹小组游戏治疗条件下和连续的个人游戏治疗条件下以及控制条件下的经历家暴儿童的差异。其中兄弟姐妹组的 CCPT 包括每天 45 分钟的治疗，共进行了 12 天，每天 1 次。结果显示，兄弟姐妹组游戏治疗和连续的个人游戏治疗的效果相同。兄弟姐妹组的儿童游戏治疗条件下的儿童在整体的行为、外部化行为和内向行为、攻击性、焦虑、抑郁上都有显著性降低，在自尊方面有显著性提高 |
| Wall (1979) | 真实验设计 | 33名：年龄 3~9岁 | 作者将那些有情感适应障碍的儿童和一名家长分配到 3 种实验处理中，第一种是经典的非定向性游戏治疗，第二种是指导者指导家长去实施游戏治疗（治疗者指导游戏），第三种是父母和儿童进行自由性的游戏。作者发现除了第一种实验条件下的游戏治疗有显著性的改善，其他条件下都没有显著改善。经过了 8 周的治疗，在指导游戏治疗中的儿童的适应能力提高了，具体表现为对于他们在家庭中所感受到的负面情绪的适应能力增强了 |

研究问题：焦虑

| | | | |
|---|---|---|---|
| Baggerly (2004) | 质性研究 | 42名：年龄 5~11岁 | 作者以无家可归的儿童为被试，进行了一项测一前测一后测单组研究设计。这些儿童被试每周或者每周两次每周参加 1 次 9 分钟，12 分钟或者 30 分钟不等的 CCPT 治疗。研究发现，这些儿童在自我概念、重要性、能力，抑郁和焦虑相关的消极情绪和低自尊都有显著性的改善 |
| Clatworthy (1981) | 真实验设计 | 114名：年龄 5~12岁 | 作者发现那些在住院治疗期间接受了每天个人自我定向游戏治疗的儿童，用罗夏墨迹儿童图画系列测验测量，结果显示，实验组儿童的焦虑明显比控制组降低 |
| Post (1999) | 准实验设计 | 168名：年龄 10~12岁 | 用状态一特质焦虑量表进行测量，作者发现参加了 4 次非定向性游戏治疗的高风险儿童与控制组儿童相比，在焦虑方面没有显著性改善 |

续表

| 作　者 | 研究分类 | 被　试 | 研究结论 |
|---|---|---|---|
| Rae, Worchel, Upchurch, Sanner, Daaniel（1989） | 真实验设计 | 61名：年龄5~10岁 | 作者发现那些接受了两次非定向性 CCPT 治疗的住院儿童，以恐惧量表进行测量，结果显示这些儿童在对医院的恐惧上有显著性的降低。将游戏治疗条件下的处理组和言语导向支持条件组、转移注意力的游戏条件组（允许儿童和玩具玩）、控制组相比，其他3个组儿童的恐惧减少都不明显 |
| Ray, Schottelkorb, Tsai（2007） | 真实验设计 | 60名：年龄5~11岁 | 作者将符合 ADHD 诊断标准的儿童随机分配到游戏治疗条件或者有效的阅读指导控制条件下。两种条件下的儿童分别参加了为期8周的16次单独咨询，每次30分钟。游戏治疗组、两组条件下的儿童都在 ADHD 症状上有显著性的改善，在学生的特点、焦虑和学习困难方面都有显著性的改善。CCPT 组的儿童比阅读指导组的儿童在学生的特点、情感障碍以及焦虑感沉默言上有显著性的改善 |
| Schmidtchen, Hobrucker（1978） | 准实验设计 | 50名：年龄9~13岁 | 作者发现，经过游戏治疗后的儿童与两组未经过实验处理的控制组儿童相比，前者在社会和知识的灵活性上有显著性的提高，在焦虑和行为障碍上有显著性的降低 |
| Shen（2002） | 真实验设计 | 30名：年龄8~12岁 | 本研究的儿童被试是来自中国台湾乡村地区刚经受过地震的小学生，作者将这些儿童被试随机分配到 CCPT 组或者是控制组。所有儿童在适应不良上的得分均处于高风险状态。CCPT 组的儿童进行了为期4周的游戏治疗，共进行了10次，每次40分钟。结果显示，CCPT 组的儿童与控制组的儿童相比，表现出显著的治疗效果，并且也表现出显著焦虑水平降低，以及在自杀风险上显著降低 |

| 作者（年份） | 研究设计 | 被试 | 描述 |
| --- | --- | --- | --- |
| Tyndall-Lind, Landreth, Giordano（2001） | 准实验设计 | 年龄 32名：4~10岁 | 作者比较了兄弟姐妹小组游戏治疗条件下和连续的个人游戏治疗条件下以控制条件下的经历家暴儿童的差异。其中兄弟姐妹组的CCPT包括每天45分钟的个人游戏治疗，共进行了12天，每天1次。结果显示，兄弟姐妹组游戏治疗和连续的儿童个人游戏治疗条件下的儿童显示在整体的行为。兄弟姐妹组的效果相同。外部化行为和内向行为、攻击性、抑郁、焦虑、抑郁上都有显著性降低，在自尊方面有显著性提高 |
| | | | **研究问题：抑郁** |
| Baggerly（2004） | 质性研究 | 年龄 42名：5~11岁 | 作者以无家可归的儿童为被试，进行了一项前测—后测单组研究设计。这些儿童接受每周或者两周参加1次9分钟，12分钟或者30分钟不等的CCPT治疗。研究发现，这些儿童在自我概念、重要性、能力，抑郁和焦虑相关的消极情绪和低自尊都有显著性的改善 |
| Tyndall-Lind, Landreth, Giordano（2001） | 准实验设计 | 年龄 32名：4~10岁 | 作者比较了兄弟姐妹小组游戏治疗条件下和连续的个人游戏治疗条件下以控制条件下的经历家暴儿童的差异。其中兄弟姐妹组的CCPT包括每天45分钟的个人游戏治疗，共进行了12天，每天1次。结果显示，兄弟姐妹组游戏治疗和连续的儿童个人游戏治疗条件下的儿童显示在整体的行为。兄弟姐妹组的效果相同。外部化行为和内向行为、攻击性、抑郁、焦虑、抑郁上都有显著性降低，在自尊方面有显著性提高 |
| | | | **研究问题：自我概念/自尊** |
| Baggerly（2004） | 质性研究 | 年龄 42名：5~11岁 | 作者以无家可归的儿童为被试，进行了一项前测—后测单组研究设计。这些儿童接受每周或者两周参加1次9分钟，12分钟或者30分钟不等的CCPT治疗。研究发现，这些儿童在自我概念、重要性、能力，抑郁和焦虑相关的消极情绪和低自尊都有显著性的改善 |

续表

| 作者 | 研究分类 | 被试 | 研究结论 |
|---|---|---|---|
| Crow（1990） | 准实验设计 | 22名：1年级学生 | 作者发现阅读能力差的儿童在接受了10次非定向性单独游戏治疗之后，用皮尔斯-哈里斯儿童自我概念量表来测量，发现实验组儿童与没有进行干预的控制组儿童相比，自我概念有显著性的提高，用智力成就归因问卷调查进行测量，发现儿童的内在控制能力也有显著性的提高。用盖茨-麦克吉耐特（Gates-Macginite）的阅读测试来测量，发现实验组和控制组儿童阅读能力都有提高 |
| Gould（1980） | 真实验设计 | 84名：小学生 | 作者发现，低自我形象的儿童参加12次非定向性的游戏治疗，与那些参加过12次讨论的安慰剂相比，用皮尔斯-哈里斯的儿童自我概念量表进行测量，低自我形象组儿童的自我形象有了显著性的改变，而非干预性的控制组却没有改变。显示出最积极极改变的是团体游戏治疗的儿童 |
| House（1970） | 真实验设计 | 36名：2年级学生 | 经过了20次CCPT治疗之后，用斯开敏（Scamin）的自我概念量表进行测量，社会性适应不良儿童在自我概念上有显著性的增强，而控制组儿童的自我概念减弱 |
| Kot, Landreth, Giordano（1998） | 准实验设计 | 22名：年龄3~10岁 | 作者以目睹过家暴的儿童作为被试，实验组进行为期2周总共12次的非定向性游戏治疗，用约瑟夫森学前以及小学自我概念筛选测试来测量，与控制组比较，实验组儿童在自我概念上有显著性的改善；用儿童行为清单来测试，显示这些儿童行为显著性的降低；用儿童游戏行为等级量表来测量，显示这些实验组被试儿童在游戏行为的亲近性和游戏主题上有显著性的改善 |

| | | | |
|---|---|---|---|
| Pelham（1972） | 真实验设计 | 52名：幼儿园的儿童 | 作者发现，将社会化发展不成熟的幼儿园儿童随机分配到6~8次个体自我定向性游戏治疗组和6~8次的团体自我定向游戏治疗以及控制组中，用密苏里儿童绘画和儿童自我社会建构测试来测量，每种实验组的儿童与控制组相比，在社会成熟上都有积极的受益。教师行为问题清单评分表明与控制组的儿童相比，参加过游戏治疗的儿童在课堂行为上有显著性的改善 |
| Perez（1987） | 真实验设计 | 55名：年龄4~9岁 | 作者以遭受过性虐待的儿童为被试，分为3个组，分别是参加12次单独的人际关系游戏治疗组，参加12次团体人际关系游戏治疗组，用自我概念量表（primary self-concept inventory）进行测量，发现两个实验组儿童的自我概念有显著性的提高，然而控制组的儿童在自我概念上的得分低于实验之前的值。用内在控制量表进行测量，游戏治疗儿童的自制力得分显著地提高，而控制组的儿童得分却降低。个体和团体游戏治疗组之间没有显著性的差异 |
| Post（1999） | 准实验设计 | 168名：年龄10~12岁 | 作者使用库珀史密斯的自尊量表和修订过的智力因量表测验发现，那些平均参加过4次非定向性游戏治疗的高风险的儿童在自尊和内在控制上维持同一个水平，而控制组的高风险儿童的自尊和内在控制水平显著降低 |
| Tyndall-Lind,Landreth, Giordano（2001） | 准实验设计 | 32名：年龄4~10岁 | 作者比较了兄弟姐妹小组游戏治疗条件下和连续的个人游戏治疗条件下的CCPT包括每天45分钟的治疗，共进行了12天，每天1次。结果显示，兄弟姐妹组游戏治疗和连续的个人游戏治疗的效果相同。兄弟姐妹组的儿童游戏治疗条件下的儿童显示在整体的行为，外部化行为和内向行为，攻击性，焦虑，抑郁上都有显著性降低，在自尊方面有显著性提高 |
| | | | 研究问题：社会行为 |
| Cox（1953） | 准实验设计 | 52名：年龄5~13岁 | 作者经过10周的个体游戏治疗以及之后进行的13周的研究跟进发现，年幼的儿童（3岁）在社会性适应不良上有显著的改善。年长的儿童（13岁）实验组与控制组相比，在社会组性测量上有显著性的提高 |

续表

| 作　者 | 研究分类 | 被　试 | 研究结论 |
|---|---|---|---|
| Elliott,Pumfrey（1972） | 真实验设计 | 28名：7~9岁 | 经过9次非定向性小组游戏治疗，用布里斯托尔（Bristol）社会适应指导博特读词测验和巴拉德（Ballard）1分钟阅读测试来测试，作者发现，实验组的男孩子与没有接受干预的控制组相比较，在社会适应性或者是阅读造诣上没有明显的差异。然而，能力改善和智商互相影响；在治疗中，儿童情感困扰的社会适应提高，社会适应中的焦躁减少 |
| Fall, Navelski, Welch（2002） | 真实验设计 | 66名：6~10岁 | 作者将特殊教育儿童随机分配到每周30分钟总共6次的个体CCPT条件或者非干预性的控制条件下。结果发现两组在自我效能上没有差异，但是教师评分显示，实验组比控制组儿童的问题行为、社会问题减少 |
| Fleming,Snyder（1947） | 准实验设计 | 46名：8~11岁 | 经过了12次非定向性的团体游戏治疗后，用罗杰斯的人格适应性量表对被试进行测量，作者发现，与控制组相比，实验组中的女孩在人格适应性上有显著性提高 |
| House（1970） | 真实验设计 | 36名2年级儿童 | 经过了20次CCPT治疗之后，用斯开敏性的自我概念量表进行测量，社会性适应不良儿童在自我概念上有显著的增强，而控制组的儿童的自我概念减弱 |
| Hume（1967） | 准实验设计 | 20名：1—4年级 | 作者发现，经过为期6个月的儿童中心个体和团体游戏治疗，期间每周1次，会有教师在场或是无教师在场关注儿童成长，结果显示，参加游戏治疗的儿童在学校、家里面、游戏治疗结束时以及在接下来的研究跟踪中，在行为上都有了相当大的改善。教师在场的游戏治疗效果最有效，目前为止，儿童能够及时获得教师关注是在没有游戏治疗的情况下唯一重要的有帮助性的因素 |
| Qualline（1976） | 真实验设计 | 24名：4~6岁 | 作者发现，使用瓦恩兰德（Vineland）社会成熟量表进行测量，与参加10次自定向性游戏治疗的儿童相比，参加10次个人非定向性游戏治疗的儿童，在社会成熟行为模式上有显著性的提高。从儿童非定向行为问题清单测试结果来看，实验组和控制组儿童没有区别 |

| | | | |
|---|---|---|---|
| Pelham (1972) | 真实验设计 | 52名：幼儿园 | 作者发现，将社会化发展不成熟的幼儿园儿童随机分配到6~8次个体自我定向性游戏治疗以及控制组中，用密苏里儿童绘画和儿童自我社会建构测试来测量，6~8次的团体自我定向性游戏治疗中，每种实验组的儿童与控制组相比，在社会成熟上都有受益。教师行为问题清单评分表明，与控制组的儿童相比，参加过游戏治疗的儿童的课堂行为上有显著性的改善 |
| Schmidtchen, Hobrucker (1978) | 准实验设计 | 50名：年龄9~13岁 | 作者发现，经过来访者中心游戏治疗之后，与两种控制组相比，实验组儿童在社会智力灵活性上有显著性的增加，在焦虑和行为紊乱上有显著性的降低 |
| Thombs, Muro (1973) | 真实验设计 | 36名：2年级学生 | 作者发现，儿童经过15次以人际关系为理论基础的游戏治疗之后，比那些参加言语训练组或者咨询实验组的儿童，在社会地位上有很大的积极改变。所有的实验组比控制组在社会性关系地位上有更显著的收获 |
| Trostle (1988) | 真实验设计 | 48名：年龄3~6岁 | 作者以通晓两种语言的波多黎各儿童为被试，实验组进行10次非定向性的游戏治疗，同时通过自控能力评定量表以及游戏观察量表进行测量，发现实验组比控制组儿童具有更高水平的伪装性和现实性的游戏行为。通过同伴评定量表进行测量，发现参加实验组的男孩子与控制组的男孩，女孩相比，变得更加容易接受他人。控制组参加的无结构的自由游戏治疗，这与实验组恰好相反。研究发现，实验组儿童与控制组相比，在自我控制上显著提高 |
| Yates (1976) | 准实验设计 | 53名：2年级学生 | 作者发现，把参加过为期8周非定向性游戏以控制组的儿童相比，实验组和控制组没有显著的差异。询问实验组的儿童以及控制组的儿童与结构化的教师答每组在社会关系地位上的收益是一种很明显的整体趋势 |

| 作 者 | 研究分类 | 被 试 | 研究结论 |
|---|---|---|---|
| | | | 研究问题：亲子关系/师生关系 |
| Dougherty, Ray（2007） | 质性研究 | 24名：3~8岁 | 作者将将在学校心理咨询中心接受每周单独CCPT超过3年的儿童档案数据进行统计上的分析。根据年龄，作为自变量，父母/儿童的关系压力作为因变量［操作前（咨询前）/操作后（咨询后）］将儿童分为两个数据组。对于两组的所有压力和儿童维度得分，CCPT组显示在父母/儿童关系压力上有统计上的显著减少，并且有极大的实用效果。实施了游戏治疗干预的儿童体验到了更多的改变 |
| Muro, Ray, Schottelkorb, Smith, Blanco（2006） | 质性研究 | 23名：4~11岁 | 研究者进行了一项重复测量得的儿童。这些儿童参加了为期一个学年的个体CCPT，总共32次。三点评分测量显示统计上在综合行为问题、老师与儿童关系、老师识别为具有ADHD症状特点方面都有显著性的改善 |
| Ray（2007） | 真实验设计 | 93名：4~11岁 | 作者将将在课堂中有情绪和行为问题的学生随机地分配到3种实验组中的一组：①只进行游戏治疗；②进行游戏治疗和咨询；③只进行咨询。在游戏治疗条件下为期8周的儿童接受了总计16次的游戏治疗，每次30分钟。咨询组的儿童接受为期8周的每周1次的个人中心咨询，每次10分钟。结果显示在教师/儿童关系压力上有显著性的降低，对于3种实验处理组来说，对整体压力的减少有很大的效果 |
| Ray（2008） | 质性研究 | 202名：2~13岁 | 作者采用数据统计的方法，对在学校进行临床心理咨询并且接受每周的个人CCPT超过9年的儿童的档案进行分析。根据儿童呈现出的问题和治疗的时长，对这些儿童分配到不同数据组中作为自变量，父母关系压力作为因变量。CCPT在外显性行为问题、内隐外显行为以及非临床类的问题方面在统计上显示出显著性效果。结果也显示，随着治疗次数的增加，CCPT的显著性效果也增加，特别是在咨询治疗次数在11到18次之间，显著性的效果最大 |

| 研究 | 设计 | 样本 | 描述 |
|---|---|---|---|
| Ray, Henson, Schottelkorb, Brown, Muro（2008） | 真实验设计 | 58名：幼儿园—5年级 | 作者将老师认为有情绪和行为问题的学生随机地分配到两种实验组的一种：短期条件下和长期条件下。短期条件下的儿童参加为期8周总共16次的个体CCPT治疗，每次30分钟。长期条件下的儿童参加超过16周的总共16次的个体CCPT治疗，每次30分钟。结果显示，两种实验组儿童在关系压力上都有显著性的改善。事后分析结果显示，短期集中干预组在综合压力、师生特点方面都对儿童产生重要和巨大的影响 |
| | | | 研究问题：性虐待／心理创伤 |
| Kot, Landreth, Giordano（1998） | 准实验设计 | 22名：年龄3~10岁 | 作者以目睹家暴的儿童作为被试，实验组进行为期2周总共12次非定向性游戏治疗，用约瑟夫的学前以及小学自我概念筛选测试来测量，与控制组比较。实验组儿童在自我概念上有显著性的改善；用儿童行为清单来测量，显示这些实验组儿童在外化问题行为以及整体行为（综合）行为上都有显著的降低；用儿童游戏行为等级量表来测量，显示这些实验组被试儿童在游戏治疗上有显著性的改善 |
| Perez（1987） | 真实验设计 | 55名：年龄4~9岁 | 作者以遭受过性虐待的儿童为被试，分为3个组，分别为参加12次单独的人际关系游戏治疗组，参加12次团体人际关系游戏治疗组以及控制组，用自我概念的自我概念的值。用内在控制量表进行测量，游戏治疗组儿童的自制力得分显著性地提高，而控制组的儿童得分却降低。个体和团体游戏治疗组之间没有显著性的差异 |
| Saucier（1986） | 准实验设计 | 20名：年龄1~7岁 | 作者发现经过8次非定向性或者是定向性游戏治疗之后，使用明尼苏达儿童成长问卷进行测量，受虐待的儿童在个人社会成长上得分显著地高于控制组 |

续表

| 作者 | 研究分类 | 被试 | 研究结论 |
|---|---|---|---|
| Scott, Burlingame, Starling, Porter, Lilly (2003) | 质性研究 | 26名：年龄3~9岁 | 作者以可能受到了性虐待的儿童为被试，进行前测—后测单组实验设计。被试完成了7~13次CCPT。结果显示，在整个治疗过程中，儿童的能力有所增强。而与其他组儿童进行比较时，却没有发现有所改善。 |
| Shen (2002) | 真实验设计 | 30名：年龄8~12岁 | 作者将来自中国台湾经历过地震的偏远地区儿童被试随机分配到CCPT组或者是控制组。这些儿童在适应不良上的得分均处于高风险状态。CCPT组的儿童进行了为期4周的游戏治疗，共进行了10次，每次40分钟。结果显示，CCPT组的儿童与控制组的儿童相比，焦虑水平显著降低，并且也表现出显著的治疗效果，在自杀风险上也显著降低。 |
| Tyndall-Lind, Landreth, Giordano (2001) | 准实验设计 | 32名：年龄4~10岁 | 作者比较了兄弟姐妹小组游戏治疗条件下和连续的个人游戏治疗条件下以及控制条件下的经历家暴儿童的差异。其中兄弟姐妹组的CCPT包括每天45分钟的治疗，共进行了12天，每天1次。结果显示兄弟姐妹组兄弟姐妹组游戏治疗和连续的个人游戏治疗的效果相同。兄弟姐妹组的儿童游戏治疗条件下的儿童显著降低，抑郁、焦虑、攻击性行为和内向行为显著性提高。 |
| | | | 研究问题：无家可归者 |
| Baggerly (2004) | 质性研究 | 42名：年龄5~11岁 | 作者以无家可归的儿童为被试，进行了一项前测—后测单组研究设计。这些儿童被试每周或两周参加1次9分钟，12分钟不等的CCPT治疗。研究发现，这些儿童在自我概念、重要性、能力、抑郁和焦虑相关的消极情绪和低自尊都有显著性的改善。 |
| Baggerly, Jenkins (2009) | 质性研究 | 36名：年龄5~12岁 | 本研究的研究设计是前测—后测独立样本设计，被试儿童是无家可归的儿童。这些儿童接受了每周1次的个体CCPT，每次45分钟，在本研究持续的一年中接受了11~25次不等的治疗，平均每个被试儿童接受14次治疗。结果显示儿童在内部自我控制和在档案中记录的自我约束特点的发展上有显著性的改善。 |

| | | | 研究问题：残疾／医疗条件 |
|---|---|---|---|
| Cruickshank,Cowen (1948)，Cowen, Cruickshank (1948) | 质性研究 | 5名：年龄 7~9岁 | 本研究的被试是5名有情绪问题的身体残疾的在校儿童。这些儿童参加13次非定向的小组游戏治疗，作者发现，有3名儿童显示出在家里以及在学校里的行为上都有极大的改善，1名被试儿童表现出微小的改善，然而还有1名儿童没有任何改变。5名被试都报告在情绪上有积极的体验。 |
| Danger,Landreth (2005) | 真实验设计 | 21名：年龄 4~6岁 | 作者将进行语言障碍矫治的被试儿童随机分配到两种条件中：团体游戏治疗条件，定期的语言障碍矫治。分配到游戏治疗条件下的儿童在7个多月以来，接受游戏治疗的儿童显示出有所提高，这具有很大的现实意义。了25次团体CCPT同时进行语言障碍矫治。结果发现，接受游戏治疗的儿童在接受性语言技能以及表达性语言技能上均有所提高。 |
| DeGangi, Wietlisbach, Goodin,Scheiner (1993) | 真实验设计 | 12名：年龄 36~71个月 | 作者发现，以感觉运动功能障碍的儿童为被试，将儿童游戏治疗与儿童结构性治疗相比，结构化的感觉运动治疗在促进整体的运动功能性技能，感觉统合上更加有帮助。儿童游戏治疗对于那些第一次接受治疗的儿童来说，在儿童行为和游戏方面，更有帮助 |
| Dudek (1967) | 质性研究 | 20名：年龄 4~13岁 | 本研究中，作者进行了两种处理：一种处理条件是每周进行游戏治疗并且挑战尝试在下一周改正缺点。另一种处理条件是仅接受游戏治疗但没有挑战项目。第一种处理组中的5位儿童，有2名儿童在3周内完全治愈，另外3名儿童在3~4周内都已经部分治愈。在第二种处理组中的儿童，6名儿童在两周之内都显示出疗效，两名儿童在4周之类有疗效，有1名儿童发展出了更多的缺点。在5~11周内，8名儿童随机分配了两种处理方式，1名没有改变 |
| Fall, Navelski, Welch (2002) | 真实验设计 | 66名：年龄 6~10岁 | 被试是特殊儿童，有两种随机分配方式，第一种是进行为期6次的个体CCPT治疗，每次30分钟，第二种是没有干预的控制条件。结果显示，两组间的自我效能差异不显著，但是教师的评分显示，与控制组的儿童相比，实验组的儿童同题行为和社会问题行为减少 |

| 作者 | 研究分类 | 被试 | 研究结论 |
|---|---|---|---|
| Jones, Landreth (2002) | 真实验设计 | 30名：年龄7~11岁 | 被试是被诊断为患有糖尿病的儿童。研究者将被试儿童随机分配到实验组和非干预的控制组。实验组儿童参加一个为期3周的CCPT集中训练营，总共12次。两组儿童在焦虑得分上都有改善；实验组比控制组儿童在糖尿病适应能力上有显著性的增强 |
| Mehlman (1953) | 准实验设计 | 32名：86~140个月 | 被试为智力缺陷儿童，对29次团体游戏治疗组、电影组以及无干预控制组，使用斯坦福比奈量表进行测试，结果发现三组儿童均在智力上没有改变 |
| Miller, Baruch (1948) | 质性研究 | 7名儿童 | 作者发现，严重敏感症患者因为距离他医院较远而没有获得成功治愈的22名病人，其中包括7名儿童，对成人进行非定向性的治疗，对儿童进行非定向性的游戏治疗，结果来在22名中有19名得到治疗；22名中的21名显示出了改善，并且有6名症状完全消除 |
| Morrison, Newcomer (1975) | 真实验设计 | 18名：年龄小于11岁 | 被试是有智力缺陷的儿童，作者进行了了11次定向性游戏治疗组，11次非定向性游戏治疗组以及没有干预的控制组儿童进行对比，用精细动作适应性（Fine Motor-Adaptive）和人格社会化量表以及丹佛儿童发展筛选测试进行测试，结果显示两组实验组的儿童均比控制组的儿童有更大的进步。定向组和非定向组在有效性上没有区别 |
| Newcomer, Morrison (1974) | 真实验设计 | 12名：年龄5~11岁 | 被试是智力缺陷的儿童，作者将定向性及非定向性的个人游戏治疗组与非定向性的小组领导游戏治疗组以及非定向性领导组相比，用丹佛发展筛选测验进行测试，在连续的30周治疗期间，两组实验组儿童在测验上的平均得分不断增加。与控制组相比，实验组儿童在社会和智力方面都有提高。在团体个人维度上，定向性和非定向性维度上均无区别 |

| | 研究设计 | 样本 | 研究结果 |
| --- | --- | --- | --- |
| Oualline（1976） | 真实验设计 | 24 名：年龄 4~6 岁 | 作者发现，使用瓦恩兰德社会成熟量表进行测量，与参加 10 次自由个人游戏的儿童相比，参加 10 次个人非定向性游戏治疗的儿童，在成熟行为模式上有显著性的提高。从儿童行为量表和行为问题清单测试结果来看，实验组儿童和控制组儿童没有区别 |
| | | | 研究问题：学业成绩／智力 |
| Axline（1947） | 质性研究 | 37 名：2 年级学生 | 作者发现，由经过儿童中心游戏治疗法训练的教师在教室中指导儿童接受总共 8 次的非定向性游戏治疗，用斯坦福比奈量表进行测量，结果显示儿童在智力方面有显著性的增加 |
| Axline（1949） | 质性研究 | 15 名：年龄 6~7 岁 | 作者发现，有言语和行为问题的儿童接受了 8~20 次的个体非定向游戏治疗之后，在智商得分上更高。研究者总结认为，儿童免受情绪压力，因此能够更加充分地表达自己 |
| Bills（1950a） | 准实验设计 | 18 名：3 年级学生 | 作者发现，情绪适应不良的儿童接受 6 次个体儿童中心游戏疗法和 3 次团体游戏治疗之后，与控制组相比，实验组儿童在阅读能力上有显著性的改善并且在经过干预 30 天之后还能够维持效果。 |
| Bills（1950b） | 质性研究 | 8 名：3 年级学生 | 作者发现，并没有显著性的提高。研究者从这两项研究中总结，适应良好儿童在接受非定向性游戏治疗后，在对呈现出适应性能力不良的儿童进行非定向游戏治疗之后，能够发现阅读速度慢的儿童在阅读能力上取得了显著性的效果 |
| Blanco（2010） | 真实验设计 | 43 名：1 年级学生 | 被试儿童是经由国家学业标准筛选出的学业成绩不良的 1 年级学生。作者将被试儿童随机分配到实验组和候补组与单控制组。实验组的儿童参加为期 8 周总共 16 次的个体 CCPT，每次时间 30 分钟。CCPT 治疗组的儿童在学业成绩综合得分上比控制组要高 |

续表

| 作 者 | 研究分类 | 被 试 | 研 究 结 论 |
|---|---|---|---|
| Grow（1990） | 准实验设计 | 22名：1年级学生 | 被试是阅读能力较差的儿童，用皮尔斯-哈里斯的儿童自我概念量表进行测量，作者发现接受了10次非定向性游戏治疗的儿童在自我概念上有显著性的改善，并对目用智力成绩归因问卷进行测验，发现实验组与没有接受干预的控制组相比，实验组儿童的内在控制阅读能力也有改善。根据盖茨-麦克吉耐特的阅读测试结果，实验组和控制组均在阅读能力上有所提高 |
| Elliott，Pumfrey（1972） | 真实验设计 | 28名：年龄7~9岁 | 经过9次非定向性小组游戏治疗，用布里斯托尔社会适应指导博特读词测验和巴拉德一分钟阅读测试来测试，作者发现，实验组的男孩子与没有接受干预的控制组相比较，在社会适应或者是阅读造诣方面没有明显的差异。然而，能力改善和智商互相影响；在治疗中，儿童情感困扰的社会适应提高，社会适应中的焦躁减少 |
| Mehlman（1953） | 准实验设计 | 32名：86~140个月 | 被试为智力缺陷的儿童，对29次团体游戏治疗组、电影组以及无干预组进行比较，使用用斯田福比奈量表进行测试，发现3组儿童在智力上没有改变 |
| Morrison，Newcomer（1975） | 真实验设计 | 18名：年龄小于11岁 | 被试是有智力缺陷的儿童，作者将进行了11次定向性游戏治疗组，11次非定向性游戏治疗组以及没有干预的控制组儿童进行对比，用精细动作适应性和人格社会化量表以及丹佛儿童发展筛选测验进行测试，结果显示两组实验组的儿童均比控制组的儿童有更大的进步。定向组和非定向组在有效性上没有区别 |
| Newcomer，Morrison（1974） | 真实验设计 | 12名：5~11岁 | 被试是智力缺陷组以及非定向性组领导的个人游戏治疗组与非定向性组的小组领导游戏治疗组的儿童，作者将定向性和非定向性发展测验进行测试，在连续的30周治疗期间，用丹佛儿童在测验上的平均得分不断增加。与控制组相比，实验组和实验组儿童分数在社会和智力方面都有提高。在团体与个体维度上，定向性和非定向性维度上均无区别 |

| 作者 | 设计 | 样本 | 研究发现 |
| --- | --- | --- | --- |
| Quayle（1991） | 真实验设计 | 54名：5~9岁 | 作者发现用儿童评价量表进行测验，参加了20次个体CCPT的儿童与参加了20次单独辅导的儿童都在对教师，交往以及同伴的评价上有显著的改善。个体CCPT组中成长进步的儿童数量最多，15名儿童中有6名；单独辅导组共15名儿童，有成长进步的是4名。控制组中的11名儿童在学习技能，自信心交往技能，自主完成任务教师认为接受了CCPT组的儿童在学习技能，自信心交往技能以及同伴交往技能上都有改善 |
| Seeman, Edwards（1954） | 准实验设计 | 38名：5—6年级 | 研究被试是对环境不适应的儿童，使用盖次阅读调查问卷进行测试，结果显示，实验组儿童平均参加了67次由"教师治疗师"指导的儿童中心游戏疗法，并且在一年内的4个月时间里完成上述治疗，与控制组儿童相比，实验组儿童在阅读上显著地增加了7/10 |
| Winn（1959） | 真实验设计 | 26名：7~10岁 | 被试是智商平均一般，阅读能力较差的儿童，作者发现参加了16次非定向性／人际关系游戏治疗的儿童与控制组儿童相比，在个性上有显著的改善。人格得分最低的儿童在人格上面改善最大。实验组和控制组相比，在阅读能力上没有显著性的改善 |
| Wishon（1975） | 真实验设计 | 30名1年级学生 | 被试是智商平均，阅读掩拖延的儿童，阅读能力比匹配的控制组儿童好，作者发现，参加过期16周共32次非定向性游戏治疗的儿童在学业成绩，自我概念以及自我建构上的得分要高。实验组的女孩比控制组的女孩在自我社会建构测试（Long-Henderson）的儿童自我社会建构测试中的身份识别／朋友维度上表现得更好 |
| Axline（1949） | 质性研究 | 15名：6~7岁 | 研究问题：言语／语言技能<br>作者发现有言语和行为问题的情感障碍儿童接受了8~20次的个体非定向游戏治疗之后，在智商得分上更高。研究者总结，认为儿童免受情绪压力，因此能够更加充分地表达自己的能力 |

| 作　者 | 研究分类 | 被　试 | 研究结论 |
|---|---|---|---|
| Bouillion（1974） | 真实验设计 | 43 名：年 龄 3~6 岁 | 研究中的实验处理组有：团体非定向性游戏治疗、个体直接的言语治疗、团体言语课组、身体动力训练组，控制组没有进行干预。实验组的儿童在 1 周内有 5 天进行治疗，共进行了 14 周。参加团体游戏治疗的儿童其他处理组的儿童最小在流畅性和清晰发音度上得分高。游戏治疗组在治疗接收性语言缺陷上改善程度小 |
| Danger, Landreth （2005） | 真实验设计 | 21 名：年 龄 4~6 岁 | 作者将语言障碍矫治的儿童被试随机分配到两种条件中：团体游戏治疗条件、规律性的语言障碍矫治条件。分配到游戏治疗条件下的儿童在 7 个多月内，接受了 25 次团体 CCPT 的同时进行语言障碍矫治。结果显示，接受游戏治疗的儿童在接受性语言技能以及表达性语言技能上均有所提高，这具有很大的现实意义 |
| Moulin（1970） | 真实验设计 | 126 名：1~3 年级学生 | 作者发现经过了 12 次来访者中心团体游戏治疗之后，用心理я测的加利弗尼亚简式量表和伊利诺州的心理语言学能力测量进行测试。结果实验组学生比控制组学生在非语言智力上有显著性的进步。治疗效果的显著性体现在儿童有意义语法的增加，而不是自动的语法。在儿童的学业成绩上没有效果 |
| Wakaba（1983） | 质性研究 | 3 名：年 龄 4~5 岁 | 3 名口吃的日本男孩参加了为期 5 个月的非定向性游戏治疗，每周 1 次，每次是 1 小时，作者发现这 3 名男孩子在口吃的症状上都有所缓解 |

# 附录：儿童中心游戏疗法治疗手册

# 介绍

本手册旨在帮助读者了解儿童中心游戏疗法的应用。包括对儿童中心游戏疗法（基于个人中心理论方面）的理论说明，以及儿童中心游戏疗法帮助儿童的具体方法。自20世纪40年代使用儿童中心游戏疗法帮助儿童来访者以来，其至今已有70多年的历史。在亚瑟兰（1947）、兰德雷斯（2002）、威尔逊和赖安（2005）的作品中都对其作了详细的说明，这些作品深入分析了儿童中心游戏疗法的概念、观点和操作方法。如果您有意使用儿童中心游戏疗法，推荐您使用这些经典作品学习。此外，除了单纯地使用此疗法以外，也鼓励游戏治疗师接受更多的培训和督导。本手册旨在总结概括出一系列具体操作，从而能把个体儿童中心游戏疗法和团体儿童中心游戏疗法应用到研究设计当中。鉴于儿童中心游戏疗法是一种人本主义的治疗方法，游戏治疗师可能会认为本手册提出的严格要求会限制自己的工作，并且认为本手册并不能满足个体儿童的需求。而实际上，所有的治疗手册都会存在这些问题，从文学角度来说，这是治疗手册的局限所在（Nathan，Stuart & Dolan，2003）。然而为了保证治疗过程的连续性，研究者认为治疗手册是必须的。治疗手册当中应包括技术介绍、治疗师的操作报告、实施技术的方案。为了能够帮助研究者实施儿童中心游戏疗法，本手册进一步提供了操作方法。请注意，本手册只为治疗师提供一种参考，并不规定其行为。在任何治疗过程中，治疗师都有可能突破规定，根据治疗师自己的治疗经验和来访者需求，为来访者提供个性化、有针对性的治疗方案。

## 理论基础

儿童中心游戏疗法是一种基于个人中心理论启发而形成的帮助儿童的治疗方法。个人中心理论，也称为来访者中心理论，是由美国历史上最具有影响力的咨询师和心理治疗师卡尔·罗杰斯（1902—1987）提出的（Kirschenbaum，2004）。卡尔·罗杰斯是个人中心疗法的创始人和推动者，他的理论观点转变了心理学界对来访者、咨询师和治疗关系的固有认识，对咨询行业产生了的巨大影响。通过大量的研究、案例分析和著作，卡尔·罗杰斯论证了以来访者为中心理论的必要性和成功之处。他提出了信任原则，在咨询过程中个体和团体成员可以自己设定所要达到的目标，监督自己的进步情况（Raskin，Rogers，2005）。

以人为中心理论以《以来访者为中心疗法》（Rogers，1951）一书中所列出的人格与发展的19种观点为理论基础。根据这19种观点，认为人格是自然形成的，由对现实的感知发展起来，并受自我创造价值和融合价值的影响。简单来说，人们透过对现实的主观认知感受生命。在感受生命的过程中，内在因素（情感、洞察力）与外在因素（父母价值观、文化基准）共同作用，最终形成了自我。情感和行为方式受这种认知的影响，进而形成了自主目标。如果儿童接触的是与自我观念相符的信息，那就不会产生问题。但如果儿童接触到的是与自己观念不同的信息，那么必须吸收这些不一致的信息从而形成一种新的自我观念，否则，就会造成心理失调。那些既能够接受和自己观念一致的信息，也能吸收与自己观念不一致信息的儿童将会达到自我实现的阶段，从而能够更好地理解和接受他人与自己。因此，人类的本性是积极的、向上的、富有建设性的、实际的、可信赖的（Rogers，1957）。罗杰斯主张个体的完整性。脱离其余部分，任何一部分都不能独自发挥作用。对于健康成长的个体，各个部分都应该同时得到发展。

弗吉尼亚·亚瑟兰（1947）是罗杰斯的学生兼同事。她在咨询工作中充分使用以人为中心理论的思想和观点。亚瑟兰为儿童提供有益于自然交往的环境，在工作中将以人为中心理论以一种发展性的反应方式进行应用。这种环境包括一间游戏室，在这间游戏室里儿童们可以在游戏中表达内在自我。随着在游戏室中治疗师和儿童关系的发展，儿童能够找到一个安全的环境，从而通过言语和非言语表达真实的自己。

从对儿童的了解而言，游戏治疗师有自己独到的见解。儿童能够积极地自我引导。例如，儿童是即将盛开的花朵，而不是需要塑形的泥土。想要让花朵美丽绽放，就必须提供良好的条件：阳光、肥料、水等。只有满足了这些条件，花朵才能开放。反之，缺了这些条件，花儿将会枯萎。相比较而言，泥土需要被反复地雕琢、塑型直到最终出现创作者想要的形象。但这种形象反映了创作者的规划，并不能够代表最初的泥土。

兰德雷斯（2002）提供了儿童中心游戏疗法治疗师工作的10条基本原则。

1. 儿童并不是成人的缩影。根据发展理论，儿童的思维方式和行为方式与成人有很大的不同。

2. 儿童也是人。他们也有强烈的情感和复杂的思想。

3. 儿童是特殊的而且应该被尊重。每个儿童都有自己的个性和意愿。

4. 儿童具有复原力。虽然有过不可想象的经历，但儿童能超乎成人想象地保持自己的个性。

5. 儿童会自然而然地成长和成熟。他们有争取自我实现的意愿。

6. 儿童能够积极地自我引导。儿童也可以独立地积极发展。

7. 儿童的自然语言是游戏。游戏和玩耍是他们表达自己最安心、最舒服的方式。

8. 儿童有权保持沉默。儿童通常会在非言语的世界中表达自己，所以，以儿童为中心的咨询师不能强迫儿童像成人言语社会中那样交流。

9. 儿童有权决定自己的治疗进行到哪一阶段。咨询师没有必要进行指导。

10. 不能揠苗助长。儿童有自己的发展时间表，成人不能干涉。

# 儿童中心游戏疗法的目标

罗杰斯（1942）清晰地总结了个人中心咨询的目标：

> 目的是个体自己的独立和整合，而不是通过咨询师的帮助达到这一目标。关注的是个体本身而不是问题。目的不是解决某个具体问题而是要帮助个体成长，使其能够更好地解决现阶段和未来的问题。（P. 28）

儿童中心游戏疗法的目标是创造条件促进儿童成长与整合。根据拉斯金（Raskin）和罗杰斯（2005）的假设，如果咨询师能够表现出真诚、无条件积极关注和理解，那么来访者也会有相应的人格结构变化。儿童中心游戏疗法治疗师相信在咨询关系中儿童所经历的感受有助于儿童产生更深远、更积极的转变。

## 儿童中心游戏治疗师的角色和游戏治疗的关系

如前所述，要创造能令儿童人格产生变化的环境，游戏治疗师必须提供一些特定的条件。游戏治疗师需要提供的核心条件包括：①共情——游戏治疗师必须进入儿童的世界，了解他们的想法；②无条件积极关注——接纳儿童，热情地对待儿童；③一致性——游戏治疗师要尽可能表达咨询关系当中存在的所有情感；④隐含条件，例如游戏治疗师与儿童的心理接触、儿童经历过的不一致性和游戏治疗师提供的其他条件（Raskin & Rogers，2005）。这些条件是个人中心咨询的"技术"所在。

儿童中心游戏疗法最基本的"技术"在于咨询关系。罗杰斯（1942）从4个方面描述了这种咨询关系，希望能对游戏治疗师起到一定的指导作用。第一方面，游戏治疗师温暖儿童，有责任心，从而与儿童建立关系，并逐步将这种关系发展为更深层的情感关系。第二方面，游戏治疗师允许儿童表达自己的情感；如果儿童认为游戏治疗师接受和认可他们的观点和行为，那么儿童将会向游戏治疗师表达他们全部的想法和情感。第三方面，设定治疗限制；就时间和行为设置咨询框架，使年长一点的孩子能够形成自己的洞察力，年龄小一点的孩子也能够接触一些社会现实。第四方面，纾解压力，避免强迫；儿童治疗师不必提供建议，同时也不能向儿童施加压力，强迫他们做什么或不做什么。

亚瑟兰（1947）根据对儿童的了解，提出了指导游戏治疗师工作的8项原则。这8项原则强调咨询关系的隐私性，与以人为中心理论不谋而合。

1. 治疗师必须尽快和儿童建立温馨友好的关系。

2. 治疗师应无条件地接纳儿童。

3. 治疗师应该营造一种包容的氛围，使儿童能够充分自由地表达其内心感受。

4. 治疗师必须快速识别儿童所表达的情感，以富有洞察力的方式向儿童解释这些情感体验，并领悟儿童的行为。

5. 治疗师应该始终尊重儿童自己具备解决问题的能力，相信只要给予适当的条件，儿童就能够自己处理困难。

6. 治疗师不能以任何方式指导儿童的行为或对话过程，儿童应该引导治疗的进程。

7. 治疗要循序渐进，不可操之过急。

8. 游戏过程中要建立一些必不可少的限制，以保证治疗建立在现实世界的基础之上。

## 变化过程

瑞齐拉克（Rychlak，1981）认为，当个人的经验认知与自我认知出现分歧时，就会形成一种有悖于有机体内在感觉的自我概念，进而其人格结构进入紧张状态。简单来说，罗杰斯认为经验认知与自我认知存在分歧的人往往会有自卑心理（Raskin & Rogers，2005）。理想自我与现实自我的差异会导致来访者对自己的关怀逐渐减少。

罗杰斯（1942）明确指出帮助来访者重塑人格的治疗过程同样也适用于儿童。当儿童来寻求帮助时，治疗过程就已经开始。这里提供的帮助并不意味着游戏治疗师要给来访者明确的答复，而是指游戏治疗师要提供一个场所，让儿童在这个场所中能够凭借自己的力量寻找到解决问题的方法。游戏治疗师要接纳、识别和分析儿童的负面感受，同时鼓励儿童自由表达其感受。当儿童能够完全地表达自己的负面情绪时，就会慢慢出现正面情绪的表达。当然游戏治疗师也要接纳和认可这些正面情绪。如果儿童了解和接纳了自己，就会形成自我决定和自我行动的意识。当儿童了解自己，就能够积极地行动，随着他们对自己的了解越来越深，这种积极行动也会越来越多。到最后，儿童慢慢意识到自己需要的帮助越来越少，这时，这种咨询关系也就到了尾声。

## 游戏在治疗中的应用

游戏治疗的应用主要基于儿童的发展。皮亚杰提出了认知发展理论，认为儿童理解和处理信息的方式与成人是不同的。儿童的认知分为两个阶段：前操作期（2~7岁）和具体操作期（8~11岁）。这两个阶段主要按时间划分，但认知具体处于哪个阶段又因人而异。在前操作期，儿童获取语言技巧，在头脑中用符号代表物品。同时，在这个阶段儿童的思维是固定的，仅限于事物是如何出现的。在这个阶段儿童的思维非常奇妙，对于他们不理解的事物，他们往往会作出令人难以置信的解释。对于游戏来说，这一阶段儿童的游戏会越来越充满想象，脱离实际，游戏越来越复杂，逐渐形成认知模式。内在方面，儿童的知识越来越丰富，理解力越来越强，但是外在方面，儿童却没有与他人交流自己认知的能力。游戏成为了儿童交流这种对自己和他人内在认识的最自然的途径。

在具体操作期，儿童能够进行理性思考，也能连贯地组织自己的观点。他们有自己的观点，也能接受社会规则。但他们只能认知具体的事物，而没有抽象思维。他们不能表达一些复杂的情感，例如，罪恶感和怨恨等。因为这些情感需要抽象思维的理解。对于处在具体操作期的儿童来说，游戏可以帮助儿童消除具体经验和抽象思维间的差异。

其他一些理论家也认为儿童确实需要游戏，而游戏对儿童确实有帮助。埃里克森（1963）认为在早期阶段，游戏为儿童提供了一个克服苦难的安全环境。在游戏当中，儿童可以初步了解现实社会中的活动，而无须承担不利结果。在游戏中儿童是主体。他们可以组织活动，表达情感，实现幻想。维果斯基（1978）认为，在游戏中儿童可以实现自我约束和自我满足。游戏为儿童提供了检验幻想的环境。比皮亚杰更进一步，维果斯基相信游戏促进了儿童抽象思维的发展。

总的来说，游戏对儿童的发展至关重要。游戏是儿童的自然语言（Landreth，2002）。游戏慢慢地消除了具体经历与抽象思维间的差异。游戏为儿童提供了一次组织自己复杂且抽象的真实体验的机会。游戏使儿童拥有了控制感和应变能力。

## 儿童中心游戏疗法的适应群体

因为儿童中心游戏疗法的主要依据是以人为中心理论，那么治疗应以儿童为中心，而不是以问题为中心，对于其他来访者来说也是如此，问题不应是关注的对象（Raskin & Rogers，2005）。因此，儿童中心游戏疗法主要适用于那些具体诊断为注意力缺陷多动症、对抗性障碍、焦虑性障碍或者认知发展困难的儿童。

通过总结 42 个对照研究的结果，勒布朗（Leblanc）和里奇（2001）公布了他们对游戏治疗的元分析结果（效应量为 0.66 个标准差）。根据科恩的理解，0.66 个标准差代表较好的治疗效果，其他儿童心理疗法元分析结果的标准差也接近这个标准差。

布拉顿、雷、莱恩、琼斯（2005）对游戏治疗的结果研究进行了最大型元分析。这项元分析对 1942 年到 2000 年之间关于评估游戏治疗效果的 180 多篇文章进行回顾。基于严格的标准、明确的研究设计、充足的数据和专家的认可，有 93 项研究被用来计算最终效应量。总体效应量为 0.8 个标准差，这代表较为明显的治疗效果。

布拉顿、雷、莱恩、琼斯总结出来一些游戏治疗的特别之处，这些特别之处有可能影响游戏治疗效果。尽管理论方法不同，但人本主义的游戏治疗（效应值 =0.92）和非人本主义的游戏治疗 (效应值 =0.71) 都被认为是有效的。只不过相比而言，人本主义游戏治疗的效应值要比非人本主义游戏治疗的效应值高。 其原因在于对于人本主义游戏治疗的研究样本（73 项）要多于非人本主义游戏疗法的研究样本（12 项）。治疗持续时间也是游戏治疗成功与否的一个因素。虽然许多咨询还没到 14 次时就已经有了中等或高等的效应值，但 35~40 次的咨询仍会取得更高的效应值。另外，年龄和性别对游戏治疗的结果没有什么重大影响。游戏治疗对于任何年龄、任何性别都同样有效。研究者没有调查种族划分对效应值的影响，因为个体研究中很难明确知道来访者的种族情况。为解决现阶段存在的问题，研究者试图区分由于研究对象个体不同所引起的不同症状，但是遇到了困难。然而，就游戏治疗在解决内在问题上，研究者对 24 位来访者进行了研究，效应值为 0.81; 就其在外在问题的影响上, 研究者对 17 位来访者进行了研究，效应值为 0.78；在对内在与外在问题同时存在的情况下，研究者对 16 位来访者进行了研究，效应值为 0.93。这些研究表明游戏治疗在解决内在问题、外在问题以及内在和外在同时存在的问题方面都有很大作用。

在对受到性虐待儿童的治疗进行元分析的时候，黑策尔·里金（Hetzel Riggin）、布罗什（Brausch）和蒙哥马利（Montgomery，2007）发现，游戏治疗在恢复来访者社会功能方面，是最有效的治疗方法。比尔曼和施耐德（2003）发现，非指导的游戏治疗有利于治疗那些有混合性问题的儿童。在一个系统的评论中，布拉顿和雷（2000）找到了有力证据来证明游戏治疗在改变来访者自我观念、行为方式，增强其认知能力、社会交际能力和消除焦虑方面的作用。游戏治疗已被应用了70多年，在许多出版物中都可以找到对现阶段问题的研究。

在历史上，接受游戏治疗进行治疗的来访者有儿童也有成人。研究也表明，游戏治疗可被应用到任何一个年龄段，但最主要的适用群体还应是3~10岁的儿童。然而，只要适当的调整游戏室、玩具和交流方式，游戏治疗对治疗成人来访者也有一定效果。但在本手册中，游戏治疗法的适用对象为早期和中期的儿童。本手册的材料也主要为了3~10岁的儿童准备。

## 游戏治疗师培训

要想对儿童进行游戏治疗，那么游戏治疗师需要接受进一步的培训。最低的标准是要在心理健康领域取得硕士学位，并参加40小时的游戏治疗基础课程（通常为大学阶段3小时制的课程）。这些课程应以儿童中心理论为基础，并要包含以下这些资源中的评论与研究：兰德雷斯（2002）、亚瑟兰（1947）、威尔逊和赖安（2005）、葛露易（2001）、诺丁和葛露易（1999）。以游戏治疗为基础的课程应配备临床实践，以便指导学生正确实施游戏治疗方法。这是在研究阶段实施游戏治疗法的最低要求。另外，除了研究生学位，游戏治疗师还要接受额外的培训和督导，包括两门基础课和在督导下进行的两个学期的治疗实践。如果不能提供这些训练，治疗草案就会受到影响，那么，游戏治疗法的研究设计就需要其他的督导。

# 治疗阶段的结构

治疗师最开始需要掌握这一过程的基本技巧。这些基本技巧包括设立一间游戏室，选择材料并利用有效的非语言或者语言方式与儿童相处。这一部分为实践儿童中心游戏疗法提供了蓝图。为了能够在复杂的游戏治疗中获得更多的信息，我建议读者参考兰德雷斯（2002）关于这一问题更详细的描述。在游戏治疗中，治疗师不断提出更加先进的理念之前，需要与儿童建立关系，为他们提供一个包容、理解的环境，这是极其重要的。

## 游戏室

在与儿童见面之前，游戏治疗师需要营造一种孩子适应的环境，这一环境就是游戏室。因为游戏是为了提升孩子的语言能力，所以在游戏室里布置了许多帮助孩子更流畅地进行表达的工具。游戏室的空间既要保证儿童可以在里面自由活动，同时也不能太大而使儿童没有归属感。兰德雷斯（2002）建议，理想的游戏室的大小应该在 12 英尺 ×15 英尺（即长 12 英尺、宽 15 英尺或者宽 12 英尺、长 15 英尺）。尽管有明确的理想尺寸，但许多治疗师受到环境的限制，只好作出妥协，只要能够达到使用标准即可。游戏治疗在不同尺寸的游戏室里面都可以发挥作用。游戏室里必须有架子来放置玩具，这样可以为孩子活动提供更大的空间，最起码要留出足以自由活动的空间。最好有取水处，地板不要铺地毯，耐用的墙漆以及双向玻璃，以便录像和观察的需要。图 A.1 提供了一个理想游戏室的模型。

图 A.1　理想游戏室的模型

## 游戏材料

　　游戏室的游戏材料包括玩具、手工艺材料、绘画颜料、画架、木偶戏、沙箱以及玩具、家具。在选择玩具时最基本的标准就是这个玩具在游戏室里所起的作用。对于每一个玩具或者游戏材料，治疗师在选择时都要考虑以下问题：

　　1. 这个玩具或者游戏材料对于这个房间的主人即这些孩子们有什么治疗用途。

　　2. 它怎样帮助孩子进行表达。

　　3. 它是否能够帮助我与孩子建立良好的关系。

　　当治疗师是有目的性地进行选择时，那么更合适的选项就显而易见了。这种细心的选择模式能够帮助治疗师集中注意力到对咨询进程最关键的玩具上。游戏材料如电脑游戏、棋盘游戏、拼图游戏可能会满足以上问题中的一项或者两项，但是很少能够满足以上 3 个问题。

初次布置游戏室的时候，如果空间有限，游戏治疗师肯定会因为大量的玩具和游戏材料而焦头烂额。柯德曼（2003）将这些游戏工具分为了5类，包括家庭成长类、恐怖类、侵略类、表达类以及虚拟童话类。家庭成长类游戏材料为孩子提供扮演家庭角色的机会，可能是个成人或者是个孩子，他们或者在辛勤地拖地、洗衣服，抑或在吃饭或者穿衣。恐怖类包括那些在传统中通常会令人恐怖的东西，比如蜘蛛人、蛇。恐怖类玩具可以帮助孩子们处理他们自身的恐慌和焦虑。

表达类玩具和材料包括艺术品和艺术品材料，它们可以用来帮助儿童表达他们的创新性。它们被用来表达孩子的积极和消极情绪，大多数孩子进入游戏室后会或多或少地利用这些游戏材料来进行治疗。水是游戏室里面用得最频繁的游戏材料，其次就是画架和绘画颜料。这两种材料都被认为极具表现性，孩子们也都积极使用。虚拟童话类玩具如装饰性服装、木偶和医药箱能够帮助孩子们在一种安全的氛围下更深层地去探索成人们的世界。

**表 A.1　儿童中心游戏疗法游戏室玩具**

| | | |
|---|---|---|
| 沙 | 木偶 | 懒人沙发座椅 |
| 勺子／架子／筐子 | 木偶戏 | 塑料家畜 |
| 游戏表演服装 | 交通工具／飞机 | 塑料的动物园里的动物（即塑料野生动物） |
| 面具和帽子 | 玩具枪 | 医药箱 |
| 塑料恐龙 | 布娃娃／衣服 | 绷带 |
| 小刀／剑 | 安抚奶嘴 | 婴儿水杯 |
| 绳子 | 收银机 | 镖枪 |
| 游戏厨房／食物清单 | 手铐／钥匙 | 枕头／毛毯 |
| 壶／平锅／碟子／器皿 | 积木 | 绘画颜料／画架 |
| 音乐器材 | 充气不倒翁／乐儿宝 | 游戏车／卡车 |
| 手机 | | 橡皮泥 |
| 透明带 | 相机／双筒望远镜 | 胶水／剪刀／纸 |
| | 车辆／飞机 | |

尽管在设计游戏室时对玩具进行归类是非常有用的，但我们也必须意

识到儿童使用玩具有效的表达方式可谓多种多样。小刀可能会危害治疗师的安全，水杯可能会呛到婴儿玩偶，毛绒小熊可能会导致小的动物窒息，充气不倒翁可能在控制整个咨询过程中都被孩子抱着。选择玩具是否得当取决于孩子是否可以利用它们表达不同目的。由兰德雷斯（2002）提供的详细玩具列表可参考表 A.1。我们没必要将所列的玩具都列入其中，但还是建议在游戏室里能够找到每一类玩具。鉴于研究的需要，如果研究设计中需要许多间游戏室，那么每间游戏室内的玩具列表应该是极其相似或者一致的。

游戏室提供玩具不仅方便儿童表达，还传达一种秩序感和一致感。当儿童参与游戏治疗时，他们学着去遵守游戏室的秩序以及治疗师的工作。游戏室的规章需要具有逻辑性，需要将相同的种类进行合并。更重要的是，在每次儿童进入游戏室时，游戏材料要放置在相同的位置上。这样可以帮助儿童们营造一种熟悉感和安全感。他们可以全面掌控这个环境，这样他们才能够在他们的生活中敢于表达和决定。如果每一次咨询，玩具都被扔得乱七八糟，每次都在不同的位置，那么游戏治疗师就会强化儿童在家里的混乱意识。当他们紧张匆忙地在凌乱的游戏室里寻找他们想要的玩具时，儿童就会意识到他们必须努力去抗争才能得到他们想要的玩具，这种情形恰恰像极了他们曾经经历过的失败环境。

## 治疗师的非语言技巧：人性化处理

设计出的自然环境对孩子应具有足够的吸引力，游戏治疗师在提供一种人性化方法的同时又能够让儿童对其感兴趣。在游戏治疗中，如果说语言治疗技巧是最受争议的，那么非语言的治疗方法同样也是备受质疑。因为儿童需要在一个无声的世界里表达他们的想法，游戏治疗师就可以高效率地只用一套相同的非语言表达方式来传达信息。非语言技巧应用的好坏在很大程度上取决于游戏治疗师本人的真诚度以及自身的人格魅力。在北得克萨斯州大学的游戏治疗中心（CPT），某些特定的技能在训练和培训新的游戏治疗师时是要重点强化的。经过在此中心数十年的培训和历练，这一部分需要强化的技巧已逐渐成为游戏治疗过程中的关键环节。

咨询使儿童意识到他们能够融入和掌控这个环境。儿童中心游戏治疗时间大概持续 45 分钟，具体时间为 30~40 分钟。基于研究的需要，主要的研究人员应保证每一次咨询的持续时间大致相同。游戏治疗师应尽量保证每次咨询的开始和结束时间都大致相同。儿童在咨询期间不准离开游戏室，除非有突发情况，比如尿急、腹泻抑或者是其他外部事件的突发影响。由于儿童中心疗法并没有对此方法取得成效所需要的咨询次数作出规定，而研究表明 35~40 次可以达到最佳效果；然而这么多次数从一个研究的立场来说是受限的，而且在记录儿童变化方面也是没有必要的。经验表明 15~20 次往往能够取得显著的、可用于研究的疗效数据。

当治疗师与儿童进入游戏室时，就需要开始注意儿童在这个环境里的主导地位。治疗师坐在原先设定好的椅子上，并且在没有得到允许的情况下，不可以进入儿童的游戏范围。治疗师对儿童保持着一种开放迎接的姿态。他们身体向儿童倾斜；同时，手臂和腿也都有固定的位置，对儿童传达一种开放迎接的信息。治疗师要保持认真的以及对儿童非常感兴趣的态度。治疗师要积极投入当下工作，避免其他想法的闯入。在整个咨询过程中，治疗师都需要与儿童以及整个环境相处舒适和和谐，要时刻保持放松的状态，这些对于新的治疗师来说似乎有难度。

话语语气传达出治疗师与儿童在情感方面沟通的能力。当提到治疗师的语气时有两方面的因素需要考虑。首先，治疗师的语气符合儿童所呈现出来的年龄水平。通常，新的治疗师在面对儿童时会表现得过分热情。这通常也是成人在儿童面前的表现。初次与儿童接触的治疗师认为他们的任务就是为了逗儿童开心，所以他们就尽量使用可以达到这一效果的语气来跟儿童交流。使治疗师的语气与儿童的语气相投表明治疗师能够真正理解和接纳儿童所要表达的情感。其次，治疗师的语气与他们想要表达的话语和喜好相符。将语言反应与非语言反应真正地融合，儿童才能将治疗师作为一个普通人。例如，如果一个孩子不小心用他的玩具碰到了治疗师，治疗师感到一阵惊吓和愤怒，但是他的回应却非常平和，说"这只是一个意外"。孩子会认为这个治疗师非常虚伪，他们也会对这种关系产生不信任。此时更有效和恰当的回应应该是："这真的很疼，但这只是个意外。"

## 治疗师言语技巧

儿童中心游戏疗法得益于对语言反应提供明确的分类，以此来指导游戏治疗师进行治疗。作出治疗反应也是有效治疗的关键。有两种反应技巧需要着重予以说明：第一，因为游戏治疗师意识到儿童语言能力的有限性，短期治疗反应的重要性就显得格外重要了。冗长的反应会让儿童很快失去兴趣，产生困惑，同时也会传达对儿童缺乏理解的讯息。第二，治疗师的反应频率需要与儿童的反应相匹配。如果这个孩子非常冷静和内向，那么游戏治疗师就会放慢他的反应。与儿童接触的最初阶段，游戏治疗师反应频率非常快，因为在一个新的环境中，如果治疗师沉默会使儿童感觉不舒服。在随后的阶段中，治疗师将会试着调节步调适应儿童。

治疗性语言反应大概可以分为8类。许多种类是由莫斯塔卡斯（1959）、吉诺特（1965）、亚瑟兰（1947）以及兰德雷斯（2002）提出的。其余的则是在我们进行的游戏治疗经验中总结出来的（Ray，2004）。

1. 跟踪行为。跟踪行为是游戏治疗师最基本的反应。跟踪行为，即当治疗师看到或观察到儿童做了或说了什么时，所作出的反应。跟踪行为要让儿童意识到治疗师对他们是理解和感兴趣的。这也是让治疗师真正融入儿童世界的一个好方法。当孩子们举起一个恐龙玩具的时候，治疗师应回应说："你正在把玩具举起来。"当孩子在房间里玩开车的时候，治疗师说："你一直在这里开车玩啊。"

2. 表达内容。在游戏治疗中，表达内容与在成人咨询中的表达内容是一致的。为了表达内容，游戏治疗师需要转述儿童的言语。表达内容证实了儿童对他们的经历所持的观念，同时也能表明儿童对他们自身的理解和认同（Landreth，2002）。当儿童陈述他们上周末所看的电影时，治疗师对此应作的反应是："你去看《007》了啊，那里面有好多动作戏吧。"

尽管跟踪行为和表达内容在游戏治疗的过程中是极其重要的，它们也是游戏治疗中最基础的技巧。它们有助于帮助治疗师与儿童建立融洽的关系，这样儿童才可能受益于更高水平的技能。接下来的技巧能够加强自我的概念，培养个人责任感，形成意识，同时有助于建立治疗关系。

3. 表达感受。表达感受是在游戏治疗中对儿童所表达的情感作出的言语反应。表达感受被认为是高层次的技能，因为儿童很少用语言表达他们的情感。然而，他们本身是非常情绪化的。另外，有时表达感受会对儿童造成威胁感，在提及时需要多加注意。表达感受能够帮助儿童更加了解他们的情感，这样他们就能够更好地接受和表达他们的个人情感。一个孩子说："待在这个地方太愚蠢了，我要回家。"治疗师能回答的是："你觉得待在这里很愚蠢，你感到非常生气，你更希望自己能够待在家里面。"

4. 促进决策和归还责任。治疗师的目标之一是帮助儿童了解他们自身的能力并对此负责。儿童可以自主完成的事情，治疗师不要代为负责（Landreth，2002）。促进决策和归还责任能够帮助儿童体验他们自己的能力和自主权。有的孩子可能会问："我在这里需要怎么做？"这时的回答不应该是："你可以画画或在沙子上玩耍，"因为这样指导儿童是将责任放在了治疗师身上。一个更能促进决策的回答是："在这里，你有决定权。"另外一个例子是，如果一个孩子想把一瓶胶水打开时，突然停下来了并问道："你能打开它吗？"治疗师会把责任转交给孩子，然后作出回答："那好像是你自己可以做到的事情。"当然，治疗师只能将儿童力所能及的事情的责任转交给他们。

5. 增强创新和自主性。帮助儿童意识到其自身的自主性和独创性是游戏治疗师的另一大目标。接受和鼓励创新，让儿童意识到他们在自己的人生道路上是独一无二的，是特殊的。心理失调的儿童经常被自己的行为和思想束缚着。让他们进行自由地表达可以增进他们思想和活动的灵活性。如果一个孩子问道："花应该是什么颜色的？"治疗师如果想鼓励孩子创新，他们的回答应该是："现在，你想让它是什么颜色，它就可以是什么颜色的。"

6. 树立自尊和鼓励。鼓励儿童让他们对自己树立自信心是游戏治疗师永恒的目标。树立自尊是用来帮助儿童体验到他们是有能力的。当一个孩子自信满满地完成一幅画的时候，治疗师应该说："你画的跟你想象的一样。"当一个孩子花好几分钟时间试图将子弹装进枪里最后成功了的时候，治疗师应该说："你好棒，你已经把它搞定了。"

起初，治疗师可能会纠结于赞扬和建立自尊心二者反应的不同之处。建立自尊心所产生的反应具有更加深层次的治疗作用，它能够帮助儿童找到他们人生的内在意义，而不是仅依靠赞美来取得外在的评价。关于赞美，比如别人说"那幅画真美"或者"你这样做我很欣赏"，它所产生的反应是鼓励儿童去迎合治疗师的意愿来不断追求外部的肯定，进而导致了其自我意识的衰退和腐化。有助于自尊心建立的反应如"你以你自己的画为豪"或者"你正是按照自己设想的方式完成了它"，这样可以鼓励儿童培养自我评价意识进而形成自我责任感。

7. 增进关系。重点聚焦于建立治疗师和儿童之间的关系，帮助他们体验一种积极的关系。因为治疗关系是各种亲密关系的典范，治疗师应该为儿童在建立关系上的各种尝试负责。关系能够帮助儿童学习到更加有效的沟通模式，同时也有助于表达治疗师对儿童的关心。关系通常会涉及儿童的参考和治疗师自己的参考。治疗师和儿童之间设定限制，例如不可以用枪射击治疗师。孩子的回应是："我讨厌你，我要把你送进监狱。"为促进关系，治疗师承认孩子对他很生气，说："你想惩罚我，但是你太疯狂了，我不应该被枪决。"另一个情境是一个孩子在咨询结束后就把整个房间都打扫干净了，然后说："看，现在你不需要再打扫了。"治疗师对这一涉及关系的举动所作的反应是："你想帮我做事情。"

8.限制设置。限制即在游戏室里面设置一些现实的界限来确保儿童的安全性和统一性。限制可以是简短的指令，也可以是儿童与治疗师进行复杂协商后的结果。努力为儿童营造一种可以让他们自我发挥、自我承担责任的环境，在儿童游戏治疗中限制越少是越有利的。其目标是为了让儿童进行自我约束。通常当儿童试图伤害自己、他人以及某些昂贵的和不可替换的玩具时，或者他们的行为超出了游戏治疗师的允许范围时，就需要对其进行限制。兰德雷斯（2002）在游戏治疗中提出了一些特定的设置限制的方法。权限限制的 ACT 模型包括（a）承认感受，（b）沟通限制以及（c）确定备选目标。在这一模型中，首先，游戏治疗师注意并将儿童当时的心情记录了下来："你对绘画极具热情。"其次，治疗师设置一些简短明确的限制："这不是用来往墙上扔的。"最后，游戏治疗师给儿童的行为提供了一个选择："纸是用来画画的。"当儿童开始集中精力的那一刻，重要的是给他们提供选择，这样他们才不至于感觉他们必须被动地活动。尽管关于限制设置的方法还有很多，但是 ACT 模型是最简短、直接和有效的。

## 确保治疗过程的完整性

在实施儿童中心游戏疗法时，治疗师需要确保治疗过程的完整性。使用督导技巧对治疗协议来说至关重要。所有咨询研究都需要录像，并且上交给初级研究人员。为了给研究人员提供一些保证治疗过程完整性的方法，表 A.2 是一张游戏治疗技巧的清单。游戏治疗技巧清单是用来回顾录像记录并根据治疗师的反应作出批注。治疗师的言语反应被分为8 类。那些不能归到这 8 类中的反应被称为非—CCPT 反应，而且其对治疗的完整性是不利的。另外，还需要对非语言技巧进行观察并在治疗技巧清单上予以标记。

治疗技巧清单在督导和讨论游戏治疗时是很好的辅助工具（参照 Ray，2004）。当治疗技巧清单作为游戏治疗研究的一部分时需要按照以下几个步骤使用：

1. 每一个 CCPT 咨询都需要被录像。

2. 必要的时候，游戏治疗师需要提交在督导和咨询阶段的录像与研究人员以及治疗专家们一起进行个案分析。

3. 游戏治疗师需要递交每一段录像并附上日期和咨询编号，以及一些其他的必要信息。

4. 递交给初级研究人员。

5. 初级研究人员随机挑选 10%~20% 的录像资料进行评审。

6. 一名有经验的 CCPT 游戏治疗师会使用游戏治疗技能清单，对这些录像进行回溯研究。通常，评审员对于每一次咨询的录像会观看 5~10 分钟，并根据治疗师提供的信息将每一种反应归类到相应的种类中，特别是那些非—CCPT 反应也需要进行标记。

7. 评审员将记录好的 PTSC 草案递交给研究人员。

8. 研究人员对 PTSC 草案进行分析并计算出相应反应范畴内的匹配率。最佳的匹配率应该是 90%~100% 的反应归属于 CCPT 中言语反应中的某一类。

### 表 A.2 游戏治疗技能清单（PTSC）

治疗师：_____

观察者：_____

儿童/年龄/编号：_____

日期：_____

| 治疗师的分言语交流 | 大多 | 始终 | 不足 | 无 | 治疗师的反应/举例 | 监督评估 |
|---|---|---|---|---|---|---|
| 前倾/开放 | | | | | | |
| 感兴趣 | | | | | | |
| 放松舒服 | | | | | | |
| 语气/表达与儿童反应相适应 | | | | | | |
| 语气/表达方式与治疗师的反应相互作用 | | | | | | |
| 简单的反应 | | | | | | |
| 反应的频率 | | | | | | |

| 反应次数 | 大多 | 始终 | 不足 | 无 | 治疗师的反应/举例 | 其他可能的反应 |
|---|---|---|---|---|---|---|
| 治疗师的反应 | | | | | | |
| 跟踪行为 | | | | | | |
| 表达内容 | | | | | | |
| 表达感受 | | | | | | |
| 促进决策和责任意识 | | | | | | |
| 增强创新性和自主性 | | | | | | |
| 树立自尊/鼓励 | | | | | | |

续表

| 增进关系 | | | | | | | |
|---|---|---|---|---|---|---|---|
| 治疗师的反应 | 反应次数 | 大多 | 始终 | 不足 | 无 | 治疗师的反应／举例 | 其他可能的反应 |
| 设定限制 | | | | | | | |
| 非—CCPT反应 | | | | | | | |

与儿童之间的协议：

识别出的主题：

治疗师的优势：

进步的空间：

## 家长和教师咨询

在儿童中心游戏疗法中，家长咨询、家长教育，以及家庭治疗通常都是游戏治疗过程中的一部分。另外，在学校里，游戏治疗应该包括教师咨询、学校咨询师以及学校的管理人员。这个治疗手册的目的是为了在个人或者团体咨询中实践儿童中心游戏疗法提供参照。如果研究人员希望将家长、监护人或者校园工作人员纳入其工作内，那么就需要在这项研究方案中设定好一套特殊的协作方案。咨询或者家庭干预需要被清楚地界定，并且所有的儿童、家长或者老师都要按照同一个步骤进行。布拉顿、凯拉姆（Kellam）和布莱克德（Blackard，2006）为协调儿童或者家长之间的关系提供了一个相应的手册，这一手册也经常与 CCPT 配合使用。雷（2007）提供了一种方法，即通过与老师咨询辅助儿童中心游戏疗法的过程。这种家长和学校干预的模式已经证明对 CCPT 过程是有促进作用的，已显示出巨大的游戏治疗效果。但是，即便没有家长和老师的干预，单从研究方法这一方面来说的话，儿童中心游戏疗法也已经被证明是有效的了。

## 在研究方案中实施儿童中心游戏疗法的步骤

1. 初级研究人员确定研究计划中 CCPT 干预的具体人数，以及提供的咨询次数。

2. 初级研究人员确定样本来源，并收集资料证明样本的特性（例如筛选评定 ADHD，破坏性行为等）。

3. 需得到监护人的同意。

4. 其他数据需要根据研究方案进行收集。

5. 儿童被随机分到研究治疗小组，至少有一个小组需要按照 CCPT 进行操作。

6. 初级调查人员为 CCPT 小组设定的咨询计划需要在近似相同的时间

段内进行。（最佳的咨询时间是 30~45 分钟）。

7. 每个儿童都要配备一名有经验的并且经过 CCPT 训练有素的游戏治疗师。

8. 游戏治疗师按照给定的协议在每次咨询中实行 CCPT 直到咨询次数达到了研究计划的标准。

9. 每一名游戏治疗师都会配备一名观察人员或者是顾问进行每周的观察与讨论。

10. 每次咨询都会被录像并且递送给初级研究人员。

11. 研究人员通过 PTSC 来确保协议的公正性。

12. 当需要的游戏咨询结束的时候，游戏治疗师和初级研究人员要迅速决定是否应该结束本次咨询。如果儿童不愿意结束的话，初级研究人员就要提供一个计划方案来为儿童提供更多的服务来完成研究计划。

13. 后续发布的数据都是根据研究计划所得。

# 参考文献

Axline, V.(1947).*Play therapy*. New York: Ballantine Books.

Beelmann, A., & Schneider, N. (2003). The effects of psychotherapy with children and adolescents: A review and meta-analysis of German-language research. *Zeitschrift fur Klinische Psychologie und Psychotherapie: Forschung und Praxis, 32*, 129-143.

Bratton, S., Landreth, G., Kellam, T., & Blackard, S. (2006). *Child parent relationship therapy treatment manual: A 10 session filial therapy model for training parents*. New York: Routledge.

Bratton, S., & Ray, D. (2000). What the research shows about play therapy. *International Journal of Play Therapy, 9*, 47-88.

Bratton, S., Ray, D., Rhine, T., & Jones, L. (2005). The efficacy of play therapy with children: A meta-analytic review of treatment outcomes. *Professional Psychology: Research and Practice, 36*, 376-390.

Casey, R., & Berman, J. (1985). The outcome of psychotherapy with children. *Psychological Bulletin, 98*, 388-400.

Cohen, J. (1988). *Statistical power analysis for the behavioral sciences* (2nd ed.). Mahwah, NJ: Lawrence Erlbaum Associates.

Erikson, E. (1963). *Childhood and society*. New York: Norton.

Ginott, H. (1965). *Between parent and child*. New York: Avon.

Guerney, L. (2001). Child-centered play therapy. *International Journal of Play Therapy, 10*, 13-31.

Hetzel-Riggin, M., Brausch, A., & Montgomery, B. (2007). A meta-analytic investigation of therapy modality outcomes for sexually abused children and adolescents: An exploratory study. *Child Abuse & Neglect, 31*, 125-141.

Kirschenbaum, H. (2004). Carl Rogers' s life and work: An assessment on the 100th anniversary of his birth. *Journal of Counseling and Development, 82*, 116-124.

Kottman, T. (2003). *Partners in play: An Adlerian approach to play therapy*(2nd ed.). Alexandria, VA: American Counseling Association.

Landreth, G. (2002). *Play therapy: The art of the relationship*(2nd ed.). New York: Brunner-Routledge.

LeBlanc, M., & Ritchie, M. (2001). A meta-analysis of play therapy outcomes. *Counseling Psychology Quarterly, 14*, 149-163.

Moustakas, C. (1959). *Psychotherapy with children: The living relationship*. New York: Harper & Row.

Nathan, P., Stuart, S., & Dolan, S. (2003). Research on psychotherapy efficacy and effectiveness: Between Scylla and Charybdis? In A. Kazdin (Ed.), *Methodological issues and strategies in clinical research*(3rd ed., pp. 505-546). Washington DC: APA.

Nordling, W., & Guerney, L. (1999). Typical stages in the child-centered play ther-apy process. *Journal for the Professional Counselor, 14*, 16-22.

Piaget, J. (1962). *Play, dreams, and imitation in childhood*. New York: Routfledge.

Raskin, N., & Rogers, C. (2005). Person-centered therapy. In R. Corsini and D. Wedding, (Eds.), *Current psychotherapies*(7th ed.) (pp. 130-165). Belmont, CA: Brooks/Cole.

Ray, D. (2004). Supervision of basic and advanced skills in play therapy.

*Journal of Professional Counseling: Practice, Theory, and Research, 32*(2), 28-41.

Ray, D. (2007). Two counseling interventions to reduce teacher-child relationship stress. *Professional School Counseling*, 10, 428-440.

Ray, D., & Schottelkorb, A. (2008). Practical person-centered theory application in the schools. In A. Vernon & T. Kottman (Eds.), *Counseling Theories: Practical Applications with Children and Adolescents in School Settings*(pp. 1-45). Denver, CO: Love.

Rogers, C. (1942). *Counseling and psychotherapy*. Boston: Houghton Mifflin.

Rogers, C. (1951). *Client-centered therapy*. Boston: Houghton Mifflin.

Rogers, C. (1957). The necessary and sufficient conditions of therapeutic personal-ity change. *Journal of Consulting Psychology, 21*, 95-103.

Rychlak, I. (1981). *Introduction to personality and psychotherapy*(2nd ed.). Boston: Houghton Mifflin.

Vygotsky, L.S. (1978). *Mind and society: The development of higher mental processes*. Cambridge, MA: Harvard University Press.

Weisz, J., Weiss, B., Han, S., Granger, D., & Morton, T. (1995). Effects of psycho-therapy with children and adolescents revisited: A meta-analysis of treatment outcomes studies. *Psychological Bulletin, 117*, 450-468.

Wilson, K., & Ryan, V. (2005). *Play therapy: A non-directive approach for children and adolescents*(2nd ed.). Edinburgh: Elsevier.

# 鹿鸣心理（心理治疗丛书）书单

| 书　名 | 书　号 | 出版日期 | 定　价 |
|---|---|---|---|
| 《生涯咨询》 | ISBN:9787562483014 | 2015年1月 | 36.00元 |
| 《人际关系疗法》 | ISBN:9787562482291 | 2015年1月 | 29.00元 |
| 《情绪聚焦疗法》 | ISBN:9787562482369 | 2015年1月 | 29.00元 |
| 《理性情绪行为疗法》 | ISBN:9787562483021 | 2015年1月 | 29.00元 |
| 《精神分析与精神分析疗法》 | ISBN:9787562486862 | 2015年1月 | 32.00元 |
| 《现实疗法》 | ISBN:9787568901598 | 2016年10月 | 29.00元 |
| 《行为疗法》 | ISBN:9787568900928 | 2016年10月 | 32.00元 |
| 《认知疗法》 | ISBN:待定 | 待定 | 待定 |
| 《叙事疗法》 | ISBN:待定 | 待定 | 待定 |
| 《接纳承诺疗法》 | ISBN:待定 | 待定 | 待定 |

# 鹿鸣心理（心理咨询师系列）书单

| 书　名 | 书　号 | 出版日期 | 定　价 |
|---|---|---|---|
| 《接受与实现疗法：理论与实务》 | ISBN:9787562460138 | 2011年6月 | 48.00元 |
| 《中小学短期心理咨询》 | ISBN:9787562462965 | 2011年9月 | 37.00元 |
| 《叙事治疗实践地图》 | ISBN:9787562462187 | 2011年9月 | 32.00元 |
| 《阿德勒的治疗：理论与实践》 | ISBN:9787562463955 | 2012年1月 | 45.00元 |
| 《艺术治疗——绘画诠释：从美术进入孩子的心灵世界》 | ISBN:9787562476122 | 2013年8月 | 46.00元 |
| 《儿童中心游戏疗法》 | ISBN:9787568904674 | 2017年5月 | 58.00元 |
| 《辩证行为疗法》 | ISBN:9787562476429 | 2013年12月 | 38.00元 |
| 《躁郁症治疗手册》 | ISBN:9787562478041 | 2013年12月 | 46.00元 |
| 《以人为中心心理咨询实践》（第4版） | ISBN:9787562486862 | 2015年1月 | 56.00元 |
| 《焦虑症和恐惧症——一种认知的观点》 | ISBN:9787562491927 | 2015年8月 | 69.00元 |
| 《超越奇迹：焦点解决短期治疗》 | ISBN:9787562491118 | 2015年9月 | 56.00元 |
| 《精神分析治愈之道》 | ISBN:9787562491330 | 2016年3月 | 56.00元 |
| 《高级游戏治疗》 | ISBN:9787568904674 | 2016年5月 | 88.00元 |

请关注鹿鸣心理新浪微博：http://weibo.com/555wang，及时了解我们的出版动态，@鹿鸣心理。

# 图书在版编目（CIP）数据

高级游戏治疗 /（美）迪伊·C.雷（Dee C. Ray）著；雷秀雅，李璐译. —重庆：重庆大学出版社，2017.6

（心理咨询师系列）

书名原文：Advanced Play Therapy: Essential Conditions, Knowledge, and Skills for Child Practice

ISBN 978-7-5689-0467-4

Ⅰ.①高… Ⅱ.①迪… ②雷… ③李… Ⅲ.①儿童—游戏—精神疗法 Ⅳ.①B844.1②R749.055

中国版本图书馆CIP数据核字（2017）第058425号

## 高级游戏治疗
GAOJI YOUXI ZHILIAO

［美］迪伊·C.雷　著

雷秀雅　李　璐　译

鹿鸣心理策划人：王　斌
责任编辑：杨　敬　许红梅
责任校对：邬小梅

重庆大学出版社出版发行

出版人：易树平

社址：（401331）重庆市沙坪坝区大学城西路21号

网址：http://www.cqup.com.cn

重庆共创印务有限公司印刷

开本：720mm×1020mm　1/16　印张：20.5　字数：283千
2017年6月第1版　　2017年6月第1次印刷
ISBN 978-7-5689-0467-4　定价：88.00元

版贸核渝字 （2015） 第 53 号